数控铣削加工技术与技能

主　编　李东君
副主编　洪顺华　冯　昊　程绪德
参　编　余　旋

北京理工大学出版社
BEIJING INSTITUTE OF TECHNOLOGY PRESS

内 容 简 介

本书以培养学生数控铣床编程与操作能力、弘扬大国工匠精神为核心，依据国家相关职业标准，按职业岗位能力需要的原则编写而成。教学内容按照分析工艺、拟定工艺路线、编写加工程序、仿真加工验证、检测工件、实际机床实训的流程设置。整个学习过程以企业典型案例为载体，深度融入课程思政，突出工匠精神，以强化训练学生的综合技能，增强学生的爱国主义情怀。

本书包括认识数控铣削加工、加工平面类零件、加工轮廓类零件、加工型腔类零件、加工孔类零件、数控铣床/加工中心操作、SIEMENS 系统数控铣削加工简介、数控铣削加工轮廓孔板、数控铣削加工凸台底板、数控铣削加工带槽圆形凸台、数控铣削加工凹模等 11 项任务。

本书可作为职业院校机械制造及自动化、机电一体化技术等相关专业的教学用书，也可作为从事机械加工制造的工程技术人员的参考及培训用书。

图书在版编目(CIP)数据

数控铣削加工技术与技能 / 李东君主编. -- 北京 ：北京理工大学出版社，2021.9
ISBN 978-7-5763-0312-4

Ⅰ. ①数… Ⅱ. ①李… Ⅲ. ①数控机床-铣削-教材 Ⅳ. ①TG547

中国版本图书馆 CIP 数据核字(2021)第 184696 号

出版发行 / 北京理工大学出版社有限责任公司
社　　址 / 北京市海淀区中关村南大街 5 号
邮　　编 / 100081
电　　话 / (010)68914775(总编室)
(010)82562903(教材售后服务热线)
(010)68944723(其他图书服务热线)
网　　址 / http://www.bitpress.com.cn
经　　销 / 全国各地新华书店
印　　刷 / 定州市新华印刷有限公司
开　　本 / 889 毫米×1194 毫米　1/16
印　　张 / 16.5
字　　数 / 332 千字
版　　次 / 2021 年 9 月第 1 版　2021 年 9 月第 1 次印刷
定　　价 / 44.00 元

责任编辑 / 陆世立
文案编辑 / 陆世立
责任校对 / 周瑞红
责任印制 / 边心超

前言

本教材坚持全面贯彻党的教育方针，落实立德树人的根本任务，积极培育和践行社会主义核心价值观，体现中华优秀传统文化和社会主义先进文化，弘扬劳动光荣、技能宝贵、创造伟大的时代风尚；突出职业教育的类型特点，统筹推进教师、教材、教法改革，深化产教融合、校企合作，推动校企“双元”合作开发教材；以国家规划教材建设为指导，加强和改进职业教育教材建设，充分发挥教材建设在提高人才培养质量中的基础性作用，努力培养德智体美劳全面发展的高素质劳动者和技术技能人才。

我国制造业正在从当前的半自动化、自动化向未来的无人工厂、智能工厂发展，产业转型升级和结构调整对技术技能型人才提出了新的要求，数控知识和方法也在不断发展变化。为了继续深化职业教育教学改革，落实“三教”改革教材建设要求，结合国家智能制造的战略定位，编者通过对目前同类教材使用情况和内容的分析，进一步优化了本教材内容。教材编写积极贯彻党的教育方针，落实《国家职业教育改革实施方案》有关要求，在突出职业教育类型特点的同时，也突出了职业道德和思想政治品德教育。及时掌握企业一线先进制造技术，将高新先进制造技术以及优秀企业文化引入教材。同时，与行业专家、企业工程师及一线技工一起共同制定教学目标，优化学习项目，完善教材内容。注重职业素养、职业习惯的培养，使学生懂工艺、会编程、善管理、有责任心，有较强的与人沟通、团队协作等能力。教材呈现形式向立体化发展，充分体现以学生为中心、以教师为主导的教学方法，运用信息化、网络化技术等现代化教育技术，配套精品资源共享课程网站，有效促进教师开展翻转课堂、线上线下混合式教学模式改革，为学生随时随地利用碎片时间学习提供便利，最大限度地调动学生自主学习的积极性。

本教材以培养学生数控编程与操作能力为核心，依据国家相关职业标准，按照国家职业教育人才培养目标，按岗位能力需要的原则编写而成；注重基础性、实践性、科学性、先进性和通用性，突出课程思政、校企融合思想，充分体现高职高专先进的课改理念，培养大国工匠精神风范，紧密契合了国家“1+X”人才培养模式；教学内容按照分析工艺、拟定工艺路线、编写加工程序、仿真加工验证、检测工件、实际机床实训的流程设置，整个学习过程以企业典型案例为载体，强化训练学生的综合技能。

本教材的先修主要课程有“机械制图”“金属材料”“公差配合”等，并行课程有“机械制造”等，后续主要课程有“机械设计”等。教材的教学条件要求配备专业机房（一人一机）以供学生上机进行数控编程加工模拟训练，同时每 4~5 人配备 1 台数控铣床，方便学生实践技能提升训练。

本教材突出以下特点。

（1）教材的设计以任务引领，以工作过程为导向，以典型工单任务为驱动，按照数控加工职业岗位的知识与技能要求，对应职业岗位核心能力培养设置了 11 个工单任务。通过由浅入深的学习和训练，完成综合零件的工艺设计、程序编制和加工操作。最后，按照国家职业规范进行数控强化训练认证，较好地符合了企业对数控一线人员的职业素质需求。

（2）教材中的每个工单任务，按照任务描述、相关知识、任务实施、任务评价、职业技能鉴定指导等进行编写，创新和优化了课程的知识技能体系，方便教学的实施，最大限度提高了教材的使用效果。

（3）教材充实了职业技能考核案例与题库，进一步强化职业能力训练，方便学生自测学习效果。

（4）教材信息化资源配套在江苏省成教精品课程基础上，建设成学校资源共享课。丰富的资源、学生互动、在线交流、在线测试题库等拓展资源，方便学生或社会人员通过网络进行学习。

（5）教材注重产教深度融合，由教授与工程师、教学名师与优秀竞赛指导教师、专业带头人与年轻讲师等组成编写团队。所有编写成员企业经历丰富，工程师均来自一线。

本教材由南京交通职业技术学院李东君担任主编，宜兴高等职业学校洪顺华、浙江交通技师学院冯昊、重庆市永川职业教育中心程绪德任副主编，李东君负责全书的统稿。雷尼绍（上海）贸易有限公司余旋高级技师等参与部分内容的编写。本教材在编写过程中参考和借鉴了诸多同行的相关资料、文献，在此一并表示诚挚感谢！

限于编者水平经验有限，书中难免有错误疏漏之处，敬请读者不吝赐教，以便修正，日臻完善。

编　者

2021. 05

目录

任务1

认识数控铣削加工

知识目标

1. 掌握机床坐标系确定原则（职业技能鉴定点）；
2. 了解并掌握机床原点与参考点的相关知识（职业技能鉴定点）；
3. 熟悉工作坐标系及其设定（职业技能鉴定点）；
4. 熟悉数控铣床/加工中心仿真软件；
5. 熟悉数控铣床/加工中心加工仿真操作步骤。

技能目标

1. 能够应用数控仿真软件对刀、设立刀补并确定相关加工坐标系（职业技能鉴定点）；
2. 能够操作数控铣床/加工中心仿真软件。

素养目标

1. 培养大国工匠精神、爱国主义情操；
2. 培养良好的道德品质、沟通协调能力和团队合作及敬业精神；
3. 培养一定的计划、决策、组织、实施和总结的能力；
4. 培养勤于思考、刻苦钻研、勇于探索的良好作风。

1.1 任务描述——加工四方圆角凸台

完成图 1-1 所示四方圆角凸台零件的数控仿真加工，毛坯尺寸为 90 mm×90 mm×25 mm。

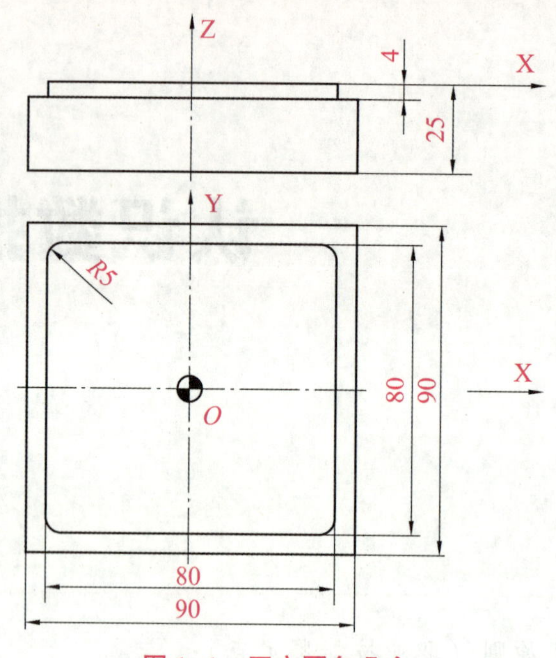

图 1-1　四方圆角凸台

1.2 相关知识

一、数控铣床简介

数控铣床是世界上最早研制出来的数控机床，是一种功能很强的机床。它加工范围广、工艺复杂、涉及的技术问题多，是数控加工领域中具有代表性的一种机床。目前发展迅速的加工中心和柔性制造单元等都是在数控铣床的基础上发展起来的。人们在研究和开发新的数控系统和自动编程软件时，也常把数控铣削加工作为重点。

与普通铣床相比，数控铣床的加工精度高、精度稳定性好、适应性强、操作劳动强度低，特别适用于板类、盘类、壳具类、模具类等形状复杂的零件或对精度保持性要求较高的中、小批量零件的加工。

1. 数控铣床的组成

数控铣床一般由铣床本体、数控装置、伺服驱动装置、辅助装置等部分组成。

（1）铣床本体：数控铣床的机械部件，包括床身、立柱、主轴箱、工作台和进给机构等。

（2）数控装置：数控铣床的核心部分，具有数控铣床几乎所有的控制功能。

（3）伺服驱动装置：数控铣床执行机构的驱动部件，主要包括主轴电动机和进给伺服电动机，经济型数控铣床常采用步进电动机。它把来自数控装置的运动指令放大，驱动铣床的运动部件，使工作台按规定轨迹移动或准确定位。

（4）辅助装置：主要指数控铣床的一些辅助配套部件，如手动换刀时用的气动装置、加工冷却时用的冷却装置、冲屑时用的排屑装置等。

2. 数控铣床的工作原理

数控铣床工作原理图如图 1-2 所示。

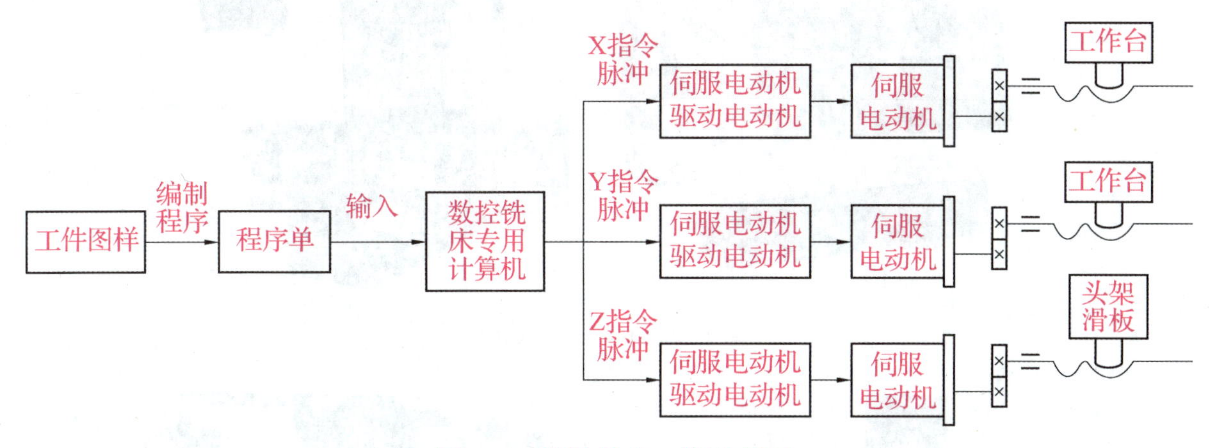

图 1-2 数控铣床工作原理图

根据被加工零件的图样、尺寸、材料及技术要求等内容进行工艺分析，如加工顺序、走刀路线、切削用量等，通过面板键盘输入或磁盘读入等方法把加工程序输入到数控铣床专用计算机（数控装置）中。数控装置经过驱动电路控制和放大，使伺服电动机转动，通过齿轮副（或直接）经滚珠丝杠，驱动铣床工作台（X、Y 方向）和头架滑板（Z 方向），再与选定的主轴转速相配合。半闭环和闭环的数控铣床检测反馈装置可把测得的信息反馈给数控装置进行比较后再处理，最终完成整个加工。加工结束铣床自动停止。

3. 数控铣床的常见分类

按照主轴的布置形式，数控铣床可分为以下 4 类。

1）立式数控铣床

如图 1-3 所示，立式数控铣床的主轴轴线与工作台面垂直这是数控铣床中最常见的一种布局形式，工件安装方便，结构简单，加工时便于观察，但不便于排屑。立式数控铣床一般为三坐标（X、Y、Z）联动，其各坐标的控制方式主要有以下两种：一种是工作台纵、横向移动并升降，主轴只完成主运动；另一种是工作台纵、横向移动，主轴升降。

立式数控铣床又可分为小、中、大 3 种类型。小型立式数控铣床采用工作台移动和升降而主轴不移动的方式；中型立式数控铣床采用工作台纵向和横向移动方式，且主轴可沿垂直方向上下移动；大型立式数控铣床考虑到扩大行程、缩小占地面积及保持刚性等技术上的诸多因素普遍采用龙门移动式，其主轴可在龙门架横向和垂直移动，龙门架则沿床身作纵向运动。

2）卧式数控铣床

如图 1-4 所示，卧式数控铣床的主轴轴线与工作台面平行，主要用来加工箱体类零件。卧式数控铣床相比立式数控铣床，结构复杂，在加工时不便观察，但排屑顺畅；一般配有数控回转工作台以实现四轴或五轴加工，从而扩大功能和加工范围。卧式数控铣床相对立式数控铣床尺寸要大，目前大都配备自动换刀装置成为卧式加工中心。

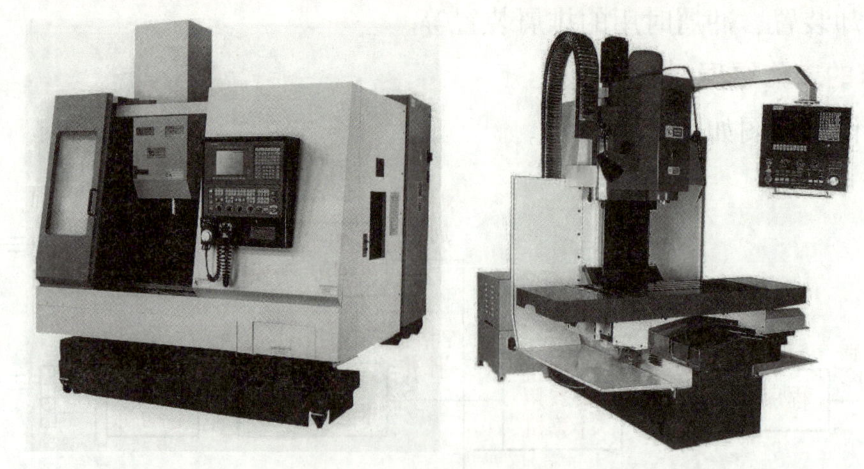

图 1-3 立式数控铣床

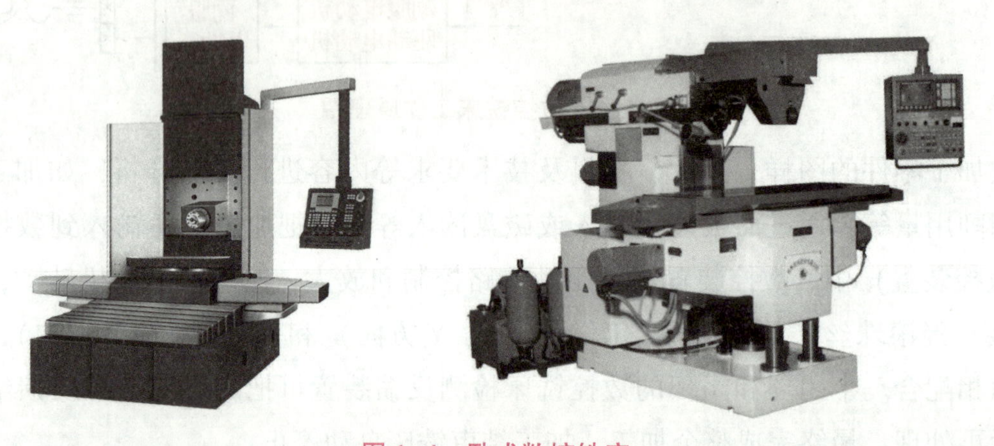

图 1-4 卧式数控铣床

3）立卧两用数控铣床

立卧两用数控铣床的主轴可变换角度，特别是采用数控万能主轴头的立卧两用数控铣床，其主轴头可任意转换方向，加工出与水平面呈各种不同角度的工件表面。若增加数控回转台，则可实现对工件的五面加工。

这类铣床适应性更强，应用范围更广，尤其适用于多品种、小批量又需立卧两种方式加工的情况，但其主轴部分结构较为复杂。

4）龙门式数控铣床

大型数控立式铣床多采用龙门式布局，在结构上采用对称的双立柱结构，以保证铣床整体刚性、强度；其主轴可在龙门架的横梁与溜板上运动，而纵向运动则由龙门架沿床身移动或由工作台移动实现，工作台床身特大时多采用前者。

如图 1-5 所示，龙门式数控铣床适合加工大型零件，主要在汽车、航空航天等领域使用。

数控铣床按照其他分类方式，如按主轴运动方式的不同，可分为三轴数控铣床、四轴数控铣床、五轴数控铣床等；按数控系统功能的不同，可分为经济型数控铣床、全功能数控铣床、高速数控铣床、数控铣削中心等；按数控铣床结构的不同，可分为立柱移动式数控铣床、主轴头可倾式和可交换工作台式数控铣床；按加工对象的不同，可分为仿形数控铣床、数控摇臂铣床和数控万能工具铣床等。

图 1-5　龙门式数控铣床

4. 数控铣床的主要功能

数控铣床主要可完成零件的铣削加工以及孔加工，配合不同档次的数控系统，其功能会有较大的差别，但一般都应具有以下主要功能。

1）铣削加工功能

数控铣床一般应具有三坐标以上联动功能，能够进行直线插补、圆弧插补和螺旋插补，自动控制主轴旋转并带动刀具对工件进行铣削加工。图 1-6 所示的三坐标联动曲面就可利用铣削加工。联动轴数越多，对工件的装夹要求就越低，加工工艺范围越大。如图 1-7 所示的叶片模型，利用五轴联动数控铣床可很方便地加工。

2）孔及螺纹加工功能

加工孔可采用定尺寸的孔加工刀具（如麻花钻、铰刀）进行钻、扩、铰、镗等加工，也可采用铣刀进行铣削加工。

加工螺纹孔可用丝锥进行攻螺纹，也可采用图 1-8 所示的螺纹铣刀，铣削内螺纹和外螺纹。螺纹铣削主要利用数控铣床的螺旋插补功能，比传统丝锥加工效率高得多。

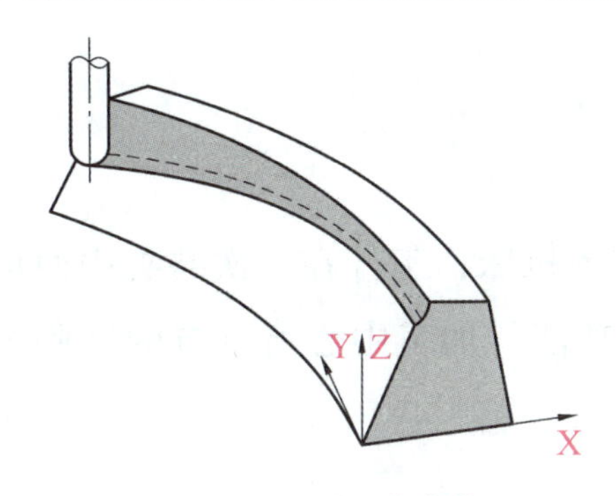

图 1-6　三坐标联动曲面

图 1-7　叶片模型

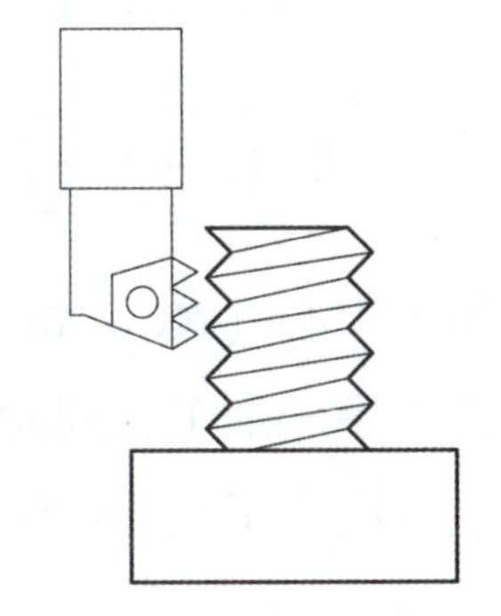

图 1-8　螺纹铣刀

3）刀具补偿功能

刀具补偿功能包括刀具半径补偿功能和刀具长度补偿功能。刀具半径补偿功能可在平面轮廓加工时修正刀具中心轨迹和零件轮廓之间的位置尺寸关系，同时可改变刀具半径补偿值实现零件的粗、精加工。刀具长度补偿功能利用长度补偿程序，解决刀具设定位置与实际长度的协调问题。

4）公制、英制转换功能

数控铣床可根据图纸的标注选择公制单位编程和英制单位编程，不必单位换算，使程序编程更加方便。

5）绝对坐标和增量坐标编程功能

在数控铣床的程序编制中，坐标数据可以用绝对坐标或者增量坐标，使数据的计算或程序的编写变得灵活。

6）进给速度、主轴转速调节功能

数控铣床可在程序执行过程中根据加工状态和编程设定值随时调整实际的进给速度和主轴转速，以达到最佳的切削效果。

7）固定循环功能

固定循环功能可实现一些具有典型性的需多次重复加工的内容，如孔的相关加工、挖槽加工等，只要改变参数就可以适应不同尺寸的需要。

8）工件坐标系设定功能

工件坐标系设定功能用来确定工件在工作台上的装夹位置，对于单工作台上一次加工多个零件非常方便，且可对工件坐标系进行平移和旋转以适应不同特征的工件。

9）子程序功能

对于需要多次重复加工的内容，可将其编成子程序在主程序中调用。子程序可以嵌套，嵌套层数视不同的数控系统而定。

10）通信及在线加工功能

数控铣床一般通过 RS232 接口与外部 PC 实现数据的输入输出，如把加工程序传入数控铣床，或者把铣床数据输出到 PC 备份。有些复杂零件的加工程序很长，超过了数控铣床的内存容量，可以利用传输软件进行边传输边加工的方式。

二、加工中心简介

加工中心（MC，Machining Center）是高效、高精度数控机床，工件在一次装夹中便可完成多道工序的加工，同时还备有刀具库，并且有自动换刀功能。加工中心所具有的这些丰富的功能，决定了其程序编制的复杂性。

1. 加工中心概述

加工中心是带有刀库和自动换刀装置的数控机床，又称为自动换刀数控机床或多工序数控机床。加工中心是目前世界上产量最高、应用最广泛的数控机床之一，集中了铣削、镗销、钻削、攻螺纹和车螺纹等功能，主要用于箱体类零件和复杂曲面零件的加工。因为它具有多种换刀或选刀功能及自动工作台交换装置，故工件经一次装夹后，可自动地完成或接近完成工件各面的所有加工工序，从而使生产效率和自动化程度大大提高。

加工中心适用于加工凸轮、箱体、支架、盖板、模具等各种复杂型面的零件。除换刀程序外，加工中心的编程方法与数控铣床的编程方法基本相同。

加工中心作为一种高效多功能的数控机床，在现代生产中扮演着重要角色。它除了具有大多数数控机床的共同特点外，还具有以下独特的优点：

（1）工序集中；

（2）对加工对象的适应性强；

（3）加工精度高；

（4）加工生产率高；

（5）操作者的劳动强度较轻；

（6）经济效益高；

（7）有利于实现生产管理的现代化。

2. 加工中心的主要功能

加工中心能实现三轴或三轴以上的联动控制，以保证刀具能够进行复杂表面的加工。加工中心除具有直线插补和圆弧插补功能外，还具有各种加工固定循环、刀具半径自动补偿、刀具长度自动补偿、加工过程图形显示、人机对话、故障自动诊断、离线编程等功能。

加工中心是从数控铣床发展而来的，与数控铣床的最大区别在于它具有自动交换加工刀具的能力，通过在刀库上安装不同用途的刀具，可在一次装夹中通过自动换刀装置改变主轴上的加工刀具，实现多种加工功能。

加工中心从外观上可分为立式加工中心、卧式加工中心和复合加工中心等。立式加工中心的主轴垂直于工作台，主要适用于加工板材类、壳体类工件，也可用于模具加工。卧式加工中心的主轴轴线与工作台台面平行，它的工作台大多为由伺服电动机控制的数控回转台，在工件一次装夹中，通过工作台旋转可实现多个加工面的加工，适用于箱体类工件加工。复合加工中心主要是指在一台加工中心上有立、卧两个主轴或主轴可按90°改变角度，因而可在工件一次装夹中实现五个面的加工。

3. 加工中心的工艺范围

加工中心是一种工艺范围较广的数控加工机床，能进行铣削、镗削、钻削和螺纹加工等多项工作。加工中心特别适用于箱体类零件和孔系的加工。

4. 加工中心的常见分类

按主轴在加工时空间位置的不同，可将加工中心分为卧式加工中心、立式加工中心和万能加工中心。

1）立式加工中心

立式加工中心指主轴垂直布置的加工中心，如图1-9所示。它具有操作方便、工件装夹和找正容易、占地面积小等优点，故应用较广。但由于受立柱的高度和自动换刀装置的限制，不能加工太高的零件。因此，立式加工中心主要适用于加工高度尺寸小、加工面与主轴轴线垂直的板材类、壳体类零件（见图1-10），也可用于模具加工。

图 1-9 立式加工中心

图 1-10 壳体类零件

2）卧式加工中心

卧式加工中心指主轴水平布置的加工中心，如图 1-11 所示。它的工作台大多为可分度的回转台或由伺服电动机控制的数控回转台，在零件的一次装夹中通过旋转工作台可实现多加工面加工；如果为数控回转工作台，还可参与机床各坐标轴的联动，实现螺旋线的加工。因此，它适用于加工内容较多、精度较高的箱体类零件（见图 1-12）及小型模具型腔的加工。它是加工中心中种类最多、规格最全、应用范围最广的一种。

图 1-11 卧式加工中心

图 1-12 箱体类零件

3）万能加工中心

五轴加工中心是典型的万能加工中心，如图 1-13（a）所示。五轴加工中心的应用（加工叶轮）如图 1-13（b）所示。五轴加工中心与一般机床的最大区别在于它除了具有一般机床的 3 个直线坐标轴外，还有至少 2 个旋转坐标轴，而且可以五轴联动加工。五轴加工中心编程复杂、难度大，对数控及伺服控制系统要求高，其机械结构设计和制造也比三轴机床更复杂和困难，因此价格也比较昂贵。

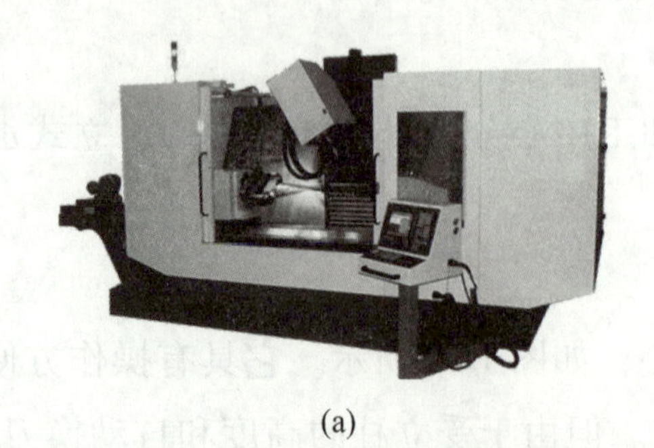

(a)

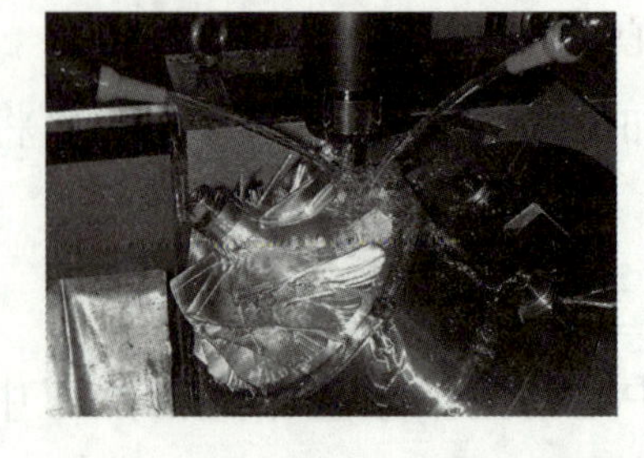

(b)

图 1-13 五轴加工中心与应用（加工叶轮）

近年来，随着科技的进步，特别是微电子技术的快速发展，五轴加工中心的性价比大为提高；大力矩电动机的成功开发并应用于摆动、回转工作台和主轴头部件，代替了原来采用的齿轮、蜗轮-蜗杆传动，从而使得这些部件的结构紧凑、性能质量提高，五轴加工中心的设计、制造也更加容易。

加工中心按照其他分类方式，如按功能特征的不同，可分为镗铣加工中心、钻削加工中心、复合加工中心；按结构特征的不同，可分为单工作台、双工作台和多工作台的结构中心；按主轴种类的不同，可分为单轴、双轴、三轴及可换主轴箱的加工中心；按自动换刀装置的不同，可分为转塔头加工中心、刀库+主轴换刀加工中心、刀库+机械手+主轴换刀加工中心、刀库+机械手+双主轴转塔头加工中心等。

5. 加工中心的组成

加工中心主要由床身、立柱、滑座、工作台、主轴箱、自动换刀装置、数控装置、伺服驱动装置、检测装置、液压系统和气压系统等组成。典型立式加工中心如图 1-14 所示。

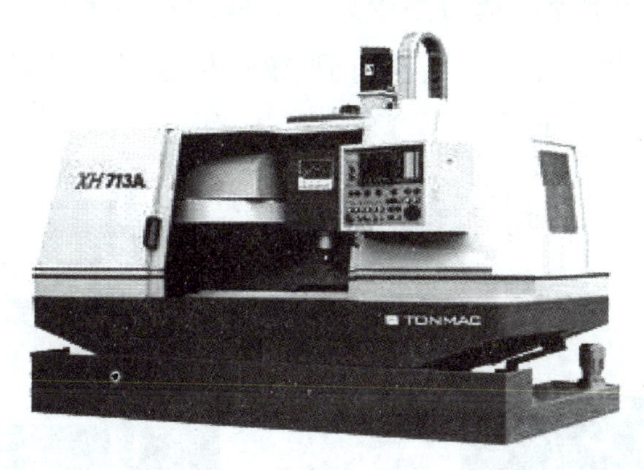

图 1-14　典型立式加工中心

6. 自动换刀装置

自动换刀装置是一套独立、完整的部件，其用途是按照加工需要，自动地更换装在主轴上的刀具。

自动换刀装置的形式包括回转刀架换刀装置、带刀库的自动换刀装置。前者结构简单、装刀数量少，用于数控车床；后者结构较复杂、装刀数量多，应用更加广泛。

1）刀库

自动换刀装置的刀库包括鼓轮式刀库和链式刀库。鼓轮式刀库如图 1-15 所示，其结构简单，刀库容量相对较小，一般有 1~24 把刀具，主要适用于小型加工中心。链式刀库如图 1-16 所示，其刀库容量大，一般有 1~100 把刀具，主要适用于大中型加工中心。

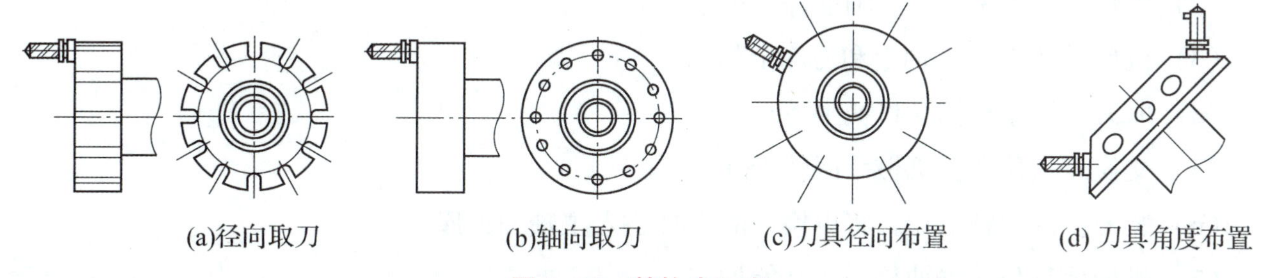

(a)径向取刀　(b)轴向取刀　(c)刀具径向布置　(d) 刀具角度布置

图 1-15　鼓轮式刀库

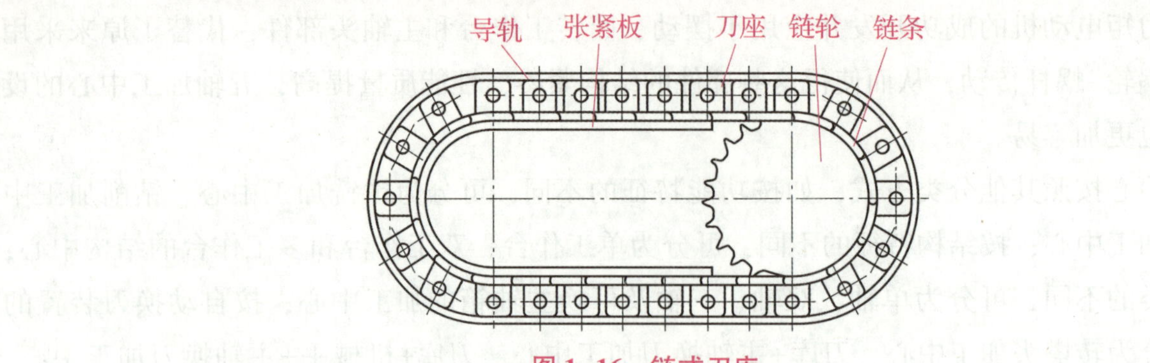

图 1-16 链式刀库

2）换刀过程

自动换刀装置的换刀过程由选刀和换刀两部分组成。选刀方式包括顺序选刀方式、任选方式。其中，任选方式可分为刀具编码方式、刀座编码方式（见图 1-17）、计算机记忆方式（见图 1-18）。当执行到 T××指令即选刀指令后，刀库自动将要用的刀具移动到换刀位置，完成选刀过程，为下面的换刀做好准备；当执行到 M06 指令时即开始换刀，把主轴上用过的刀具取下，将选好的刀具安装在主轴上。

图 1-17 刀座编码方式

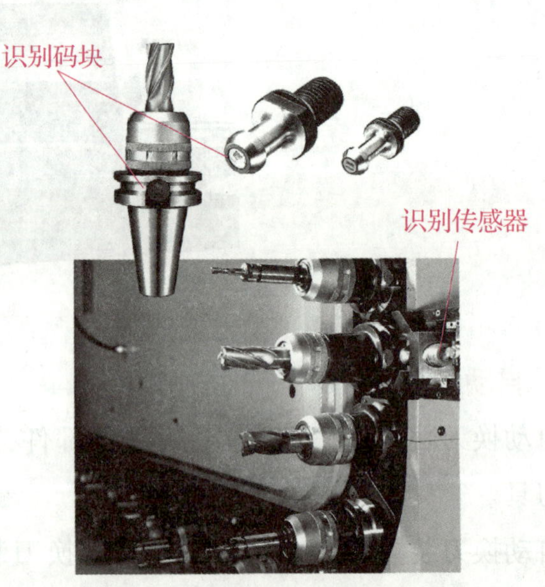

图 1-18 计算机记忆方式

换刀方式一般有机械手换刀和刀库-主轴运动换刀两种。机械手换刀动作过程如图 1-19 所示，具体步骤如下。

（1）刀库运动，使新刀具处于待换刀位置。

（2）主轴箱回参考点，主轴准停。

（3）机械手抓刀（主轴上和刀库上的）。

（4）取刀：活塞杆推动机械手下行。

（5）交换刀具位置：机械手回转 180°。

（6）装刀：活塞杆上行，将更换后的刀具装入主轴和刀库。

（7）机械手复位，主轴移开，开始加工。

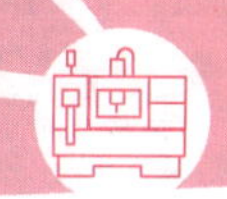

3）加工中心的刀具

加工中心的刀具由刀具部分和连接刀柄两部分组成，如图 1-20 所示。刀具部分包括钻头、铣刀、镗刀、铰刀等。连接刀柄部分基本已规范化。

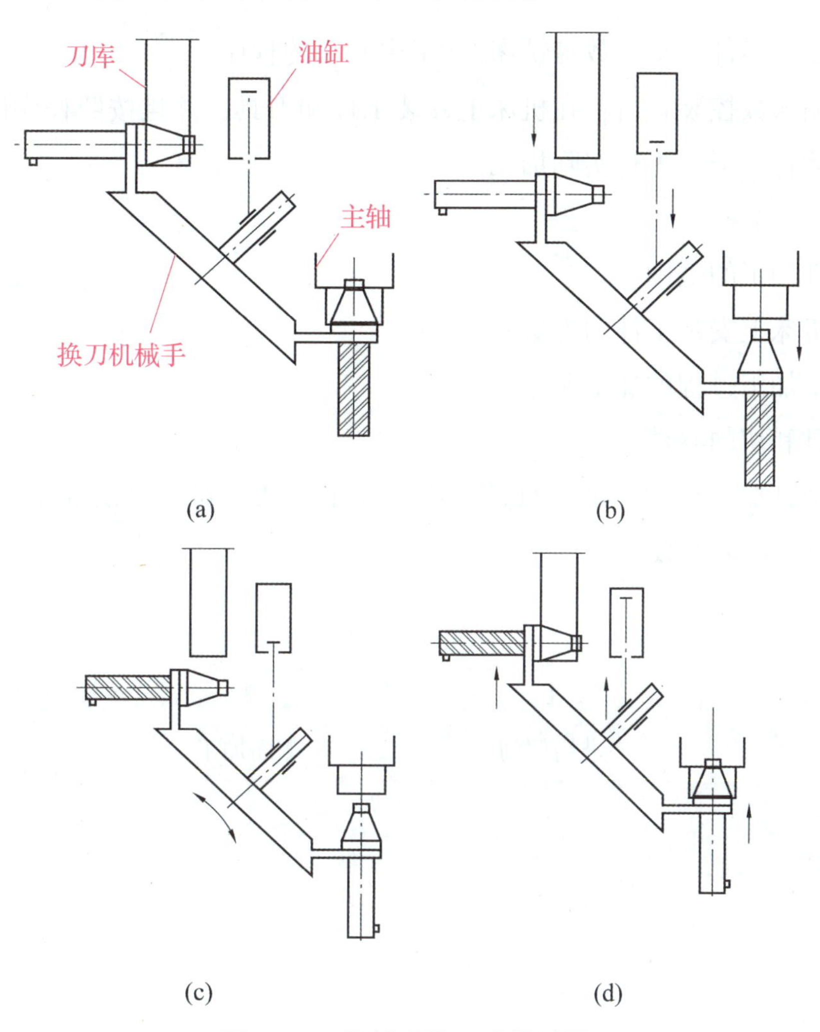

图 1-19　机械手换刀动作过程

图 1-20　加工中心的刀具

三、数控铣床/加工中心操作流程

1. 操作步骤

（1）首先，根据零件图编写数控铣床/加工中心用的程序。

（2）程序被输入数控装置后，在机床上安装工件和刀具，并且按照程序试运行刀具。

（3）程序试运行完毕，进行实际加工。

2. 制订加工计划

（1）确定工件加工的范围。

（2）确定在机床上安装工件的方法。

（3）确定每个加工过程的加工顺序。

（4）确定刀具和切削参数。

可按表 1-1 制订加工计划，确定每道工序的加工方法。对于每次加工，应根据零件图来准备刀具路径程序和加工参数。

表 1-1　加工计划

工序		1	2	3
		进给切削	侧面加工	孔加工
加工方法	粗加工			
	半精加工			
	精加工			
	加工刀具			
加工参数	进给速度			
	背吃刀量			
	刀具路径			

四、数控铣床/加工中心加工特点

图 1-21 为数控铣床/加工中心的产品零件。数控铣床/加工中心加工特点如下。

（1）加工精度高，加工质量稳定可靠。目前，一般数控铣床/加工中心轴向定位精度可达到±0.005 0 mm，轴向重复定位精度可达到±0.002 5 mm，加工精度完全由机床保证，在加工过程中产生的尺寸误差能及时得到补偿，能获得较高的尺寸精度；数控铣床/加工中心采用插补原理确定加工轨迹，加工的零件形状精度高；在数控加工过程中，工序高度集中，一次装夹即可加工出零件上大部分表面，人为影响因素非常小。

（2）加工速度快。数控铣床/加工中心的加工速度大大高于普通机床，电动机功率也高于同规格的普通机床，其结构设计的刚度也远高于普通机床。一般数控铣床/加工中心主轴最高转速可达到 6 000~20 000 r/min。目前，欧美模具企业在生产中广泛应用数控高速铣床，三轴联动的比较多，也有一些是五轴联动的，主轴转数一般在 15 000~30 000 r/min。采用高速铣削技术，转度可达几万转以上，从而大大缩短制模时间。经高速铣削精加工后的零件型面，仅需略加抛光便可使用。同时，数控铣床/加工中心能够多刀具连续切削，表面不会产生明显的接刀痕迹，因此表面加工质量远高于普通铣床。

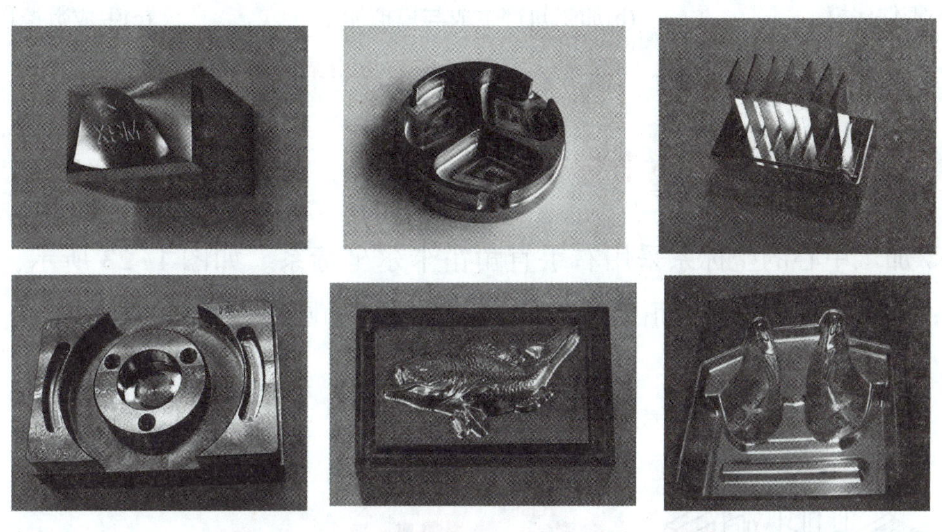

图 1-21 数控铣床/加工中心的产品零件

(3) 加工形状复杂。通过计算机编程，数控铣床/加工中心能够自动立体切削、加工各种复杂的曲面和型腔，尤其是多轴加工，加工对象的形状受限制更小。

(4) 自动化程度高，生产效率高。数控铣床/加工中心的刚度大、功率大，主轴转速和进给速度范围大且为无级变速，所以每道工序都可选择较大而合理的切削用量，减少了机动时间。自动化程度高，一次定位装夹即把粗加工、半精加工、精加工完成，还可以进行钻、镗加工，减少辅助时间。对复杂型面工件的加工，其生产效率可提高十几倍甚至几十倍。此外，数控铣床/加工中心加工出的零件也为后续工序（如装配等）带来了许多方便，其综合效率更高。

(5) 有利于现代化管理。数控铣床/加工中心使用数字信息与标准代码输入，适于数字计算机联网，成为计算机辅助设计与制造及管理一体化的基础。

(6) 便于实现计算机辅助设计与制造。计算机辅助设计与制造已成为航空航天、汽车、船舶及各种机械工业实现现代化的必由之路。将计算机辅助设计出来的产品图纸及数据变为实际产品的最有效途径，就是采取计算机辅助制造技术直接制造出零、部件。加工中心等数控设备及其加工技术正是计算机辅助设计与制造系统的基础。UG CAM 软件应用案例如图 1-22 所示，加工过程包括零件建模、加工轨迹生成、模拟加工、生成数控程序，最后传输到实际数控机床进行生产加工。

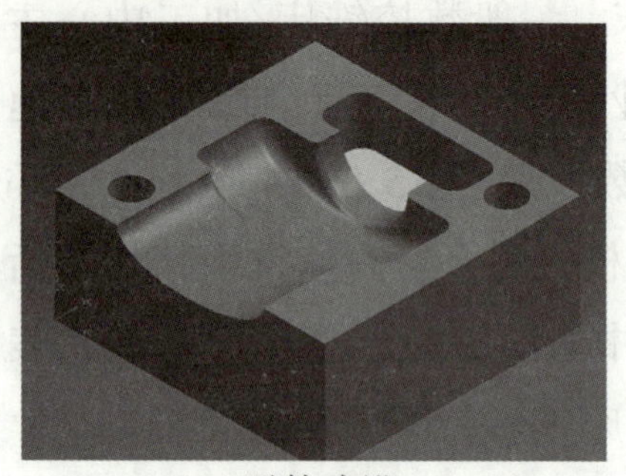

(a)零件建模

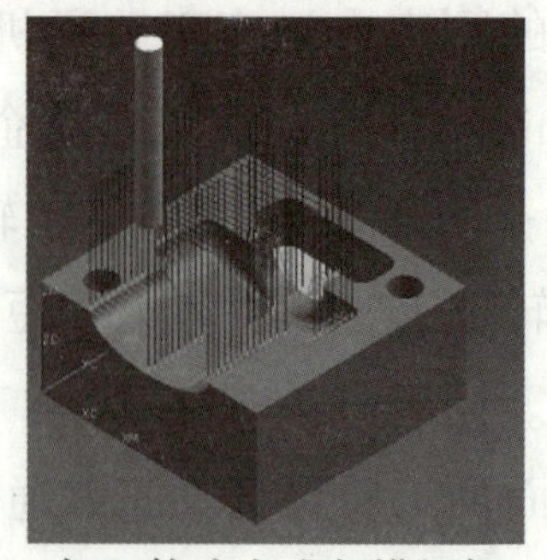

(b)加工轨迹生成与模拟加工

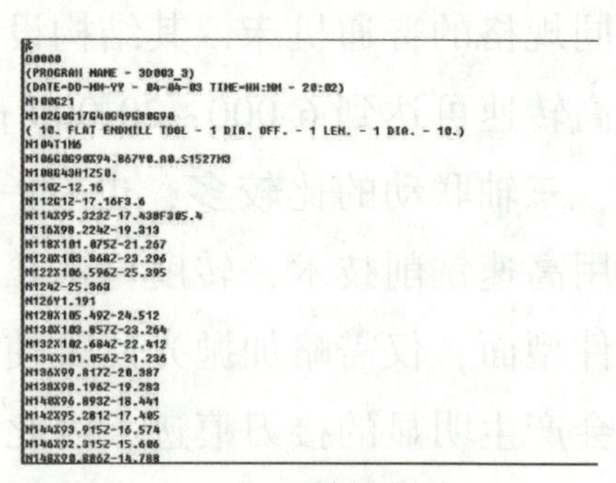

```
%
O0000
(PROGRAM NAME - 3D003_3)
(DATE=DD-MM-YY - 04-04-03 TIME=HH:MM - 20:02)
N100G21
N102G0G17G40G49G80G90
( 10. FLAT ENDMILL TOOL - 1 DIA. OFF. - 1 LEN. - 1 DIA. - 10.)
N104T1M6
N106G0G90X94.867Y0.A0.S1527M3
N108G43H1Z50.
N110Z-12.16
N112G1Z-17.16F3.6
N114X95.323Z-17.438F305.4
N116X98.224Z-19.313
N118X101.075Z-21.267
N120X103.868Z-23.296
N122X106.596Z-25.395
N124Z-25.363
N126Y1.191
N128X105.49Z-24.512
N130X103.857Z-23.264
N132X102.684Z-22.412
N134X101.056Z-21.236
N136X99.817Z-20.387
N138X98.196Z-19.283
N140X96.893Z-18.441
N142X95.281Z-17.405
N144X93.915Z-16.574
N146X92.315Z-15.606
N148X90.886Z-14.788
```

(c)生成数控程序

图 1-22　UG CAM 软件应用案例

五、数控铣床/加工中心坐标系

数控铣床/加工中心的坐标系采用右手直角笛卡尔坐标系。如图 1-23 所示，X、Y、Z 直线进给坐标系按右手定则规定，而围绕 X、Y、Z 轴旋转的圆周进给坐标轴 A、B、C 则按右手螺旋定则判定。

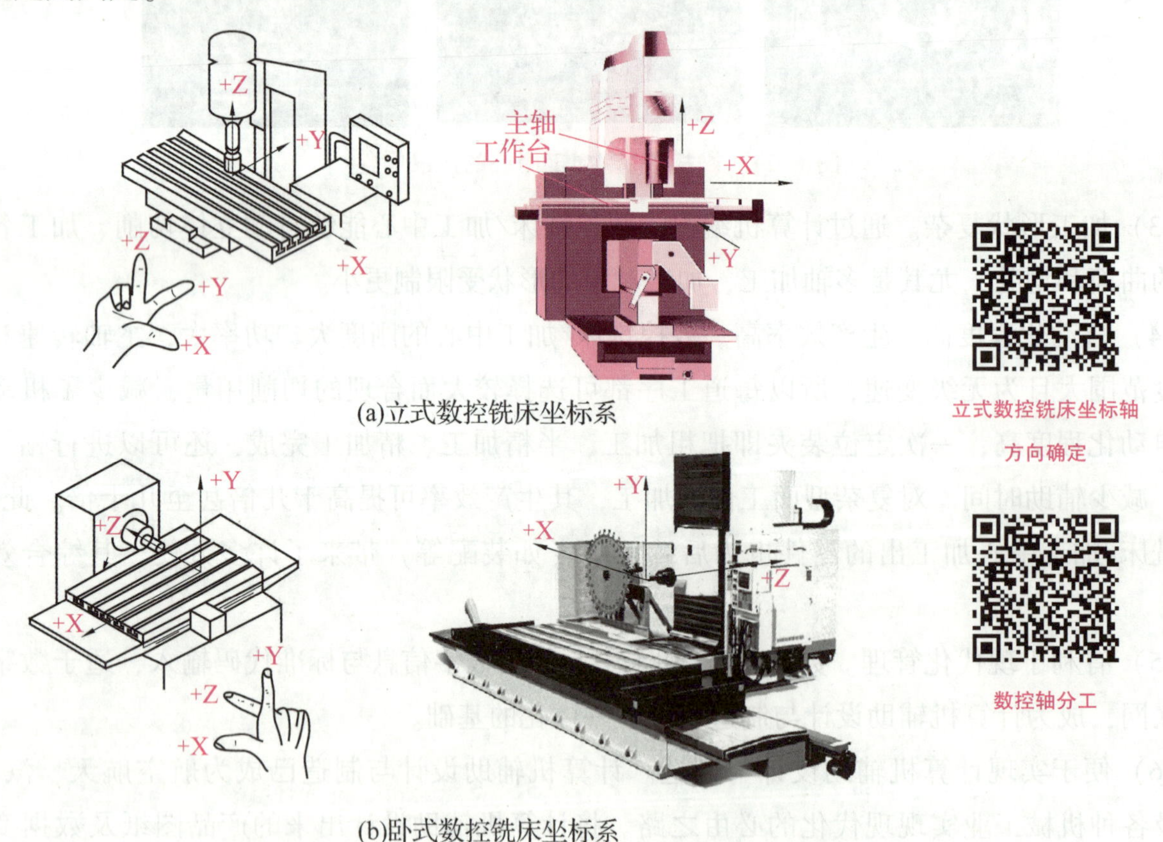

(a)立式数控铣床坐标系

(b)卧式数控铣床坐标系

图 1-23　数控铣床/加工中心坐标系

1. 机床坐标轴

机床各坐标轴及其正方向的确定原则如下。

(1) 先确定 Z 轴。以平行于机床主轴的刀具运动方向为 Z 轴，若有多根主轴，则可选垂直于工件装夹面的主轴为主要主轴，Z 轴则平行于该主轴轴线。若没有主轴，则规定垂直于工件装夹表面的方向为Z轴。Z轴正方向是使刀具远离工件的方向。例如，立式铣床主轴箱的上、下方向或主轴本身的上、下方向即可定为Z轴，且是向上为正；若主轴不能上下动作，则工作台的上、下方向便为Z轴，此时工作台向下运动的方向定为正向。

（2）再确定X轴。X轴为水平方向且垂直于Z轴并平行于工件的装夹面。在工件旋转的机床（如车床、外圆磨床）上，X轴的运动方向是径向的，与横向导轨平行。刀具离开工件旋转中心的方向是正方向。对于刀具旋转的机床，若Z轴为水平（如卧式铣床、镗床），则沿刀具主轴后端向工件方向看，右手平伸出方向为X轴正向；若Z轴为垂直（如立式铣、镗床，钻床），则从刀具主轴向床身立柱方向看，右手平伸出方向为X轴正向。

（3）最后确定Y轴。在确定了X、Z轴的正方向后，即可按右手定则定出Y轴正方向。

上述坐标轴正方向，均是假定工件不动，刀具相对于工件作进给运动而确定的方向，即刀具运动坐标系。但在实际机床加工时，有很多都是刀具相对不动，而工件相对于刀具移动实现进给运动的情况。此时，应在各轴字母后加上“′”表示工件运动坐标系。按相对运动关系，工件运动的正方向恰好与刀具运动的正方向相反，即有：

$+X=-X'$

$+Y=-Y'$

$+Z=-Z'$

$+A=-A'$

$+B=-B'$

$+C=-C'$

此外，如果在基本的直角坐标轴X、Y、Z之外，还有其他轴线平行于X、Y、Z，则附加的直角坐标系指定为U、V、W和P、Q、R。多轴数控机床坐标系如图1-24所示。

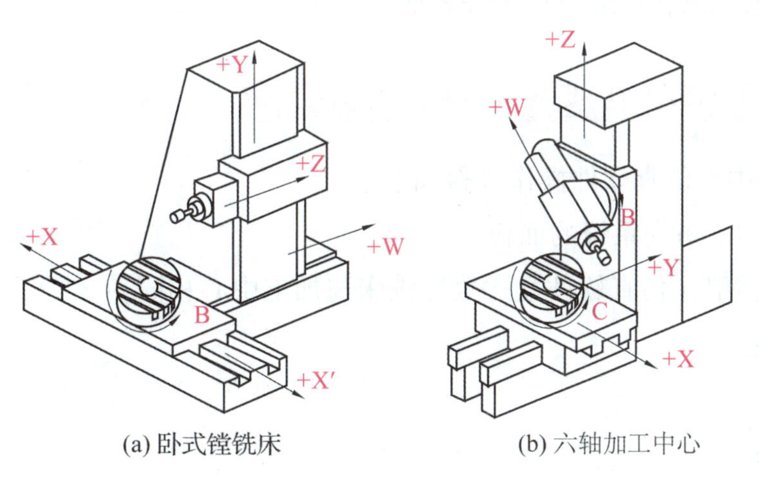

图1-24　多轴数控机床坐标系

2. 机床原点与机床参考点

机床原点又称为机械原点（机床零点），它是机床坐标系的原点，如图1-25所示的点O_1。该点是机床上的一个固定的点，其位置是由机床设计和制造单位确定的，通常不允许用户改变。机床原点是工件坐标系、编程坐标系、机床参考的基准点，这个点不是一个硬件点，而是一个定义点。

机床参考点是采用增量式测量的数控机床所特有的，机床原点是由机床参考点体现出来的。机床参考点是一个硬件点，一般来说，机床参考点与机床原点是重合的。

3. 工件坐标系

与机床坐标系不同，工件坐标系是人为设定的，工件坐标系的原点就是工件原点，也叫做工件零点，如图 1-26 所示的点 O_2。选择工件坐标系原点的一般原则如下。

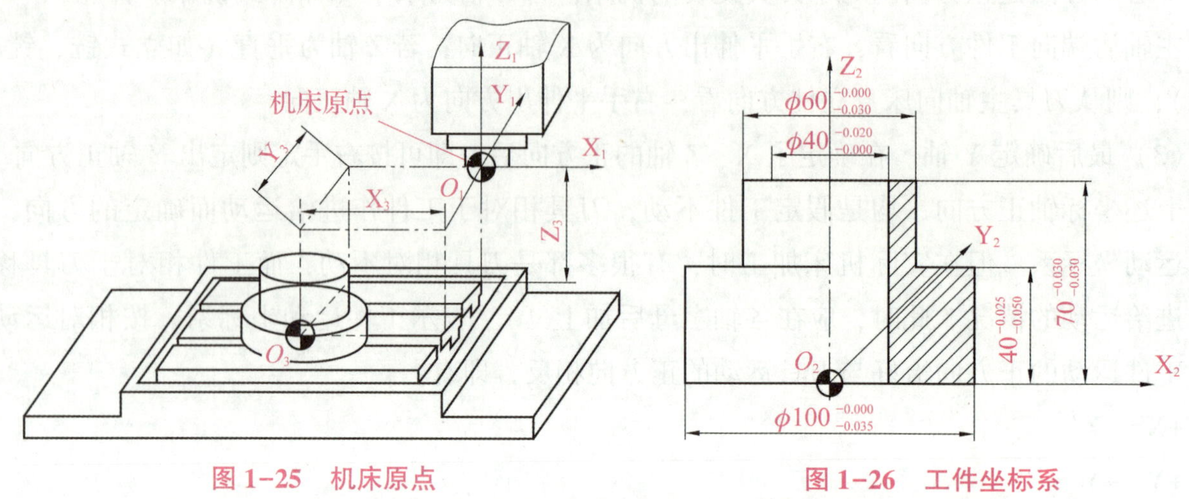

图 1-25　机床原点　　　　图 1-26　工件坐标系

（1）尽量选在工件图样的基准上，便于计算，减少错误，以利于编程。

（2）尽量选在尺寸精度高、表面粗糙度值低的工件表面上，以提高被加工件的加工精度。

（3）要便于测量和检验。

（4）对于对称的工件，最好选在工件的对称中心上。

（5）对于一般零件，选在工件外轮廓的某一角上。

（6）Z 轴方向的原点，一般设在工件表面。

六、数控铣床/加工中心仿真软件操作步骤

数控铣床/加工中心仿真软件操作步骤如下：

（1）进入数控加工仿真系统的面板；

（2）选择机床类型（仿真软件立式数控铣床与加工中心相同）；

（3）开启机床；

（4）设定毛坯；

（5）选择刀具；

（6）机床对刀操作；

（7）数控加工程序的编辑输入；

（8）自动加工。

七、数控铣床/加工中心对刀

1. FANUC O-MD 系统数控铣床对刀方法

1）直接用刀具试切对刀

如图 1-27 所示，把当前坐标 X、Y、Z 输入 G54~G59，或右击直接存入 G54~G59。

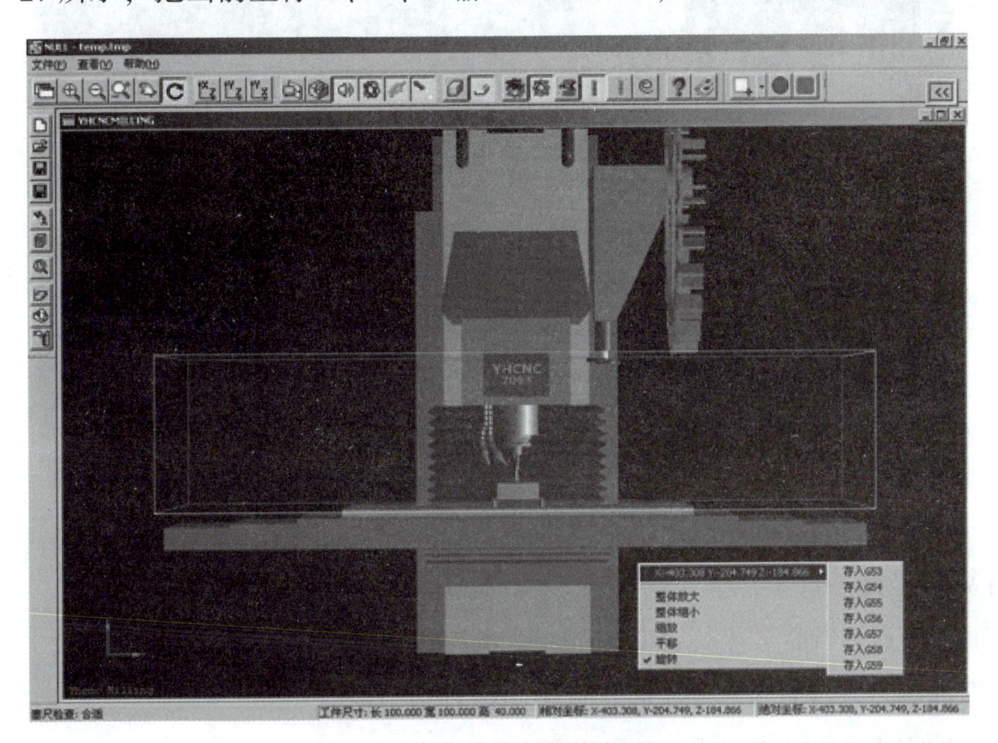

图 1-27　直接用刀具试切对刀

2）用芯棒对刀

（1）在左边工具框，选择毛坯功能键，如图 1-28 所示。

（2）选择基准芯棒，如图 1-29 所示。

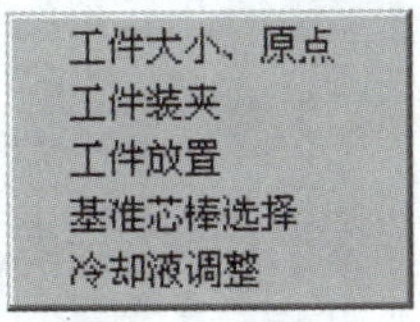

工件大小、原点
工件装夹
工件放置
基准芯棒选择
冷却液调整

图 1-28　毛坯功能键

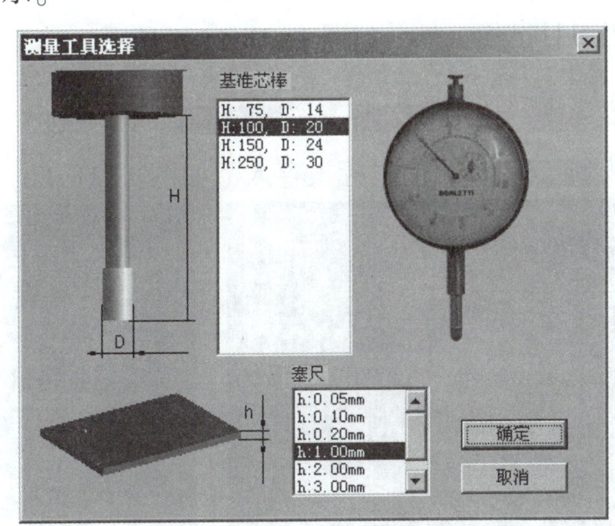

图 1-29　选择基准芯棒

（3）选择基准芯棒规格和塞尺厚度，如基准芯棒（H：100，D：20），塞尺厚度 1.00 mm。

（4）如图 1-30 所示，直接对工件，根据左下角提示确定是否对好。

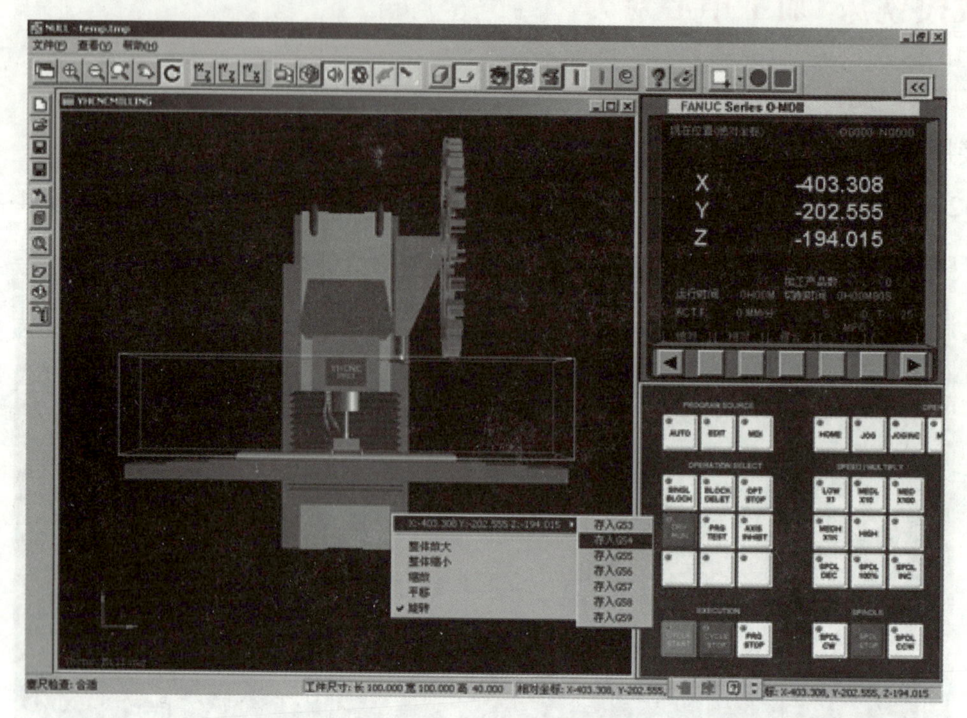

图 1-30 直接对工件

（5）计算各坐标工件零点。

Z 坐标工件零点＝当前 Z 坐标－基准芯棒长度－塞尺厚度

Y 坐标工件零点＝当前 Y 坐标±基准芯棒半径±塞尺厚度

X 坐标工件零点＝当前 X 坐标±基准芯棒半径±塞尺厚度

（6）把计算结果 Z、Y、X、坐标工件零点输入 G54～G59。

2. FANUC Oi-M 系统数控铣床对刀方法

1）直接用刀具试切对刀

（1）用刀具试切工件，如图 1-31（a）所示。

（2）按 OFFSET SETTING →按［坐标系］→按［测量］，把当前坐标位置作为工件零点 G54，输入 X0、Y0、Z0，按［测量］即当前坐标被存入，如图 1-31（b）所示。

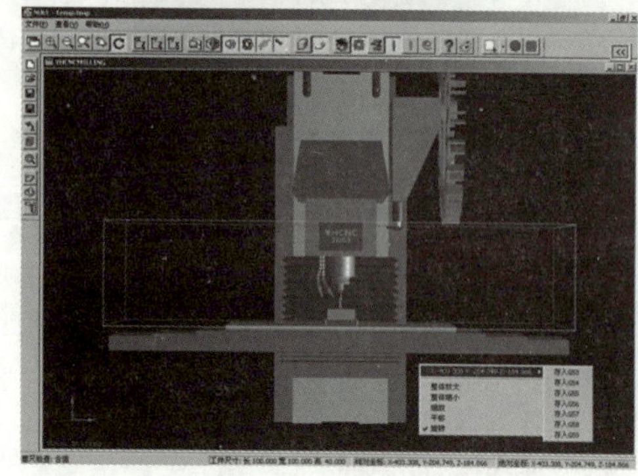

(a) 用刀具试切工件

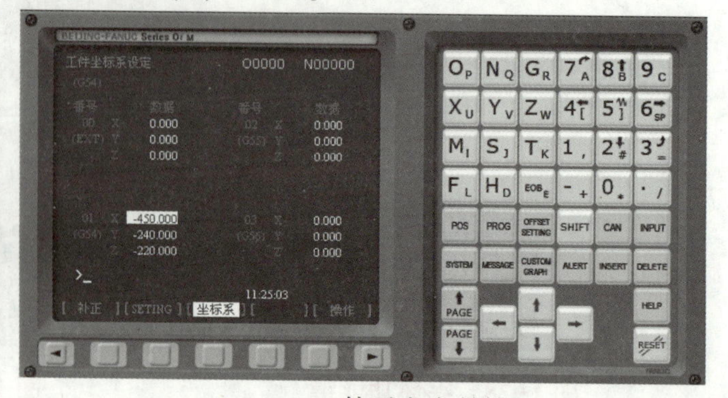

(b) 工件零点参数输入

图 1-31 直接用刀具试切对刀

2）用芯棒对刀

用芯棒对刀步骤同 FANUC O-MD 系统步骤。

【实例 1-1】数控铣床加工举例

1. 任务描述

如图 1-32 所示，在一块正方形 45 钢板上钻削 15 个直径为 12 mm 的孔，试编写 FANUC Oi-M 系统数控铣床程序，并在仿真软件上加工，T01：ϕ12 钻头。

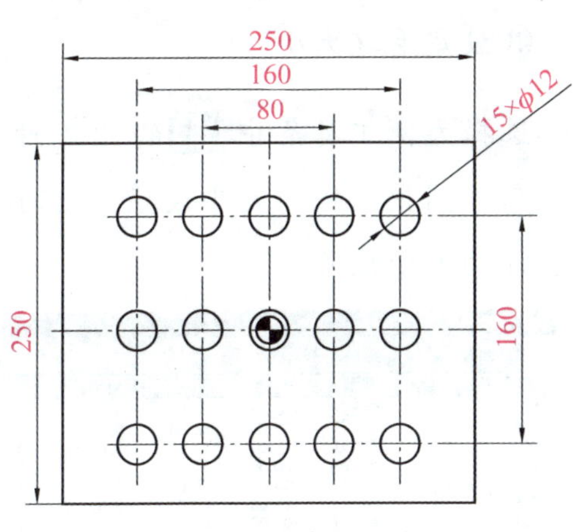

图 1-32　铣床加工举例

2. 编写程序

程序如下：

```
O0023;
N010 G40 G49 G80 G17 T01;        调用 ϕ12 钻头，固定循环取消
N020 G54 G90 G0 X-80 Y-80;       调用 G54 工件坐标系，移动到孔位
N030 G43 H1 Z50;                 刀具长度补偿
N040 M03 S800;
N050 M08;
N060 G99 G83 Z-30 R1 Q2 F200;    深孔钻削循环
N070 G91 X40 K4;                 重复钻削
N080 Y80;
N090 G91 X-40 K4;
N100 Y80;
N110 X40 K4;
N120 G80 G90 G0 Z50;             固定循环取消
N130 M05 M09;
N140 G91 G28 Z0 Y0;              回换刀点
N150 M05;
N160 M30;
```

3. 操作步骤

(1) 分析工件，编制工艺，并选择刀具，在草稿上编辑好程序。

(2) 打开数控铣床仿真软件 FANUC Oi-M。

①回零（回参考点）。

选择参考点模式：回参考点→Z 轴回零→X 轴回零→Y 轴回零→回参考点完毕。

②选择刀具。

单击刀具库管理（左侧工具条）出现如图 1-33 所示界面。选择需要的刀具（球头刀）添加到刀盘的刀位号 01 处，单击“确定”即完成选刀。

③设定毛坯大小。

选择左侧工具条中的“工件大小、原点”→设置工件大小、原点，如图 1-34 所示。根据零件图把工件的大小设置为 250×250×40，同时选中“更换工件”→单击“确定”，即完成工件的大小设置。

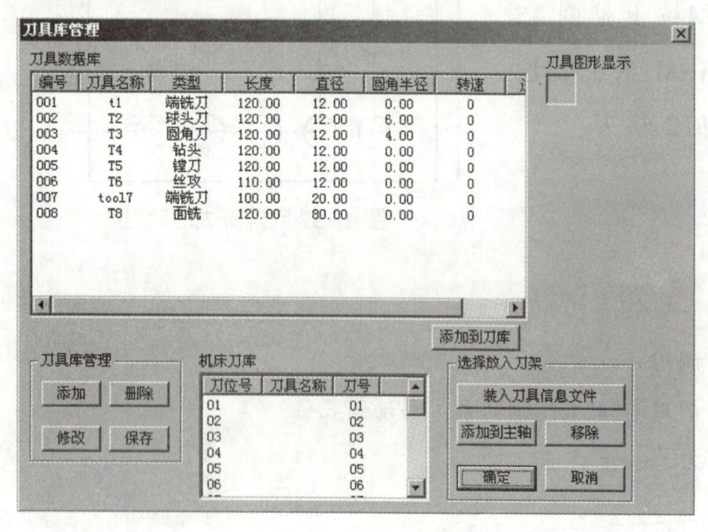

图 1-33 刀具库管理

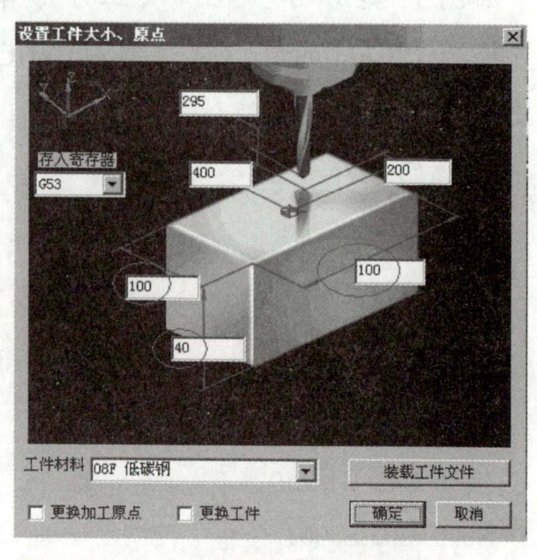

图 1-34 设置工件大小、原点

④对刀。

选择手动模式→使刀具沿 Z 轴方向与工件上表面接触→按 OFFSET SETTING 进入参数输入界面，如图 1-35 所示。

按 坐标系 出现图 1-36 所示界面，移动光标至 G54 坐标系处→输入 Z0→按 测量 。此时，Z 轴即对刀完毕。

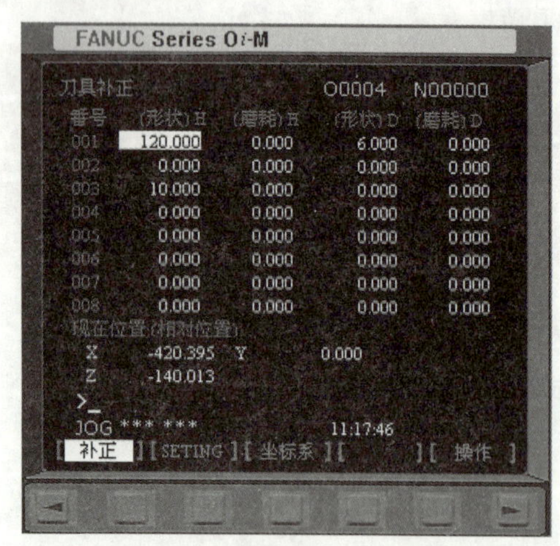

图 1-35 参数输入界面

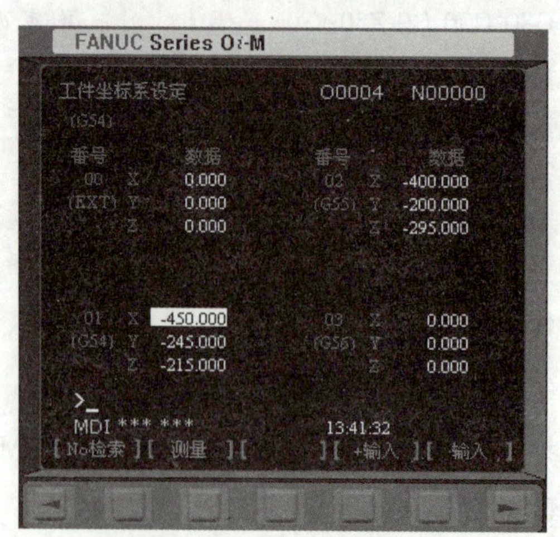

图 1-36 坐标系界面

移动刀具，使刀具在 X 轴的正方向与工件相切→按 OFFSET SETTING 进入参数输入界面（见图 1-35）按 坐标系 →移动光标至 G54 坐标系处→输入主轴中心到所要设定的工件坐标系原点之间的距离值（本例题的值为 X131）→按 坐标系 。此时，X 轴即对刀完毕。

用同样的方法给 Y 轴对刀：移动刀具，使刀具在 Y 轴的正方向与工件相切→按 OFFSET SETTING 进入参数输入界面→按 坐标系 →移动光标至 G54 坐标系处→输入主轴中心到所要设定的工件坐标系原点之间的距离值（本例题的值为 Y131）→按 测量 。此时，Y 轴即对刀完毕。X、Y 轴对刀完成，如图 1-37 所示。

⑤程序输入。

选择程序编辑模式 →按 PROG →按 [DIR]，如图 1-38 所示。输入新建程序名 O0004→按插入 INSERT （新程序名就创建好了），如图 1-39 所示。

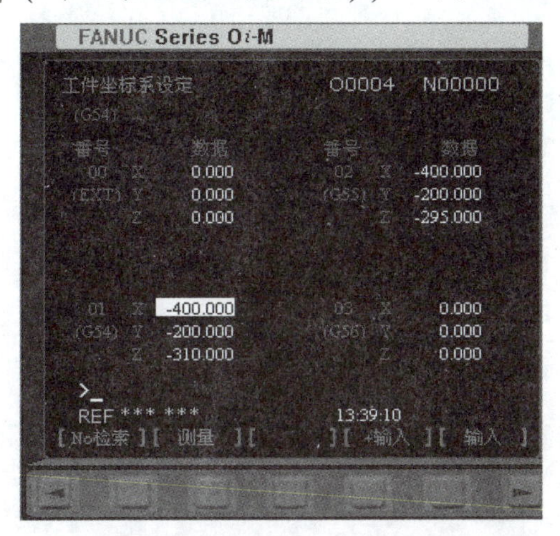

图 1-37　X、Y 轴对刀完成

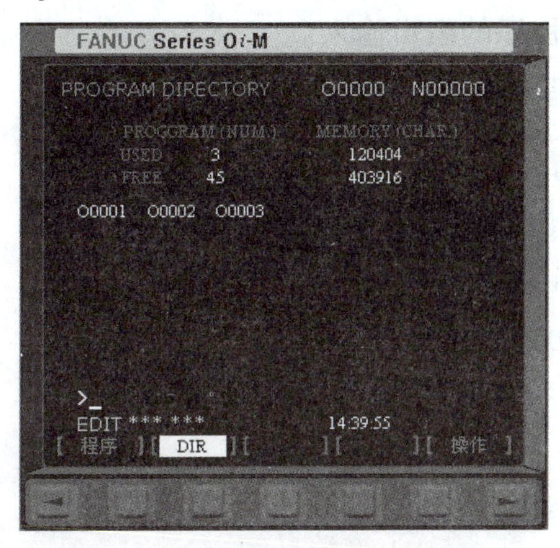

图 1-38　程序编辑模式

将在草稿编好的程序输入→程序输入完成，如图 1-40 所示。

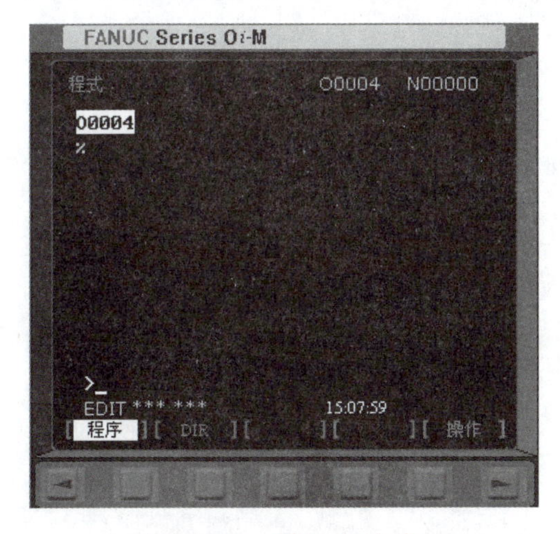

图 1-39　输入程序名

图 1-40　输入程序

⑥加工零件。

选择自动模式 →按循环启动 →程序将自动运行直至完毕。

⑦测量工件。

单击工具条中 测量→单击特征线 →完成测量。

⑧工件模拟加工完成。

1.3 任务实施

任务实施步骤如下。

（1）零件和刀具的选择、安装。

（2）对刀。

（3）程序的编辑输入。

加工程序如下：

```
O0016;
G54 T01;
M03S1000;
G00X0Y0Z50;
G00X-50Y-50;
Z5;
G01Z-4F100;
G01G41X-40D01;
Y35;
G02X-35Y40R5;
G01X35;
G02X40Y35R5;
G01Y-35;
G02X35Y-40R5;
G01X-35;
G02X-40Y-35R5;
G03X-50Y-25R10;
G40G01Y-50;
Z10;
G00Z50;
X0Y0;
M05;
M30;
```

（4）程序的校验、自动加工。

（5）尺寸测量。

1.4 任务评价

1. 个人知识和技能评价

个人知识和技能评价表如表 1-2 所示。

表 1-2　个人知识和技能评价表

评价项目	项目评价内容	分值	自我评价	小组评价	教师评价	得分
项目理论知识	①编程格式及走刀路线	5				
	②基础知识融会贯通	10				
	③零件图纸分析	10				
	④制订加工工艺	10				
	⑤加工技术文件的编制	5				
项目仿真加工技能	①程序的输入	10				
	②图形模拟	10				
	③刀具、毛坯的选择及对刀	10				
	④仿真加工工件	5				
	⑤尺寸等的精度仿真检验	5				
职业素质培养	①出勤情况	5				
	②纪律	5				
	③团队协作精神	10				
合计总分						

2. 小组学习实例评价

小组学习实例评价表如表 1-3 所示。

表 1-3　小组学习实例评价表

班级：＿＿＿＿＿＿　　小组编号：＿＿＿＿＿＿　　成绩：＿＿＿＿＿＿

<table>
<tr><td>评价项目</td><td colspan="3">评价内容及评价分值</td><td>学员自评</td><td>同学互评</td><td>教师评分</td></tr>
<tr><td rowspan="2">分工合作</td><td>优秀（12~15 分）</td><td>良好（9~11 分）</td><td>继续努力（9 分以下）</td><td rowspan="2"></td><td rowspan="2"></td><td rowspan="2"></td></tr>
<tr><td>小组成员分工明确，任务分配合理，有小组分工职责明细表</td><td>小组成员分工较明确，任务分配较合理，有小组分工职责明细表</td><td>小组成员分工不明确，任务分配不合理，无小组分工职责明细表</td></tr>
</table>

续表

评价项目	评价内容及评价分值			学员自评	同学互评	教师评分
获取与项目有关质量、市场、环保等内容的信息	优秀（12~15分）	良好（9~11分）	继续努力（9分以下）			
	能使用适当的搜索引擎从网络等多种渠道获取信息，并合理地选择信息、使用信息	能从网络获取信息，并较合理地选择信息、使用信息	能从网络或其他渠道获取信息，但信息选择不正确，信息使用不恰当			
数控仿真加工技能操作情况	优秀（16~20分）	良好（12~15分）	继续努力（12分以下）			
	能按技能目标要求规范完成每项实操任务，能正确分析机床可能出现的报警信息，并对显示故障能迅速排除	能按技能目标要求规范完成每项实操任务，但仅能正确分析机床可能出现的部分报警信息，并对显示故障能迅速排除	能按技能目标要求完成每项实操任务，但规范性不够。不能正确分析机床可能出现的报警信息，不能迅速排除显示故障			
基本知识分析讨论	优秀（16~20分）	良好（12~15分）	继续努力（12分以下）			
	讨论热烈，各抒己见，概念准确，原理思路清晰，理解透彻，逻辑性强，并有自己的见解	讨论没有间断，各抒己见分析有理有据，思路基本清晰	讨论能够展开，分析有间断，思路不清晰，理解不够透彻			
成果展示	优秀（24~30分）	良好（18~23分）	继续努力（18分以下）			
	能很好地理解项目的任务要求，成果展示逻辑性强，熟练利用信息平台进行成果展示	能较好地理解项目的任务要求，成果展示逻辑性强，能较熟练利用信息平台进行成果展示	基本理解项目的任务要求，成果展示停留在书面和口头表达，不能熟练利用信息平台进行成果展示			
合计总分						

1.5 职业技能鉴定指导

1. 知识技能复习要点

（1）能绘制有沟槽、台阶、斜面、曲面的简单零件图。

（2）能读懂中等复杂程度的零件图。

（3）熟悉数控加工工艺文件的制订方法。

（4）熟悉刀具长度补偿、刀具半径补偿等刀具参数的设置知识。

（5）熟悉数控编程知识。

（6）能够使用计算机辅助设计与制造软件绘制简单零件图。

（7）熟悉数控铣床操作面板的使用方法。

（8）熟悉数控铣床仿真软件操作。

2. 理论复习（模拟试题）

（1）职业道德的内容不包括(　　)。

A. 职业道德意识　　B. 职业道德行为规范

C. 职业守则　　D. 从业者享有的权利

（2）创新的本质是(　　)。

A. 标新立异　　B. 突破　　C. 冒险　　D. 稳定

（3）冷却作用最好的切削液是(　　)。

A. 水溶液　　B. 乳化液　　C. 切削油　　D. 防锈剂

（4）錾削时的切削角度，应使后角在(　　)之间，以防錾子扎入或滑出工件。

A. 100°~150°　　B. 120°~180°　　C. 150°~300°　　D. 50°~80°

（5）下列定位方式中(　　)是生产中不允许使用的。

A. 完全定位　　B. 不完全　　C. 欠定位　　D. 过定位

（6）用心轴对有较长长度的孔进行定位时，可以限制工件的(　　)自由度。

A. 3 个移动、1 个转动　　B. 2 个移动、2 个转动

C. 1 个移动、2 个转动　　D. 2 个移动、1 个转动

（7）下述论述中正确的是(　　)。

A. 无论气温高低，只要零件的实际尺寸介于上、下极限尺寸之间，就能判断其为合格

B. 一批零件的实际尺寸最大为 20.01 mm，最小为 19.98 mm，则可知该零件的上极限偏差是+0.01 mm，下极限偏差是−0.02 mm

C. 对零部件规定的公差值越小，则其配合公差也必定越小

D. j~n 的基本偏差为上极限偏差

（8）孔轴配合的配合代号由(　　)组成。

A. 公称尺寸与公差带代号　　B. 孔的公差带代号与轴的公差带代号

C. 公称尺寸与孔的公差带代号　　D. 公称尺寸与轴的公差带代号

（9）标准划分为国家标准、行业标准、地方标准和企业标准等。　　(　　)

（10）用面铣刀铣削强度和硬度都高的材料可选用正前角。　　(　　)

任务2

加工平面类零件

知识目标

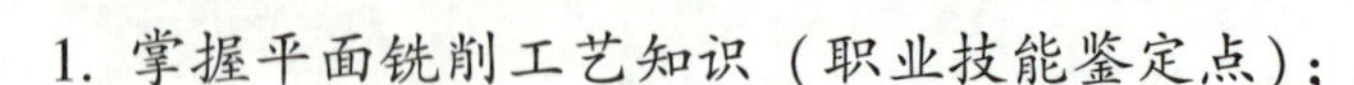

1. 掌握平面铣削工艺知识（职业技能鉴定点）；
2. 能够分析平面铣削质量要求（职业技能鉴定点）；
3. 掌握平面铣削常用编程指令（职业技能鉴定点）；
4. 熟悉数控铣床仿真软件；
5. 熟悉数控铣床加工仿真操作步骤。

技能目标

1. 能够分析和设计平面铣削工艺（职业技能鉴定点）；
2. 能够应用数控加工程序对平面、垂直面、台阶面、斜面进行加工（职业技能鉴定点）；
3. 能够对平面铣削质量进行评价和分析；
4. 能够编写平面类零件加工程序（职业技能鉴定点）；
5. 能够在仿真软件中加工零件。

素养目标

1. 培养一定的计划、决策、组织、实施和总结的能力；
2. 培养勤于思考、刻苦钻研、勇于探索的良好作风；
3. 培养自学能力，在分析和解决问题时查阅资料、处理信息、独立思考及可持续发展能力。

2.1 任务描述——加工六面体

六面体零件如图 2-1 所示，按单件生产安排其数控加工工艺，编写出加工程序。毛坯为 ϕ65 mm×100 mm 的圆棒料，材料为 45 钢。

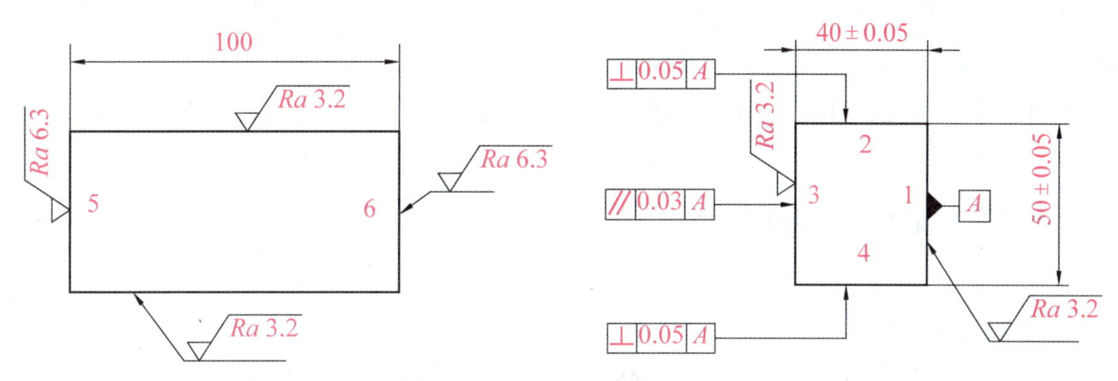

图 2-1　六面体零件

2.2 相关知识

一、平面铣削工艺

1. 数控铣床/加工中心工作台

立式数控铣床工作台和卧式数控铣床工作台的结构形式不完全相同。立式数控铣床工作台不做分度运动，采用长方形工作台。卧式数控铣床的台面形状通常为正方形，由于这种工作台经常需要做分度运动或回转运动，而且它的分度、回转运动的驱动装置一般都装在工作台里，因此也称为分度工作台或回转工作台。根据工件加工工艺的需要，分度工作台有多齿盘分度工作台和数控回转工作台（蜗轮副分度方式），数控回转工作台可以实现任意角度的分度和切削过程中的连续回转运动。

1）长方形工作台

长方形工作台如图 2-2 所示，其形状一般为长方形，装夹为 T 形槽。槽 1、2、4 为装夹用 T 形槽，槽 3 为基准 T 形槽。

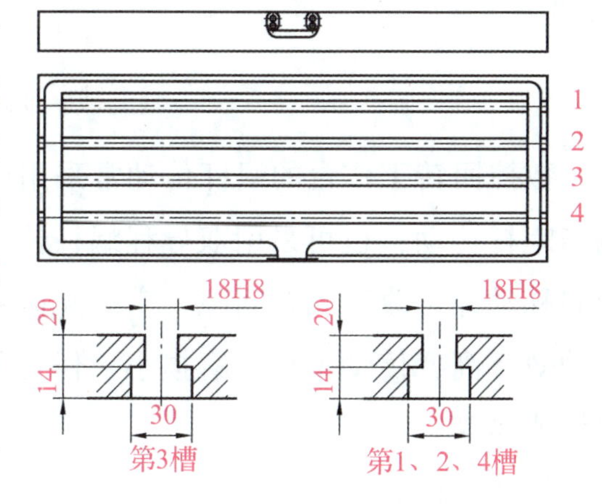

图 2-2　长方形工作台

2）多齿盘分度工作台

卧式加工中心多齿盘分度工作台结构如图 2-3 所示。

分度工作台多采用多齿盘分度工作台，通常用 PLC 简易定位，驱动机构采用蜗轮副及齿轮副。多齿盘分度工作台具有分度精度高、精度保持性好、重复性好、刚性好、承载能力强、能自动定心，以及分度机构和驱动机构可以分离等优点。

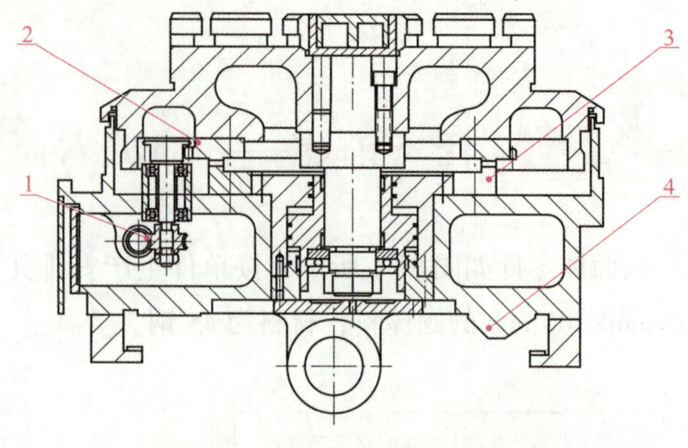

图 2-3 多齿盘分度工作台结构

1—蜗轮副；2—上多齿盘；3—下多齿盘；4—导轨

多齿盘可实现的最小分度角度 α 为：

$$\alpha = 360° / z$$

式中：z——多齿盘齿数。

多齿盘分度工作台具有只能按 1°的整数倍数分度、只能在不切削时分度的缺点。

3）数控回转工作台

由于多齿盘分度工作台具有一定的局限性，为了实现任意角度分度，并在切削过程中实现回转，可采用数控回转工作台（简称数控转台），其结构如图 2-4 所示。

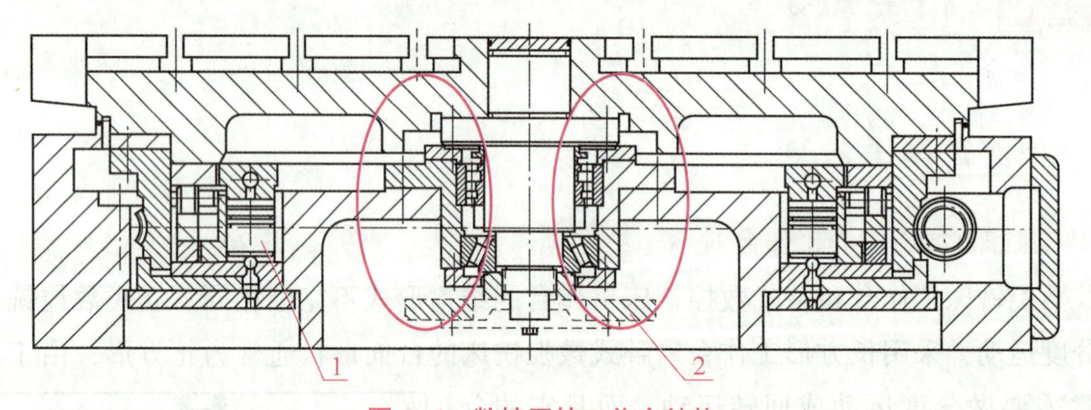

图 2-4 数控回转工作台结构

1—锁紧油缸；2—角度位置反馈元件

数控回转工作台的蜗杆传动常采用单头双导程蜗杆传动，或者采用平面齿轮、圆柱齿轮包络蜗杆传动，也可采用双导程蜗杆传动。双导程蜗杆左、右齿面的导程不等，因而蜗杆的轴向移动即可改变啮合间隙，实现无间隙传动。数控回转工作台具有刚性好、承载能力强，传动效率高、传动平稳、磨损小、任意角度分度和切削过程中可连续回转等优点；其缺点是制作成本高。

2. 工件的定位

1）六点定位原理

工件在空间有 6 个自由度，对于数控铣床，要完全确定工件的位置，必须遵循六点定位原理，需要布置 6 个支撑点来限制工件的 6 个自由度，即沿 X、Y、Z 3 个坐标轴方向的移动自由度和绕 3 个坐标轴的旋转自由度。应尽量避免不完全定位、欠定位和过定位。

合理选择定位基准，应考虑以下几点。

（1）加工基准和设计基准统一。

（2）尽量一次装夹就加工出全部待加工表面。对于体积较大的工件，上下机床需要行车、吊机等工具，如果一次加工完成，可以大大缩短辅助时间，充分发挥机床的效率。

（3）当工件需要第二次装夹时，也要尽可能利用同一基准，减少安装误差。

2）定位方式

定位方式有平面定位、外圆定位和内孔定位。平面定位用支撑钉或支撑板；外圆定位用 V 形块；内孔定位用定位销和圆柱心棒，或者用圆锥销和圆锥心棒。

3）选择定位基准

零件的定位仍应遵循六点定位原理。同时，还应特别注意以下几点。

（1）进行多工位加工时，定位基准的选择应考虑能完成尽可能多的加工内容，即便于各个表面都能被加工的定位方式。例如，对于箱体零件，尽可能采用一面两销的组合定位方式。

（2）当零件的定位基准与设计基准难以重合时，应认真分析装配图样，明确该零件设计基准的设计功能，通过尺寸链的计算，严格规定定位基准与设计基准间的尺寸位置精度要求，确保加工精度。

（3）编程原点与零件定位基准可以不重合，但两者之间必须要有确定的几何关系。编程原点的选择主要考虑便于编程和测量。

3. 平面铣削常用的装夹方法

根据数控铣床的结构，工件在装夹过程中，应注意以下几点。

（1）工作台结构。工作台面有 T 形槽和螺纹孔两种结构形式。

（2）过行程保护。体积较大的工件，装夹在工作台面上时，尽管加工区在加工行程范围内，但工件可能已超出工作台面，容易撞击床身造成事故。

（3）坐标参考点。要注意协调工件安装位置与机床坐标系的关系，便于计算。

（4）对刀点。选择工件的对刀点要方便操作，便于计算。

（5）夹紧机构。不能影响走刀，注意夹紧力的作用点和作用方向。

数控铣床应尽量使用通用夹具，必要时设计专用夹具，选用和设计夹具应注意以下几点。

（1）夹具结构力求简单，以缩短生产准备周期。

（2）装卸迅速方便，以缩短辅助时间。

（3）夹具应具备一定的刚度和强度，尤其在切削用量较大时。

（4）有条件时可采用气、液压夹具，它们动作快、平稳，且工件变形均匀。

压板螺栓安装工件方法如图 2-5 所示，通用夹具如图 2-6 所示。

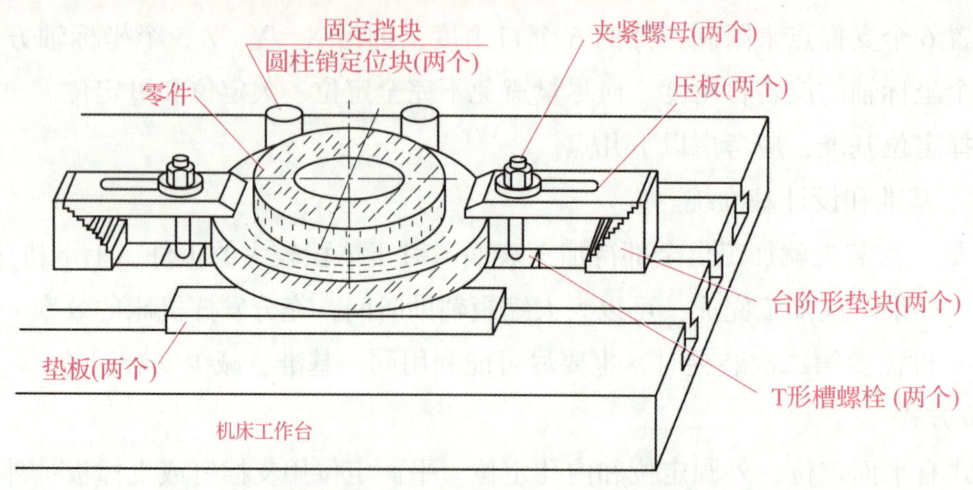

图 2-5 压板螺栓安装工件方法

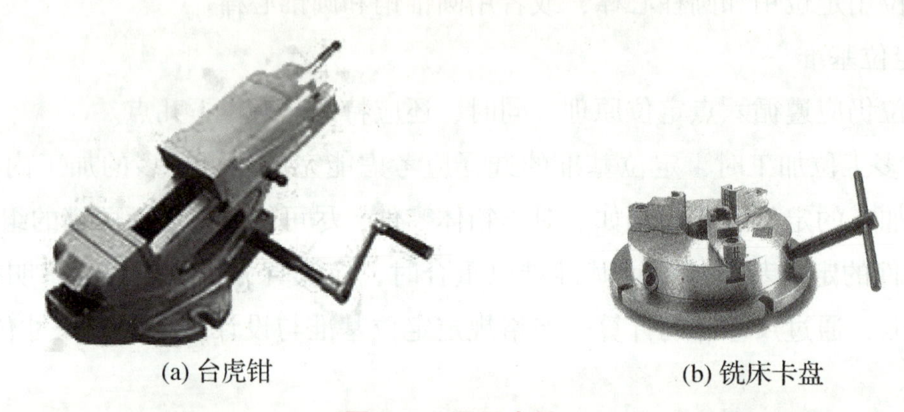

(a) 台虎钳 (b) 铣床卡盘

图 2-6 通用夹具

4. 刀轨的形成

数控加工是刀具相对工件做进给运动，而且要在加工程序规定的轨迹上做进给运动。加工程序规定的轨迹是由许多三维坐标点的连线组成，刀具是沿该连线做进给运动的，所以也把此坐标点的连线称为刀轨。

1）刀轨插补形式

刀轨插补形式是指组成刀轨的每一段线段的线型，也就是说两个坐标点用怎样的线型连接。常用的线型有直线、圆弧线和样条曲线，用直线连接坐标点就称为直线插补，如图2-7（a）所示。坐标点越密，插补直线越短，越逼近工件形状，加工精度越高。坐标点的密度用公差控制。

用圆弧连接坐标点就称为圆弧插补。如图 2-7（b）所示，直线段刀轨用直线插补，圆弧段刀轨用大小一样的圆弧插补。

2）刀具长度补偿

数控铣床在加工过程中需要经常换刀，每种刀具长短不一，造成刀具跟踪点位置相对主轴不固定。固定刀具的主轴端面中心相对主轴位置不变，为了编程方便，都统一以主轴端面中心为基准，编程时输入所有刀具的长度，数控系统就会自动在主轴端面中心基准上做 Z 轴方向的补偿，确定刀位点的位置，这称为刀具长度补偿。

有的刀具长度补偿是以一把标准刀具的刀位点作为基准点，比较使用刀具与标准刀具的长短作出长短补偿，如图 2-8（a）所示。

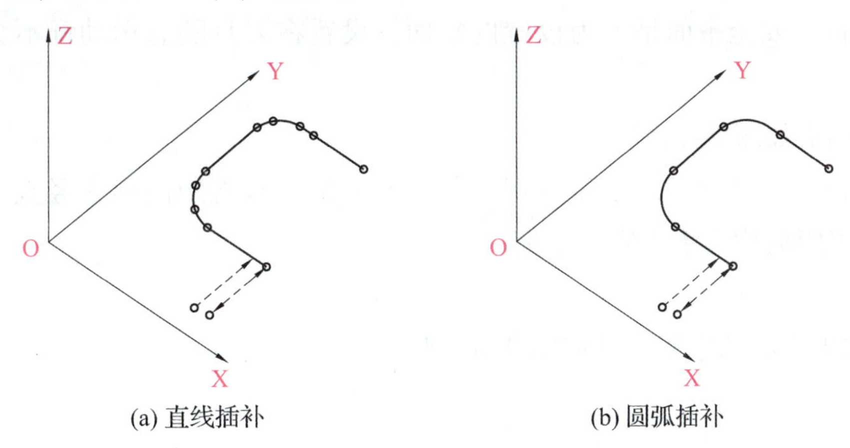

(a) 直线插补　　(b) 圆弧插补

图 2-7　刀轨插补形式

3）刀具半径补偿

如图 2-8（b）所示，用两种半径不一样的刀具对工件侧面进行铣削，刀具刀位点不是沿着工件侧面轮廓进行铣削的，而是沿着侧面轮廓偏置一个刀具半径的轨迹来进行铣削。不管刀具半径大小如何，工件侧面轮廓是不变的，为了编程方便，铣削侧面轮廓的刀轨就由侧面轮廓和刀具偏置量（补偿值）决定，编程时只要输入要作刀具半径补偿的指令，数控系统就会自动以工件侧面轮廓为基准作刀具半径补偿。

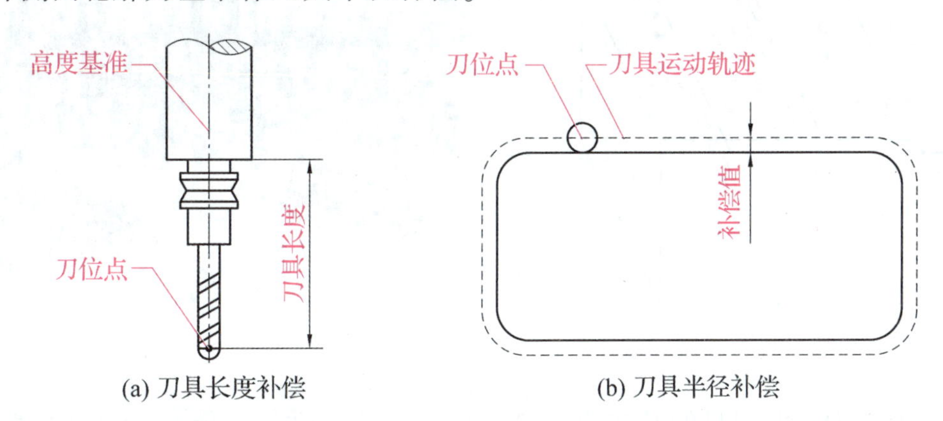

(a) 刀具长度补偿　　(b) 刀具半径补偿

图 2-8　刀具的补偿

4）刀轨的构成

（1）进刀刀轨。刀具沿非切削刀轨运动的速度要比切削进给速度快很多。为了防止刀具以非切削运动速度切入工件时发生撞击，在刀具切入工件前特意使刀具运动速度减慢，以慢速切入工件，然后再提高到切削进给速度，所以切入速度比进给速度还要慢。切入速度称为进刀速度，刀具以进刀速度跟踪的刀轨称为进刀刀轨。

（2）逼近刀轨。刀具由非切削运动速度变成进刀速度的刀轨称为逼近刀轨。

（3）第一切削刀轨。刀具由进刀速度变成切削进给速度的刀轨称为第一切削刀轨。

（4）退刀刀轨。切削结束，要求刀具快速脱离工件。加速脱离工件的刀轨称为退刀刀轨，脱离最大速度称为退刀速度。

（5）返回刀轨。刀具由退刀速度变成非切削速度所经过的刀轨称为返回刀轨。

（6）快速移动刀轨。逼近刀轨以前和返回刀轨以后的非切削刀轨称为快速移动刀轨。

(7) 横越刀轨。水平快速移动的刀轨称为横越刀轨。

(8) 安全平面。安全平面是人为设置的平面，设置在刀具随意运动都不会与工件或夹具相撞的高度。

切削刀轨的构成如图 2-9 所示。

(9) 安全距离。刀具进刀点离每层切削面边缘的最小垂直距离称为竖直安全距离，离工件最近边缘的水平距离称为水平安全距离。

5. 常用铣刀

数控铣床/加工中心的常用刀具如图 2-10 所示。

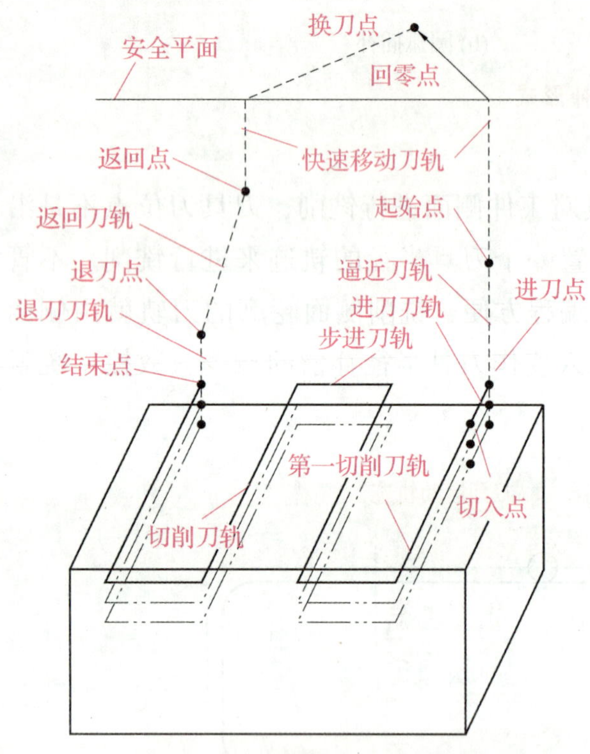

图 2-9 切削刀轨的构成

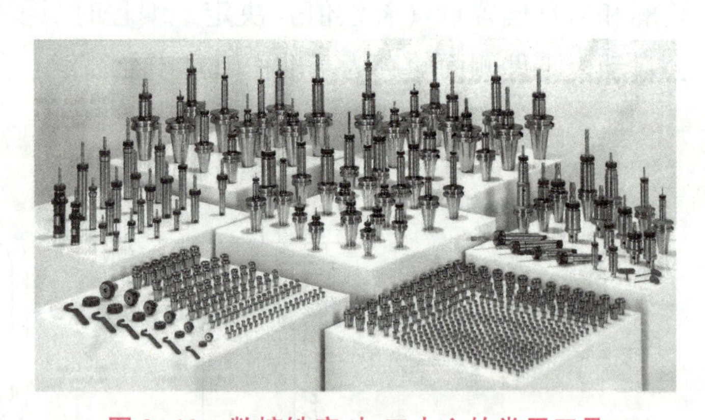

图 2-10 数控铣床/加工中心的常用刀具

数控铣床/加工中心对刀具的基本要求是：良好的切削性能，能承受高速切削和强力切削并且性能稳定；较高的精度，刀具的精度指刀具的形状精度和刀具与装夹装置的位置精度；配备完善的工具系统，满足多刀连续加工的要求。加工中心所使用刀具的刀头部分与数控铣床所使用的刀具基本相同，而刀柄部分与一般数控铣床用刀柄部分不同，加工中心用刀具的刀柄带有夹持槽供机械手夹持。

1) 铣刀类型

数控铣床上所采用的刀具要根据被加工零件的材料、几何形状、表面质量要求、热处理状态、切削性能及加工余量等，选择刚性好、耐用度高的刀具。常用的铣刀类型有以下几种。

(1) 面铣刀。面铣刀的端面和圆周面都有切削刃，可以同时切削也可以单独切削，圆周面切削刃为主切削刃。面铣刀直径大，切削齿一般以镶嵌形式固定在刀体上。切削齿材质为高速钢或硬质合金，刀体材料为 40Cr。面铣刀直径为 80~250 mm，镶嵌齿数为 10~26。硬质合金切削齿能对硬皮和淬硬层进行切削，切削速度比高速钢快，加工效率高，而且加工质量好。

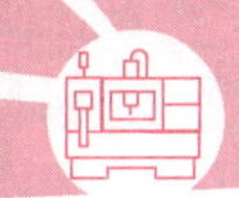

可转位面铣刀的直径已经标准化，采用公比 1.25 的标准直径（mm）系列：16、20、25、32、40、50、63、80、100、125、160、200、250、315、400、500、630。

（2）立铣刀。立铣刀是零件加工中使用最多的一种刀具，立铣刀的端面和圆周面都有切削刃，可以同时切削，也可以单独切削，圆周面切削刃为主切削刃。切削刃与刀体一体，主切削刃呈螺旋状，切削平稳，立铣刀直径为 2~80 mm，一般粗加工的立铣刀刃数为 3~4，细齿立铣刀刃数为 5~8，直径大于 60 mm 的立铣刀可做成套式结构，套式结构刃数为 10~20。由于立铣刀中间部位没有切削刃，不能做轴向进给。

立铣刀包括普通铣刀、键槽铣刀和模具铣刀。

普通铣刀专用于成型零件表面的半精加工和精加工。普通铣刀可分为圆锥形立铣刀、圆柱形球头铣刀和圆锥形球头铣刀，铣刀直径为 4~63 mm。

键槽铣刀是只有两个切削刃的立铣刀，端面副切削刃延伸至刀轴中心，既像铣刀又像钻头。铣刀直径就是键槽宽度，能轴向进给插入工件，再沿水平方向进给，一次加工出键槽。直柄键槽铣刀直径为 2~22 mm，锥柄键槽铣刀直径为 14~50 mm。键槽铣刀直径的偏差有 e8 和 d8 两种。

模具铣刀有圆锥形立铣刀、圆柱形球头立铣刀和圆锥形球头立铣刀 3 种。

（3）鼓形铣刀。鼓形铣刀只有主切削刃，端面无切削刃，切削刃呈圆弧鼓形，适合无底面的斜面加工。鼓形铣刀刃磨困难。加工时控制刀具上下位置，相应改变刀刃的切削部位，可以在工件上切出从负到正的不同斜角。鼓形曲率 R 越小，鼓形刀所能加工的斜角范围越广，但所获得的表面质量也越差。

（4）成形铣刀。成形铣刀是为特定形状加工而设计制造的铣刀，不是通用型铣刀。

2）选择铣刀

数控铣削加工中，需要根据工件材料的性质、工件轮廓曲线的要求，工件表面质量，铣床的加工能力和切削用量等因素，对刀具进行选择。被加工零件的几何形状是选择刀具类型的主要依据，具体如下。

（1）铣小平面或台阶面时一般采用通用铣刀。

（2）铣较大平面时，为了提高生产效率和降低加工表面粗糙度，一般采用刀片镶嵌式盘形铣刀。

（3）铣键槽时，为了保证槽的尺寸精度、一般用两刃键槽铣刀。

（4）加工曲面类零件时，为了保证刀具切削刃与加工轮廓在切削点相切，而避免刀刃与工件轮廓发生干涉，一般采用球头刀；粗加工用两刃铣刀，半精加工和精加工用四刃铣刀。

（5）孔加工时，可采用钻头、镗刀等孔加工类刀具。

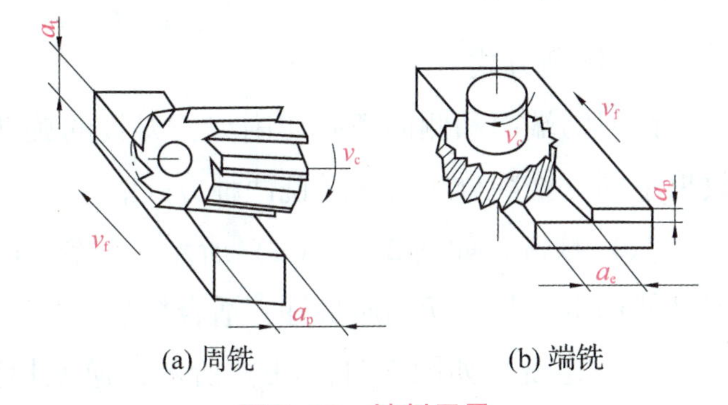

图 2-11　铣削用量

6. 铣削要素

周铣和端铣的铣削用量如图 2-11 所示。

1）铣削速度 v_c

铣刀的圆周切线速度称为铣削速度，精确的铣削速度要从铣削工艺手册上获取，大致可按表 2-1 选取。

表 2-1　数控铣削速度选择参考表

钢的硬度/HBS（HRS）	铣削速度 v_c/（m·min^{-1}）	
	高速钢	硬质合金
<225（20）	18~42	66~150
225（20）~325（35）	12~36	54~120
325（35）~425（45）	6~21	36~75

2）进给速度 v_f

进给速度是单位时间内刀具沿进给方向移动的距离。进给速度与铣刀转速、铣刀齿数和每齿进给量的关系式为：

$$v_f = nzf_z$$

式中：n——铣刀转速，r/min；

z——铣刀齿数；

f_z——每齿进给量，mm。

每齿进给量由工件材质、刀具材质和表面粗糙度等因素决定。精确的每齿进给量要从铣削工艺手册中获取，大致可以按表 2-2 所列经验值选取。工件材料硬度和表面粗糙度值越高，f_z 数值越小。硬质合金刀具的 f_z 取值比高速钢的大。

表 2-2　数控铣削进给量选择参考表

加工性质	粗加工		精加工	
刀具材料	高速钢	硬质合金	高速钢	硬质合金
每齿进给量 f_z/mm	0.10~0.15	0.10~0.25	0.02~0.05	0.10~0.15

注：工件材料为钢。

3）铣削方式

铣刀的端面和侧面都有切削刃，刀具的旋转方向与刀具相对工件的进给方向不同，切削效果不同。铣削分顺铣和逆铣两种方式。

（1）顺铣。如图 2-12（a）所示，顺铣切削力指向工件，工件受压。顺铣刀具磨损小，刀具使用寿命长，切削质量好，适合精加工。

（2）逆铣。如图 2-12（b）所示，逆铣切削力指向刀具，工件受拉。逆铣刀具磨损大，但切削效率高，适合粗加工。

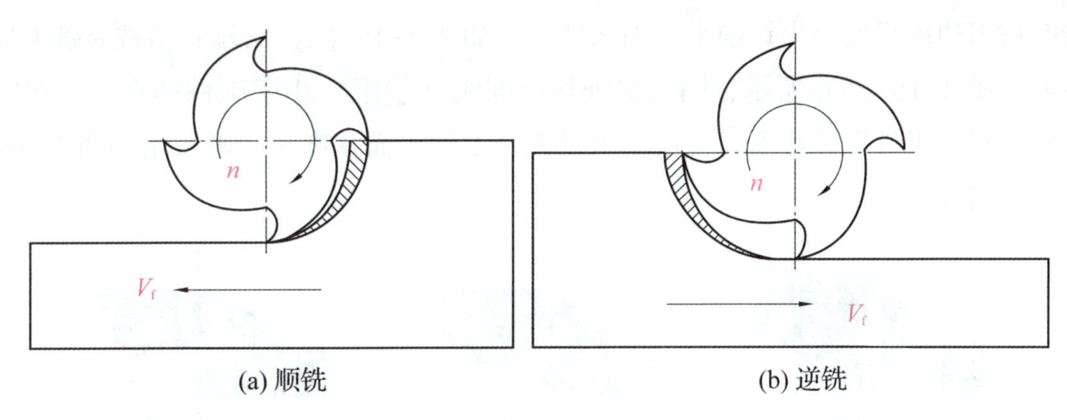

(a) 顺铣　　(b) 逆铣

图 2-12　铣削方式

4）背吃刀量

背吃刀量分为轴向背吃刀量和侧向背吃刀量。

（1）轴向背吃刀量。刀具插入工件沿轴向切削掉的金属层深度称为轴向背吃刀量。一般工件都是多层切削，每切完一层刀具沿轴向进给一层，进给深度称为每层背吃刀量，如图 2-13 所示。半精加工和精加工是单层切削。

（2）侧向背吃刀量。在同一层，刀具走完一条或一圈刀轨，再向未切削区域侧移一恒定距离，这一恒定侧移距离就是侧向背吃刀量，也称为步距，如图 2-13 所示。

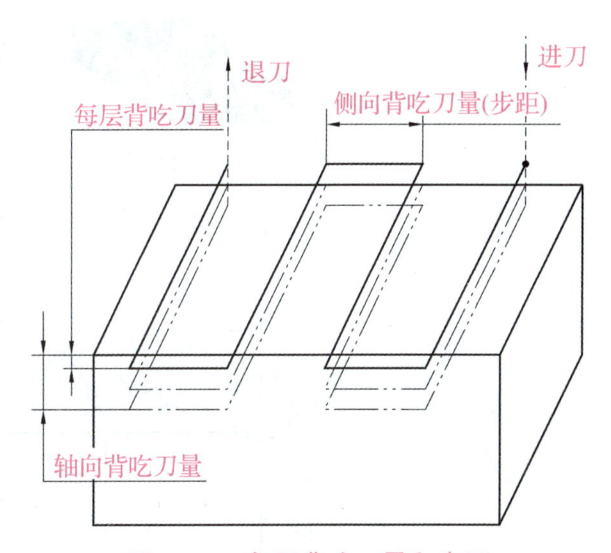

图 2-13　每层背吃刀量和步距

一般可以根据工件的表面粗糙度要求和加工余量设置粗加工、半精加工和精加工的背吃刀量。

（1）粗加工。粗加工是大体积切除材料，工件表面质量要求低。工件的表面粗糙度值 *Ra* 要达到 3. 2~12. 5 μm，可取轴向背吃刀量为 3~6 mm，侧向背吃刀量为 2. 5~5 mm，半精加工留 1~2 mm 的加工余量。如果粗加工后直接精加工，则留 0. 5~1 mm 的加工余量。

（2）半精加工。半精加工是在粗加工后，尤其是工件经过热处理后，给精加工留均匀的加工余量。工件的表面粗糙度值 *Ra* 要达到 3. 2~12. 5 μm，轴向背吃刀量和侧向背吃刀量可取 1. 5~2 mm，留 0. 3~1 mm 的加工余量。

（3）精加工。精加工是最后达到尺寸精度和表面粗糙度的加工。工件的表面粗糙度值 *Ra* 要达到 0. 8~3. 2 μm，可取轴向背吃刀量为 0. 5~1 mm，侧向背吃刀量为 0. 3~0. 5 mm。

7. 切削形式

立铣刀的切削形式如图 2-14 所示。

数控铣削如遇到大平面时，如图 2-15 所示，切入时应有一定的提前量，一般铣刀在工件之外即可，一行切削终了换行时，可以按直线或圆弧方式移动换行往返切削，但需超出工件。

一般粗铣时铣刀边缘只要超出铣削平面边缘即可，如图 2-15（a）所示；精铣时铣刀应完全离开工件表面，图 2-15（b）所示，同时保证切削间距（步距）小于工件的直径，在完成切削时，整个铣刀离开工件后方可退刀；铣刀直径大于工件表面宽度时，则采用如图 2-16 所示一刀式铣削，完成加工。

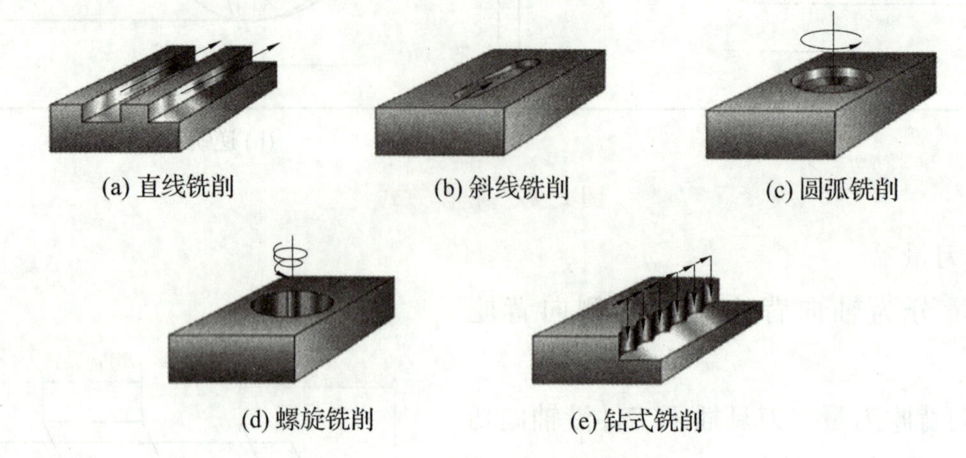

图 2-14　立铣刀的切削形式

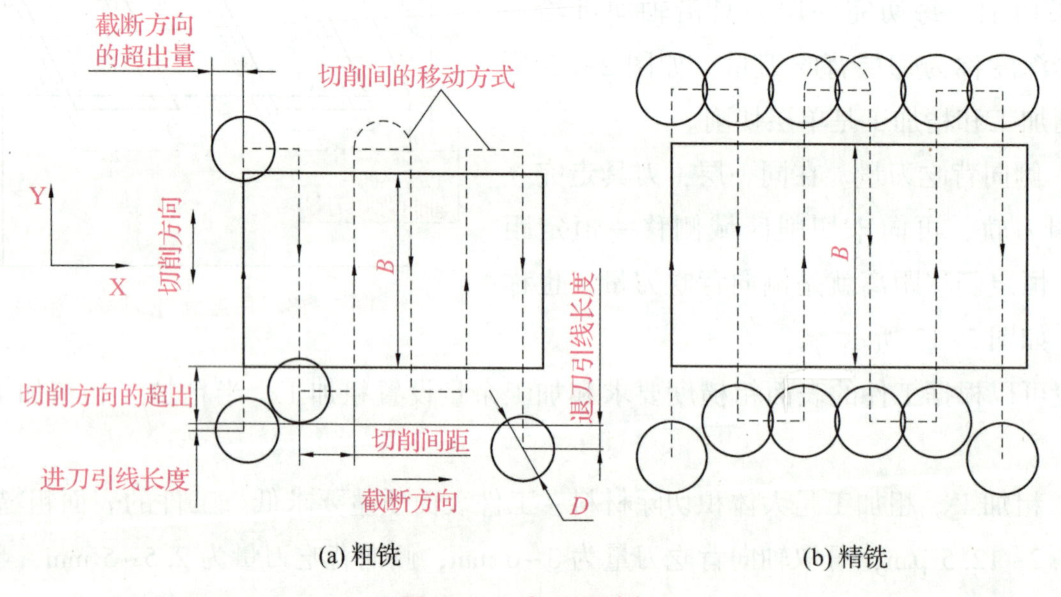

图 2-15　大平面铣削

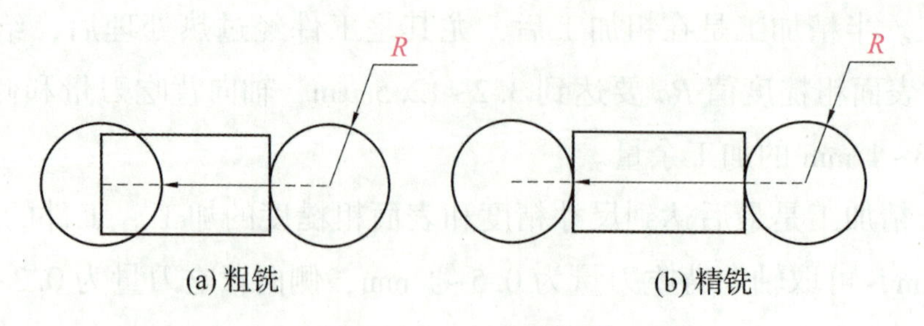

图 2-16　一刀式铣削

8. 铣削工艺路线设计

1）铣削工艺主要考虑的问题

铣削工艺路线设计中，一般主要考虑以下几个方面的问题。

(1) 选择加工内容。加工中心最适合加工形状复杂、工序较多、要求较高的零件，这类零件常需使用多种类型的通用机床、刀具和夹具，经多次装夹和调整才能完成加工。

(2) 检查零件图样。零件图样应表达正确，标注齐全。同时，要特别注意图样上应尽量采用统一的设计基准，从而简化编程过程，保证零件的精度要求。

(3) 分析零件的技术要求。根据零件在产品中的功能，分析各项几何精度和技术要求是否合理；考虑在加工中心上加工，能否保证其精度和技术要求；确定采用哪一种加工中心最为合理。

(4) 审查零件的结构工艺性。分析零件的结构刚度是否足够、各加工部位的结构工艺性是否合理等。

2) 工艺、工序和工步的含义

编程前要划分安排加工步骤，所以要了解工艺、工序和工步的概念。使原材料成为产品的过程称为工艺。整个工艺由若干工序组成，工序是指一个或一组工人在一个工作地点所连续完成的工件加工工艺过程。工序又可以分若干工步，对数控铣床加工来说，一个工步是指一次连续切削。

毛坯加工成工件，需经过多道工序，在一道工序内有时还需要分几个工步。例如，一块模板需要经过粗铣、半精铣、精铣、钻孔、扩孔和铰孔加工，可以安排在一个工序内，分几个工步由数控铣床完成。数控铣床的程序编制是以工步为单位，一个工步需要一个加工程序。

3) 选择加工方法

(1) 加工孔和内螺纹。加工孔的方法较多，有钻削、扩削、铰削、铣削和镗削等。

对于直径大于 30 mm 的已铸出或锻造出毛坯孔的孔加工，一般采用粗镗→半精镗→孔口倒角→精镗的加工方案，孔径较大的孔可采用粗铣→精铣的加工方案。

对于直径小于 30 mm 且无底孔的孔加工，通常采用锪平端面→打中心孔→钻→扩→孔口倒角→铰的加工方案；对于有同轴度要求的小孔，需采用锪平端面→打中心孔→钻→半精镗→孔口倒角→精镗（或铰）的加工方案。为提高孔的位置精度，在钻孔前需安排打中心孔。孔口倒角一般安排在半精加工之后、精加工之前，以防止孔内产生毛刺。图 2-17 为孔加工方法与加工精度之间的关系。

(2) 加工表面轮廓。工件表面轮廓可分为平面和曲面两大类，其中平面类中的斜面轮廓又分为有固定斜角的外轮廓面和有变斜角的外轮廓面。工件表面的轮廓不同，选择的加工方法也不同。图 2-18 为常见平面的加工方法与加工精度之间的关系。

4) 安排加工顺序

数控铣削常采用工序集中的方式，这时工步的顺序就是工序分散时的工序顺序。通常按照从简单到复杂的原则，先加工平面、沟槽、孔，再加工外形、内腔，最后加工曲面；先加工精度要求低的表面，再加工精度高的部位等。具体原则如下：

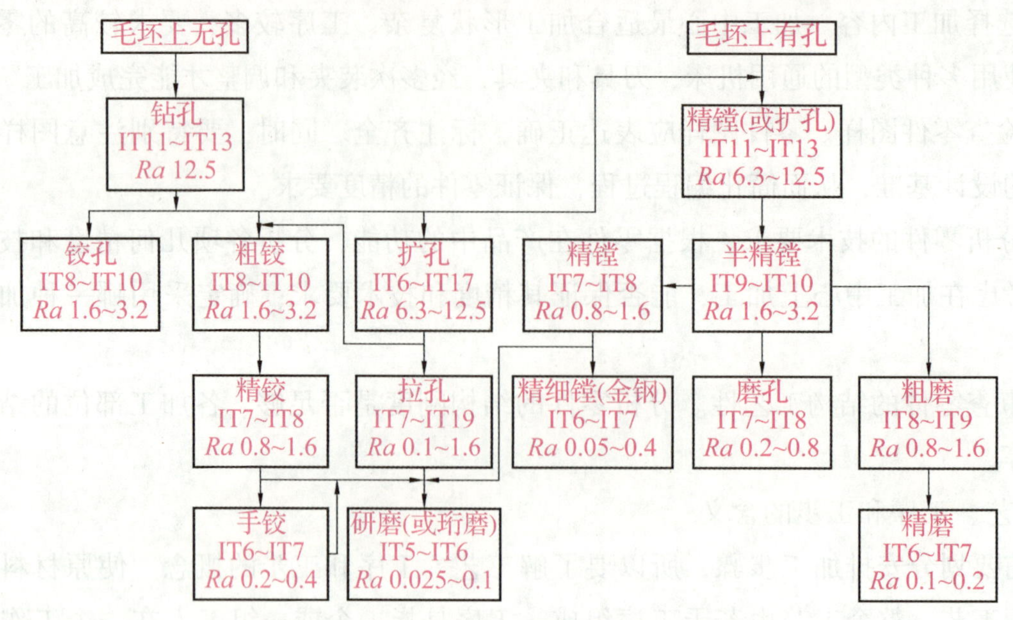

图 2-17 孔加工方法与加工精度之间的关系

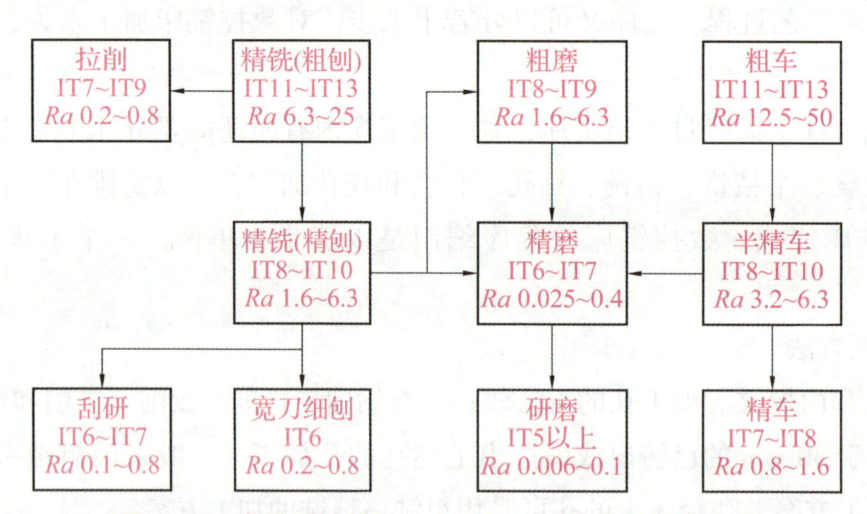

图 2-18 常见平面的加工方法与加工精度之间的关系

（1）基面先行；

（2）先粗后精；

（3）先主后次；

（4）先面后孔；

（5）刀具集中。

数控铣削加工中进给路线的确定对零件的加工精度和表面质量有直接的影响，因此，确定好进给路线是保证铣削加工精度和表面质量的工艺措施之一。进给路线的确定与工件表面状况、要求的零件表面质量、机床进给机构的间隙、刀具耐用度以及零件轮廓形状等有关。

设计工艺时，主要考虑精度和效率两个方面。加工中心在一次装夹中，尽可能完成所有能够加工的表面的加工。对位置精度要求较高的孔系加工，要特别注意安排孔的加工顺序，安排不当，就有可能将传动副的反向间隙带入，直接影响位置精度。加工过程中，为了减少换刀次数，可采用刀具集中工序，即用同一把刀具把零件上相应的部位都加工完，再换第二把刀具继续加工。但是，对于精度要求很高的孔系，若零件是通过工作台回转确定相应的加工部位，因存在重复定位误差，不能采取这种方法。

二、数控铣床/加工中心加工编程步骤

1. 数控铣床/加工中心加工步骤

数控铣床/加工中心的加工步骤如下：

（1）分析工件图纸；

（2）确定加工工艺过程；

（3）数值计算；

（4）编写零件的加工程序单；

（5）程序输入数控系统；

（6）校对加工程序；

（7）首件试加工。

2. 数控铣床/加工中心编程

1）程序的结构

加工程序的一般格式举例：

```
%                                        开始符
O1000;                                   程序名
N010 G54 G00 X50 Y30 M03 S3000;          N010~N290 程序主体
N020 G01 X88.1 Y30.2 F500 T02 M08;
N030 X90;
⋮
N290 M05;
N300 M30;                                程序结束
%                                        结束符
```

（1）开始符/结束符。

FANUC 系列数控系统中，一般用%作为开始结束符号（不同系统符号不一样），编程时一般不需输入。

（2）序名。

FANUC 系列数控系统中，一般用字母 O 开头，后跟 0001~9999 数字，一般要求单列一段。

（3）程序主体。

程序主体是由若干个程序段组成的，每个程序段一般占一行。

一个程序段由若干个代码字组成，每个代码字则由地址符和数值构成，字符含义如表 2-3 所示。

表 2-3　字符含义

字符	含义	字符	含义
A	关于 X 轴的角度尺寸	N	顺序号
B	关于 Y 轴的角度尺寸	O	程序号
C	关于 Z 轴的角度尺寸	P	固定循环参数
D	第二刀具功能	Q	固定循环参数
E	第二进给功能	R	固定循环参数
F	第一进给功能	S	主轴速度功能
G	准备功能	T	刀具功能
H	刀具偏置号	U	平行 X 轴的第二尺寸
I	X 轴分量	V	平行 Y 轴的第二尺寸
J	Y 轴分量	W	平行 Z 轴的第二尺寸
K	Z 轴分量	X	基本 X 尺寸
L	不指定	Y	基本 Y 尺寸
M	辅助功能	Z	基本 Z 尺寸

（4）程序结束指令。

程序结束指令可以用 M02 或 M30，一般要求单列一段。

2）程序段格式

程序段由若干个程序字组成，程序字通常由英文字母表示的地址符和后面的数字和符号组成。常见的程序段格式有固定顺序式、带分隔符 TAB 的固定顺序式和字地址格式 3 种。

三、平面铣削常用编程指令

本书主要介绍 FANUC 系统的数控铣床/加工中心的编程方法。

1. F、S、T 功能

1）F 功能——第一进给功能

F 功能用于指定刀具的进给速度，该速度的上限值由系统参数设定，其单位为 mm/min 或 mm/r，范围是 1~15 000 mm/min（公制）。若程序中编写的进给速度超出限制范围，则实际进给速度即为上限值。

使用机床操作面板上的开关，可以对快速移动速度或切削进给速度使用倍率。为防止机械振动，在刀具移动开始和结束时，自动实施加减速。

2）S 功能——主轴速度功能

编程格式：S_;

S 功能用于设定主轴转速，其单位为 r/min，范围是 0~20 000 r/min。S 后面可以直接指定四位数的主轴转速，也可以指定两位数表示主轴转速的千位和百位。

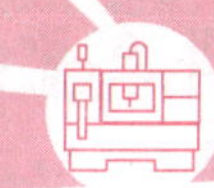

3）T 功能——刀具功能

编程格式：T_；

当机床进行加工时，必须选择适当的刀具。给每个刀具赋予一个编号，在程序中指定不同的编号时，就选择相应的刀具。T 功能用于选择刀具号，范围是 T00～T99。

2. M 功能——辅助功能

M 功能由地址字 M 和其后的一或两位数字组成，用于主轴的启动、停止，冷却液的开、关等。具体 M 代码及功能如表 2-4 所示。

表 2-4　M 代码及功能

<table>
<tr><th>M 代码</th><th>功能</th><th>说明</th><th>M 代码</th><th>功能</th><th>说明</th></tr>
<tr><td>M00</td><td>程序暂停，需重新启动才能继续执行后面的程序</td><td rowspan="2">后指令码</td><td>M07/ M08</td><td>冷却液开</td><td>前指令码</td></tr>
<tr><td>M01</td><td>计划（任选）停止，与 M00 类似，需按任选按钮才生效</td><td>M09</td><td>冷却液关</td><td>后指令码</td></tr>
<tr><td>M02</td><td>程序结束（该指令同时具有使主轴、进给、冷却都停止，并是系统处于复位状态）</td><td rowspan="2">后指令码</td><td>M13</td><td>主轴正转、冷却液开</td><td rowspan="2">前指令码</td></tr>
<tr><td>M30</td><td>程序结束并返回至开始位置</td><td>M14</td><td>主轴反转、冷却液关</td></tr>
<tr><td>M03</td><td>主轴正转</td><td rowspan="2">前指令码</td><td rowspan="2">M17</td><td rowspan="2">主轴停、冷却液关</td><td rowspan="2">后指令码</td></tr>
<tr><td>M04</td><td>主轴反转</td></tr>
<tr><td>M05</td><td>主轴停</td><td rowspan="2">后指令码</td><td>M98</td><td>调用子程序</td><td rowspan="2">后指令码</td></tr>
<tr><td>M06</td><td>换刀</td><td>M99</td><td>子程序结束</td></tr>
</table>

特别提示

①当机床移动指令和 M 指令编在同一程序段时，按下面两种情况执行：①同时执行移动指令和 M 指令，该类 M 指令称为前指令码，如 M03、M04 等；②直到移动指令执行完成后再执行 M 指令，该类 M 指令称为后指令码，如 M09 等。

②一般情况下，一个程序段仅能指定一个 M 代码，有两个以上 M 代码时，最后一个 M 代码有效。

③第二辅助功能（B 代码）用于指定分度工作台分度。当 B 代码地址后面指定一数值时，输出代码信号和选通信号，此代码一直保持到下一个 B 代码被指定为止。每一个程序段只能包括一个 B 代码。

3. G 功能——准备功能

G 功能用于指令机床各坐标轴运动。

G 功能有两种代码，一种是模态码，它一旦被指定将一直有效，直到被另一个模态码取代；另一种为非模态码，只在本程序段中有效。G 代码及功能如表 2-5 所示。

表 2-5　G 代码及功能

<table>
<tr><th>G 代码</th><th colspan="2">功能</th><th>组别</th><th>G 代码</th><th>功能</th><th>组别</th></tr>
<tr><td>* G00</td><td colspan="2">快速定位（移动）</td><td rowspan="4">01</td><td>* G50. 1</td><td>镜像功能取消</td><td rowspan="2">11</td></tr>
<tr><td>* G01</td><td colspan="2">直线插补（切削进给）</td><td>G51. 1</td><td>镜像功能</td></tr>
<tr><td>G02</td><td colspan="2">顺时针方向圆弧/螺旋插补（CW）</td><td>G52</td><td>局部坐标系设定</td><td rowspan="2">00</td></tr>
<tr><td>G03</td><td colspan="2">逆时针方向圆弧/螺旋插补（CCW）</td><td>G53</td><td>机械坐标系选择</td></tr>
<tr><td>G04</td><td colspan="2">暂停</td><td rowspan="3">00</td><td>* G54、G55～G59</td><td>选择工件坐标系 1～6</td><td>14</td></tr>
<tr><td>G10</td><td colspan="2">可编程数据输入</td><td>G65</td><td>宏指令调用</td><td>00</td></tr>
<tr><td>G11</td><td colspan="2">可编程数据输入方式取消</td><td>G68</td><td>坐标旋转指令</td><td rowspan="2">16</td></tr>
<tr><td>* G15</td><td colspan="2">极坐标指令取消</td><td rowspan="2">17</td><td>* G69</td><td>坐标旋转取消</td></tr>
<tr><td>G16</td><td colspan="2">极坐标指令</td><td>G73</td><td>深孔钻削循环</td><td rowspan="11">09</td></tr>
<tr><td>* G17</td><td>X_pY_p 平面</td><td>X_p：X 轴或者其平行轴</td><td rowspan="3">02</td><td>G74</td><td>反向攻丝循环</td></tr>
<tr><td>* G18</td><td>Z_pX_p 平面</td><td>Y_p：Y 轴或者其平行轴</td><td>G76</td><td>精镗循环</td></tr>
<tr><td>* G19</td><td>Y_pZ_p 平面</td><td>Z_p：Z 轴或者其平行轴</td><td>* G80</td><td>固定循环取消</td></tr>
<tr><td>G20</td><td colspan="2">英制输入</td><td rowspan="2">06</td><td>* G81</td><td>钻孔循环、点镗孔循环</td></tr>
<tr><td>G21</td><td colspan="2">公制输入</td><td>G82</td><td>钻孔循环、镗阶梯孔循环</td></tr>
<tr><td>G27</td><td colspan="2">返回参考点检测</td><td rowspan="6">00</td><td>G83</td><td>深孔钻削循环</td></tr>
<tr><td>G28</td><td colspan="2">返回参考点</td><td>G84</td><td>攻丝循环</td></tr>
<tr><td>G29</td><td colspan="2">从参考点移动</td><td>G85/G86</td><td>镗孔循环</td></tr>
<tr><td>G30</td><td colspan="2">返回第 2、第 3、第 4 参考点</td><td>G87</td><td>反镗循环</td></tr>
<tr><td>G31</td><td colspan="2">跳步功能</td><td>G88/ G89</td><td>镗孔循环</td></tr>
<tr><td>G39</td><td colspan="2">刀具半径补偿拐角圆弧插补</td><td>* G90</td><td>绝对坐标编程</td><td rowspan="2">03</td></tr>
<tr><td>* G40</td><td colspan="2">刀具半径补偿取消</td><td rowspan="3">07</td><td>* G91</td><td>增量坐标编程</td></tr>
<tr><td>G41</td><td colspan="2">刀具半径左补偿</td><td>G92</td><td>工件坐标系设定</td><td>00</td></tr>
<tr><td>G42</td><td colspan="2">刀具半径右补偿</td><td>* G94</td><td>每分钟进给</td><td rowspan="2">05</td></tr>
<tr><td>G43</td><td colspan="2">刀具长度正补偿</td><td rowspan="3">08</td><td>G95</td><td>每转进给</td></tr>
<tr><td>G44</td><td colspan="2">刀具长度负补偿</td><td>G96</td><td>周速恒定控制</td><td rowspan="2">14</td></tr>
<tr><td>* G49</td><td colspan="2">刀具长度补偿取消</td><td>* G97</td><td>周速恒定控制取消</td></tr>
<tr><td>* G50</td><td colspan="2">比例缩放取消</td><td rowspan="2">11</td><td>* G98</td><td>返回固定循环初始平面</td><td rowspan="2">10</td></tr>
<tr><td>G51</td><td colspan="2">比例缩放</td><td>G99</td><td>返回固定循环 R 点平面</td></tr>
</table>

特别提示

①＊G 代码为电源接通时的初始状态。

②如果同组的 G 代码被编入同一程序段中，则最后一个 G 代码有效。

③在固定循环中，如果遇到 01 组代码时，固定循环被撤销。

1）坐标系相关指令

（1）G92——设置工件坐标系。

编程格式：G92 X_　Y_　Z_;

X、Y、Z 为当前刀位点在工件坐标系中的坐标，该点通常被称为对刀点。

特别提示

①一旦执行 G92 指令建立坐标系，后序的绝对值指令坐标位置都是此工件坐标系中的坐标值。

②G92 指令必须跟坐标地址字，因此须单独一个程序段指定。

③执行此指令并不会产生机械位移，只是让系统内部用新的坐标值取代旧的坐标值，从而建立新的坐标系。

④执行此指令之前必须保证刀位点与程序起点（对刀点）符合。

⑤G92 指令为非模态指令。该指令用于建立工件坐标系，坐标系的原点由指定当前刀具位置的坐标值确定。如图 2-19 所示，刀具起始点为（50，50，10），则用 G92 指令设定加工坐标系程序为：G92 X50 Y50 Z10。表示确定工件坐标系的原点为（0，0，0），而（50，50，10）为程序的起点。通过上述编程可以保证刀尖或刀柄上某一标准点与程序起点相符。

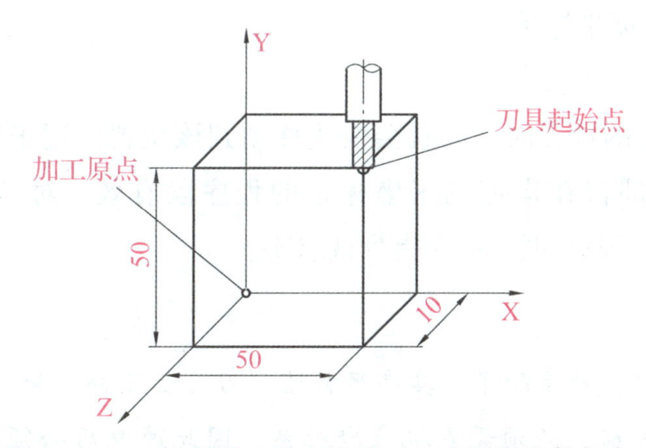

图 2-19　G92 设置工件坐标系（刀尖是程序的起点）

如果在刀具长度补偿期间用 G92 指令设定坐标系，则 G92 指令用无偏置的坐标值设定坐标系，刀具半径补偿被 G92 指令临时删除。

（2）G54～G59——选择工件坐标系。

如图 2-20 所示，使用 CRT/MDI 面板可以预先寄存设置 6 个工件坐标系，用 G54～G59 指令分别调用。

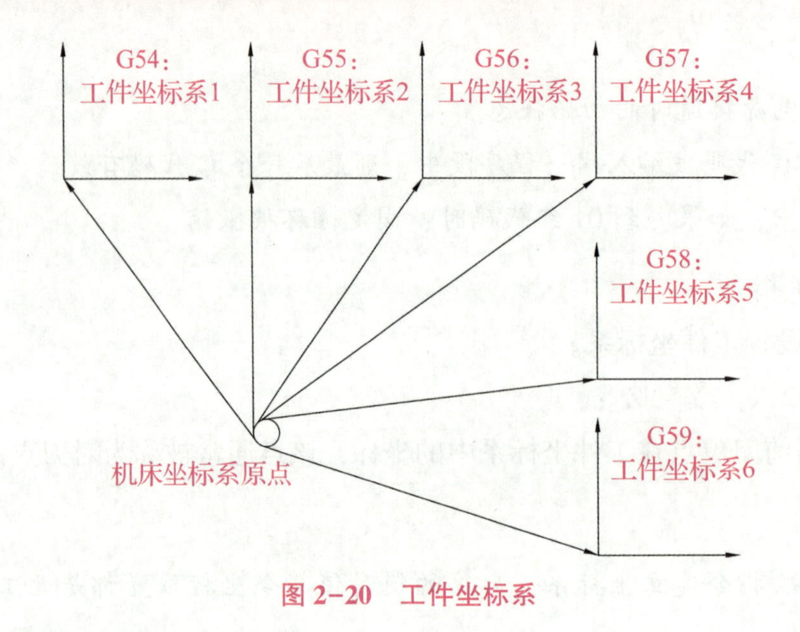

图 2-20　工件坐标系

特别提示

①G54~G59 是系统预置的 6 个坐标系，可根据需要选用。

②G54~G59 建立的工件坐标原点是相对于机床原点而言的，在程序运行前已设定好，且在程序运行中无法重置。

③G54~G59 预置建立的工件坐标原点在机床坐标系中的坐标值可用 MDI 方式输入，系统自动记忆。

④使用该组指令前，必须先回参考点。

⑤G54~G59 为模态指令，可相互注销。

（3）G53——选择机床坐标系。

编程格式：G53 X_ Y_ Z_;

当指定机床坐标系上的位置时，刀具会快速移动到该位置。用于选择机床坐标系的指令 G53 是非模态 G 代码，即仅在指定机床坐标系的程序段有效。对 G53 指令应指定绝对值（G90）。当指定增量值（G91）时，G53 指令被忽略。

特别提示

①当指令 G53 指令时，就清除了刀具半径补偿、刀具长度补偿和刀具偏置。

②在指令 G53 指令之前，必须设置机床坐标系，因此通电后必须进行手动返回参考点或 G28 指令自动返回参考点。采用绝对位置编码器时，就不需要该操作。

（4）G52——设置局部坐标系、G520——取消局部坐标系。

为了方便编程，当在工件坐标系中编制程序时，可以设定工件坐标系的子坐标系。子坐标系称为局部坐标系，如图 2-21 所示。

编程格式：G52　X_ Y_ Z_;

G520;

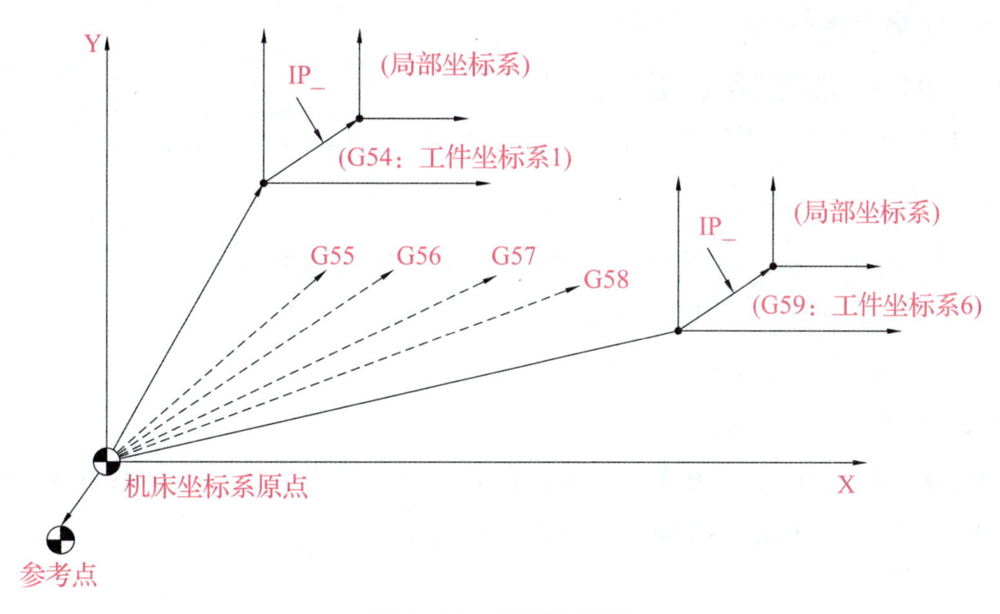

图 2-21　局部坐标系

编程“G52　X_　Y_　Z_;”可以在工件坐标系 G54~G59 中设定局部坐标系。局部坐标系的原点设定在工件坐标系中以“X_　Y_　Z_;”指定的位置。

特别提示

当局部坐标系设定时，后面的以绝对值方式（G90）指令移动的是局部坐标系中的坐标值。

（5）G17、G18、G19——选择坐标平面。

G17~G19 指令分别用于选择刀具的圆弧插补平面和刀具半径补偿平面为空间坐标系中的 XY、ZX、YZ 平面，如图 2-22 所示。对于立式数控铣床，G17 为默认值，可以省略。

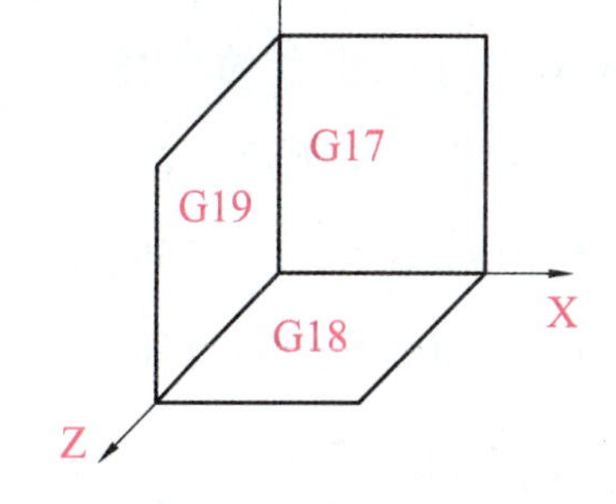

图 2-22　坐标平面选择指令

特别提示

①当在 G17、G18 或 G19 程序段中省略轴地址时，认为是基本三轴地址被省略。

②在不指定 G17、G18、G19 的程序段中，平面维持不变。

③移动指令与平面选择无关。

2）G20、G21、G22——尺寸单位选择

G20——英制；G21——公制；G22——脉冲当量。

这 3 个 G 代码必须在程序的开头、坐标系设定之前用单独的程序段指令或通过系统参数设定。程序运行中途不能切换。

3）G90、G91——绝对值编程与相对值编程

G90 为绝对值编程指令，每个轴上的编程值是相对于程序原点的。

G91 为增量值编程指令，每个轴上的编程值是相对于前一位置而言的，该值等于沿轴移动的距离。

G90、G91 为模态指令，G90 为缺省值。

4）G94、G95——设定进给速度单位

G94 表示每分钟进给，其单位为 mm/min，范围是：1~15 000 mm/min（公制），0.01~600.00 in/min（英制）。编程格式：G94 F_;

G95 表示每转进给，其单位为 mm/r。编程格式：G95 F_;

G94、G95 为模态指令，可相互注销，G94 为默认值。

5）G00——快速定位

编程格式：G00 X_ Y_ Z_;

其中，X、Y、Z——快速定位终点坐标，在 G90 时为终点在工件坐标系中的坐标；在 G91 时为终点相对于起点的位移量，其轨迹一般以虚线表示。

特别提示

① G00 指令用于控制刀具相对于工件从当前位置以各轴预先设定的快移进给速度移动到程序段所指定的下一个定位点。

② G00 指令中的快进速度由机床参数对各轴分别设定，不能用程序规定，由机床制造厂单独设定。由于各轴以各自速度移动，不能保证各轴同时到达终点，因此联动直线轴的合成轨迹并不总是直线。例如，在 FANUC 系统中，运动总是先沿 45°角的直线移动，最后再在某一轴单向移动至目标点位置，编程人员应了解所使用的数控系统的刀具移动轨迹情况，以避免加工中可能出现的碰撞。

如图 2-23 所示，刀尖在 O 点，绝对值编程如下：

G90 G00 X150 Y150;（O→A）

G90 G00 X300 Y150;（A→B）

增量编程如下：

G91 G00 X150 Y150;（O→A）

G91 G00 X150 Y0;（A→B）

③快移速度可由面板上的快速修调旋钮修正。

④ G00 一般用于加工前快速定位或加工后快速退刀。

⑤ G00 为模态指令，可由 G01、G02、G03 或 G33 功能注销。

6）G01——直线插补（切削、进给）

编程格式：G01 X_ Y_ Z_ F_ ;

其中，X、Y、Z 为终点坐标，可以绝对坐标编程，也可以增量坐标编程，其轨迹一般以实线表示。如图 2-24 所示，由 A 到 B 点，编程如下。

绝对值编程：G90G01X90Y45F100;

增量编程：G91G01X70Y30F100;

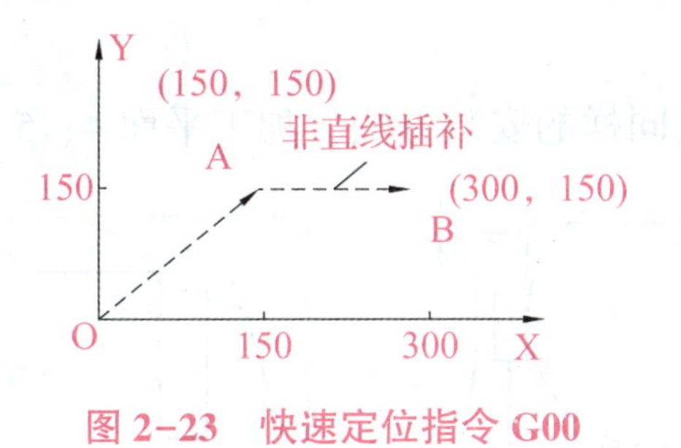

图 2-23　快速定位指令 G00

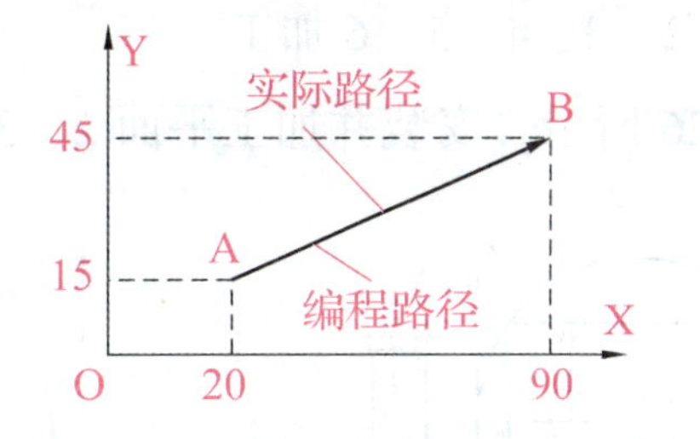

图 2-24　直线插补指令 G01

2.3 任务实施

一、工艺过程

图 2-1 所示零件加工工艺过程如下：

(1) 粗、精铣平面 1；

(2) 粗、精铣平面 2；

(3) 粗、精铣平面 3；

(4) 粗、精铣平面 4；

(5) 粗、精铣平面 5；

(6) 粗、精铣平面 6。

二、切削用量

选择切削用量如表 2-6 所示。

表 2-6　选择切削用量

刀具类型	铣削类型	刀齿数	主轴转速/（$r \cdot min^{-1}$）	背吃刀量/mm	进给速度/（$mm \cdot min^{-1}$）
面铣刀	粗铣	4	<500	6.5	<160
面铣刀	半精铣	4	<500	4.5	<160
面铣刀	精铣	4	<500	0.5	<160

三、加工工件

1) 平面 1 加工

如图 2-25 所示，首先选用通用台虎钳安装棒料，并放置垫块以调整高度，加工平面 1。

2）平面 2、3、4、5、6 加工

如图 2-26 所示，安装并加工平面 2、3。以同样的安装方法，加工平面 4、5、6。

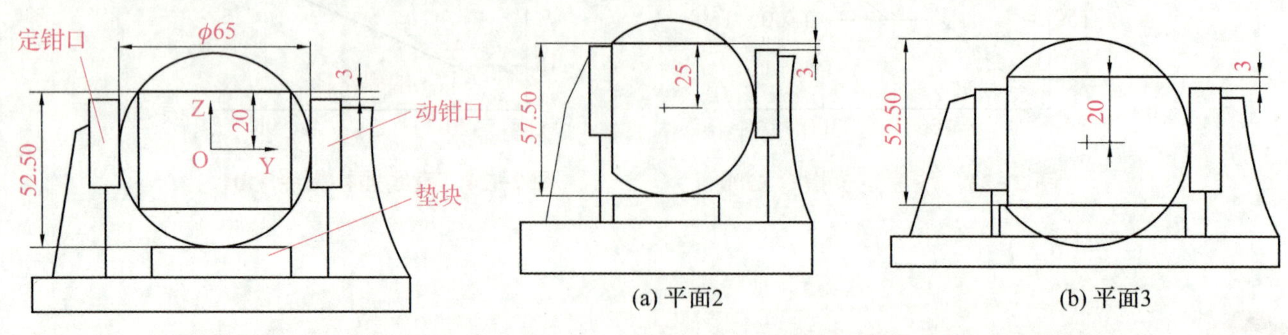

图 2-25　六面体零件安装加工平面 1

图 2-26　六面体零件安装加工平面 2、3

四、程序清单

因该零件的加工都是单一的平面加工，主要编程指令用 G01 即可完成，故程序省略，学生可在课后自行完成。

2.4 任务评价

1. 个人知识和技能评价

个人知识和技能评价表如表 2-7 所示。

表 2-7　个人知识和技能评价表

评价项目	项目评价内容	分值	自我评价	小组评价	教师评价	得分
项目理论知识	①编程格式及走刀路线	5				
	②基础知识融会贯通	10				
	③零件图纸分析	10				
	④制订加工工艺	10				
	⑤加工技术文件的编制	5				
项目仿真加工技能	①程序的输入	10				
	②图形模拟	10				
	③刀具、毛坯的选择及对刀	10				
	④仿真加工工件	5				
	⑤尺寸等的精度仿真检验	5				

续表

评价项目	项目评价内容	分值	自我评价	小组评价	教师评价	得分
职业素质培养	①出勤情况	5				
	②纪律	5				
	③团队协作精神	10				
合计总分						

2. 小组学习实例评价

小组学习实例评价表如表 2-8 所示。

表 2-8　小组学习实例评价表

班级：＿＿＿＿＿＿　　小组编号：＿＿＿＿＿＿　　成绩：＿＿＿＿＿＿

评价项目	评价内容及评价分值			学员自评	同学互评	教师评分
分工合作	优秀（12~15 分）	良好（9~11 分）	继续努力（9 分以下）			
	小组成员分工明确，任务分配合理，有小组分工职责明细表	小组成员分工较明确，任务分配较合理，有小组分工职责明细表	小组成员分工不明确，任务分配不合理，无小组分工职责明细表			
获取与项目有关质量、市场、环保等内容的信息	优秀（12~15 分）	良好（9~11 分）	继续努力（9 分以下）			
	能使用适当的搜索引擎从网络等多种渠道获取信息，并合理地选择信息、使用信息	能从网络获取信息，并较合理地选择信息、使用信息	能从网络或其他渠道获取信息，但信息选择不正确，信息使用不恰当			
数控仿真加工技能操作情况	优秀（16~20 分）	良好（12~15 分）	继续努力（12 分以下）			
	能按技能目标要求规范完成每项实操任务，能正确分析机床可能出现的报警信息，并对显示故障能迅速排除	能按技能目标要求规范完成每项实操任务，但仅能正确分析机床可能出现的部分报警信息，并对显示故障能迅速排除	能按技能目标要求完成每项实操任务，但规范性不够。不能正确分析机床可能出现的报警信息，不能迅速排除显示故障			

续表

评价项目	评价内容及评价分值			学员自评	同学互评	教师评分
基本知识分析讨论	优秀（16~20分）	良好（12~15分）	继续努力（12分以下）			
	讨论热烈，各抒己见，概念准确，原理思路清晰，理解透彻，逻辑性强，并有自己的见解	讨论没有间断，各抒己见分析有理有据，思路基本清晰	讨论能够展开，分析有间断，思路不清晰，理解不够透彻			
成果展示	优秀（24~30分）	良好（18~23分）	继续努力（18分以下）			
	能很好地理解项目的任务要求，成果展示逻辑性强，熟练利用信息平台进行成果展示	能较好地理解项目的任务要求，成果展示逻辑性强，能较熟练利用信息平台进行成果展示	基本理解项目的任务要求，成果展示停留在书面和口头表达，不能熟练利用信息平台进行成果展示			
合计总分						

2.5 职业技能鉴定指导

1. 知识技能复习要点

（1）能读懂中等复杂程度的零件图。

（2）熟悉常用夹具的使用方法。

（3）熟悉数控加工工艺文件的制订方法。

（4）熟悉数控铣床常用刀具的种类、结构、材料和特点。

（5）熟悉刀具长度补偿、刀具半径补偿等刀具参数的设置知识。

（6）能编制由直线组成的二维轮廓数控加工程序。

（7）能够使用计算机辅助设计与制造软件绘制简单零件图。

（8）熟悉数控铣床操作面板的使用方法。

（9）能应用仿真软件进行对刀并确定相关坐标系。

（10）能应用数控铣床仿真软件模拟加工简单平面类零件。

2. 理论复习（模拟试题）

（1）提高职业道德修养的方法有学习职业道德知识、提高文化素养、提高精神境界和（　　）等。

A. 加强舆论监督　　B. 增强强制性　　C. 增强自律性　　D. 完善企业制度

(2) 不符合岗位质量要求的内容是(　　)。

A. 对各个岗位质量工作的具体要求　　B. 体现在各岗位的作业指导书中

C. 是企业的质量方　　D. 体现在工艺规程中

(3) 按断口颜色的不同，可将铸铁分为(　　)。

A. 灰口铸铁、白口铸铁、麻口铸铁　　B. 灰铸铁、球墨铸铁、可锻铸铁

C. 灰口铸铁、白口铸铁、可锻铸铁　　D. 普通铸铁、合金铸铁

(4) 主切削刃在基面上的投影与进给运动方向之间的夹角称为(　　)。

A. 前角　　B. 主偏角　　C. 后角　　D. 副偏角

(5) 主轴转速 n (r/min) 与切削速度 v (m/min) 的关系表达式是(　　)。

A. $n=\pi vD/1000$　　B. $n=1000\pi vD$　　C. $v=\pi nD/1000$　　D. $v=1000\pi nD$

(6) 使程序在运行过程中暂停的指令(　　)。

A. M00　　B. G18　　C. G19　　D. G20

(7) G00 代码功能是快速定位，它属于(　　)代码。

A. 标准　　B. 模态　　C. 非模态　　D. ISO

(8) 斜线方式下刀时，通常采用的下刀角度为(　　)。

A. 0°~5°　　B. 5°~15°　　C. 15°~25°　　D. 25°~35°

(9) 下列关于局部视图说法中错误的是(　　)。

A. 局部放大图可画成视图

B. 局部放大图应尽量配置在被放大部位的附近

C. 局部放大图与被放大部分的表达方式有关

D. 绘制局部放大图时，应用细实线圈出被放大部分的部位

(10) 除基本视图外，还有全剖视图、半剖视图和旋转视图 3 种视图。　　(　　)

(11) 用 G54 设定工件坐标系时，其工件原点的位置与刀具起点有关。　　(　　)

3. 技能实训 (真题)

凸台零件如图 2-27 所示，按单件生产安排其数控加工工艺，编写出加工程序。毛坯为 33 mm×20 mm×20 mm 的长方体，材料为 45 钢。

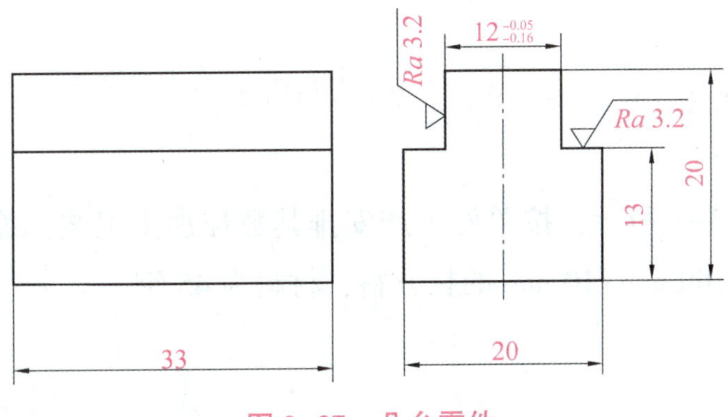

图 2-27　凸台零件

任务 3

加工轮廓类零件

知识目标

1. 掌握轮廓铣削加工工艺知识（职业技能鉴定点）；
2. 会分析轮廓铣削加工质量要求（职业技能鉴定点）；
3. 熟练掌握轮廓铣削常用编程指令（职业技能鉴定点）。

技能目标

1. 能够设计零件轮廓加工工艺（职业技能鉴定点）；
2. 能够评价和分析零件（职业技能鉴定点）；
3. 能够编制和调试数控铣削程序（职业技能鉴定点）。

素养目标

1. 培养踏实肯干、勇于创新的工作态度；
2. 培养一定的综合分析、解决问题的能力；
3. 培养勤于思考、创新开拓、勇于探索的良好作风。

3.1 任务描述——加工轮廓凸台

轮廓凸台零件如图 3-1 所示，按单件生产安排其数控加工工艺，编写出外轮廓凸台加工程序。毛坯为 120 mm×100 mm×10 mm 的长方料，材料为 45 钢。

3.2 相关知识

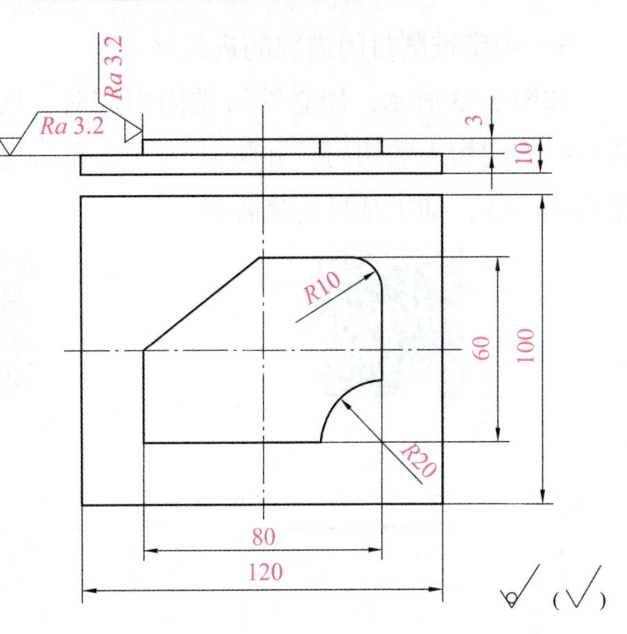

图 3-1　轮廓凸台零件图

一、分析轮廓铣削工艺

1. 确定轮廓铣削的走刀路线

当铣削平面零件轮廓时，一般采用立铣刀侧刃切削。

1）确定铣削外轮廓的进给路线

用立铣刀的侧刃铣削平面工件的外轮廓时，为减少接刀痕迹，保证零件表面质量，刀具切入工件时，应避免沿零件轮廓的法向切入，而应沿外轮廓曲线延长线的切向切入，以避免在切入处产生刀具的切痕而影响表面质量，保证零件外轮廓曲线平滑过渡。同理，在切出工件时，也应避免在零件的轮廓处直接退刀，而应沿零件轮廓延长线的切向逐渐切离工件，如图 3-2（a）所示，X 为切出时多走的距离。

2）确定铣削内轮廓的进给路线

内轮廓的进给路线如图 3-2（b）所示，铣削封闭的内轮廓表面时，同铣削外轮廓一样，刀具同样不能沿轮廓曲线的法向切入和切出。此时，刀具可沿一过渡圆弧切入和切出工件轮廓，图中 R_3 为零件圆弧轮廓半径，R_2 为过渡圆弧半径。

刀具切入和切出时的外延

加工沟槽

加工内轮廓转角

凸轮槽走刀路线

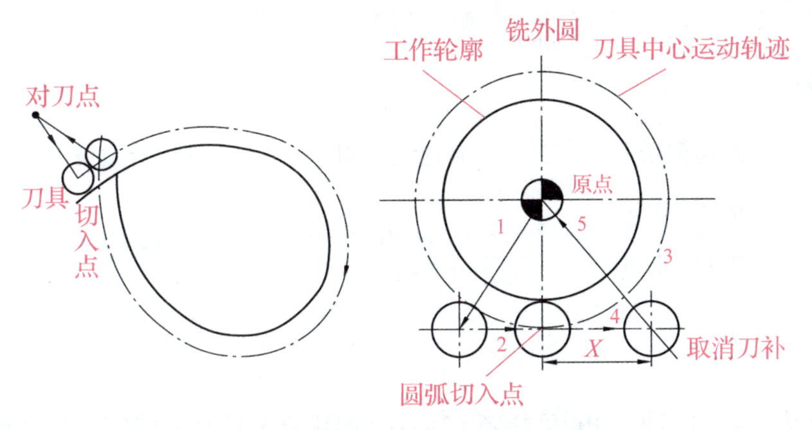

(a) 外轮廓刀具切入、切出的进给路线

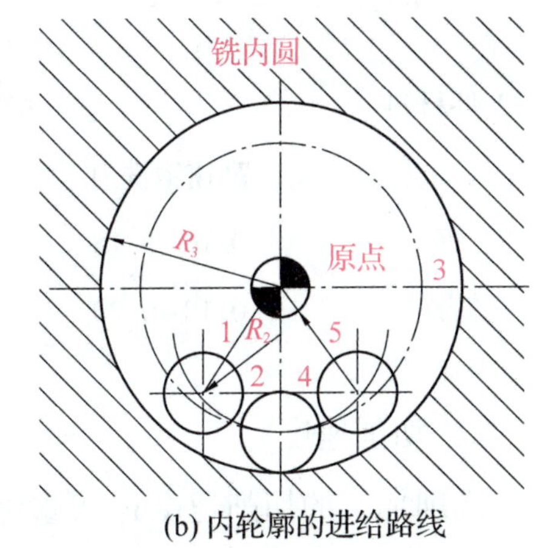

(b) 内轮廓的进给路线

图 3-2　轮廓进给路线

3）确定铣削封闭内腔的进给路线

如图 3-3 所示，用立铣刀铣削内腔时，切入和切出无法外延，这时铣刀只能沿工件轮廓的法线方向切入和切出，并将其切入点和切出点选在工件轮廓两几何元素的交接点。但进给路线不一致，加工结果也将各异。

走刀路线——行切法

走刀路线——环切法

走刀路线——先行切后环切法

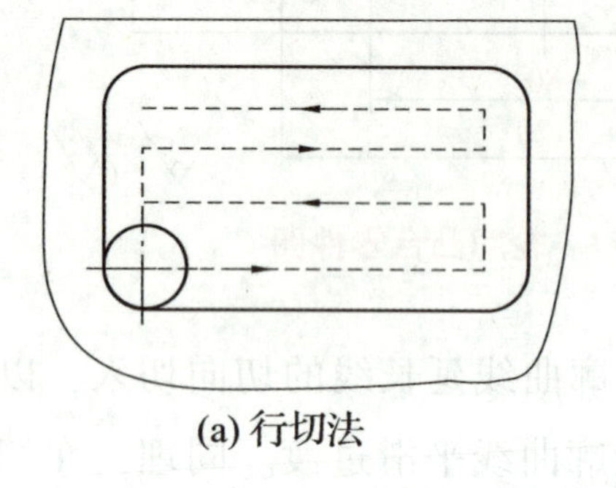

(a) 行切法　(b) 环切法　(c) 先行切后环切法

图 3-3　内腔铣削加工进给路线

4）确定铣削曲面的进给路线

铣削曲面时，常用球头刀进行加工。图 3-4 为边界敞开的直纹曲面铣削加工进给路线。

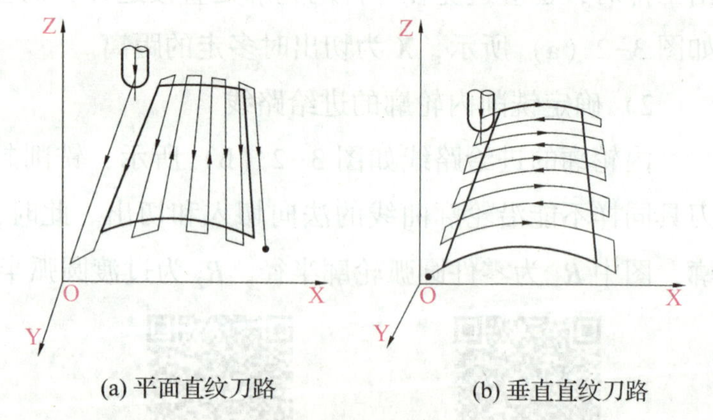

(a) 平面直纹刀路　(b) 垂直直纹刀路

图 3-4　直纹曲面铣削加工进给路线

2. 轮廓铣削的切削参数

1）铣刀每齿进给量

铣刀每齿进给量 f_z 参考值如表 3-1 所示。

表 3-1　铣刀每齿进给量 f_z 参考值

工件材料	f_z/mm			
	粗铣		精铣	
	高速钢铣刀	高速钢铣刀	高速钢铣刀	硬质合金铣刀
钢	0. 10~0. 15	0. 02~0. 05	0. 02~0. 05	0. 10~0. 15
铸铁	0. 12~0. 20	0. 15~0. 30		

2）切削速度 v_c

铣削加工的切削速度 v_c 可参考表 3-2 选取，也可参考有关切削用量手册中的经验公式通过计算选取。

表 3-2　铣削加工的切削速度 v_c 参考值

工件材料	硬度/HBS	v_c/（m·min^{-1}）	
		高速钢铣刀	硬质合金铣刀
钢	<225	18~42	66~150
	225~325	12~36	54~120
	325~425	6~21	36~75
铸铁	<190	21~36	66~150
	190~260	9~18	45~90
	260~320	4.5~10	21~30

二、轮廓铣削常用编程指令

1. G02、G03——圆弧插补

半径编程格式：G17/G18/G19　G02/G03　X_ Y_ /X_ Z_ /Y_ Z_　R_ F_;

圆心坐标编程格式：G17/G18/G19　G02/G03　X_ Y_ /X_ Z_ /Y_ Z_　I_ J_ /I_ K_ /J_ K_ F_;

特别提示

①圆弧插补方向。在右手笛卡尔直角坐标系中，由所在平面的第三坐标轴（如 Z 轴为 XY 面的第三坐标轴）的正向朝着负向看时，G02 为顺时针圆弧插补方向、G03 为逆时针圆弧插补方向，如图 3-5 所示。

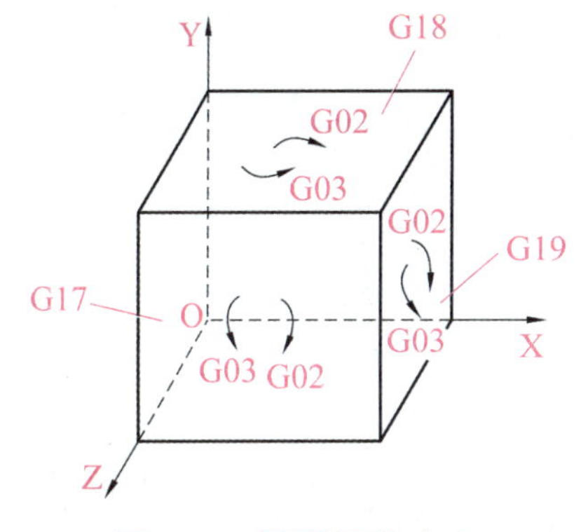

图 3-5　圆弧插补方向

②半径编程方式。X、Y、Z：圆弧终点坐标，在 G90 时为圆弧终点在工件坐标系中的坐标；在 G91 时为圆弧终点相对于圆弧起点的位移量。R 为圆弧半径。

③圆心坐标编程方式。I、J、K：圆心相对于圆弧起点的偏移值（等于圆心的坐标减去圆弧起点的坐标）；在 G90/G91 时都是以增量方式指定。I、J、K 的选择如图 3-6 所示。

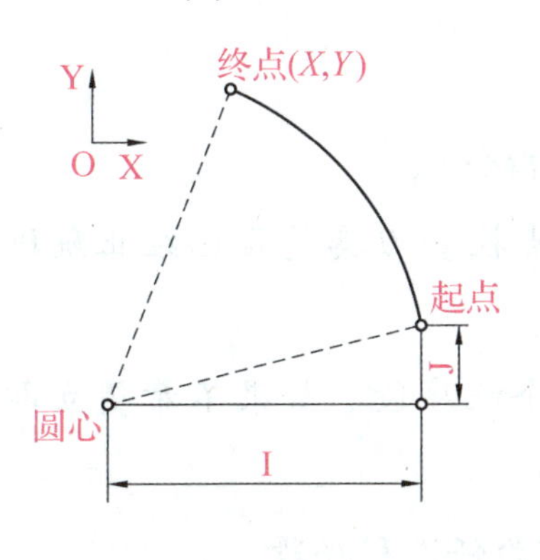

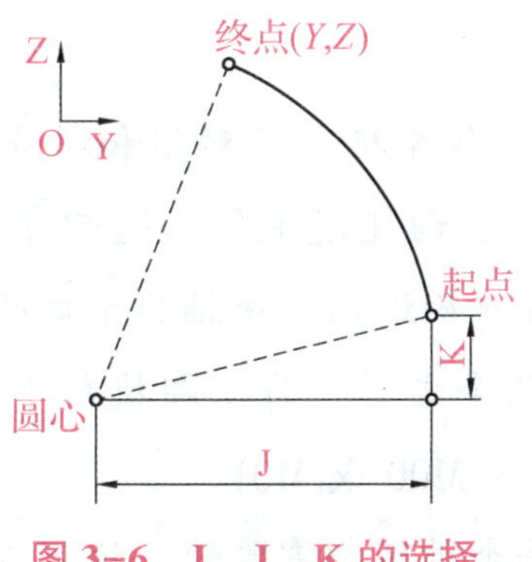

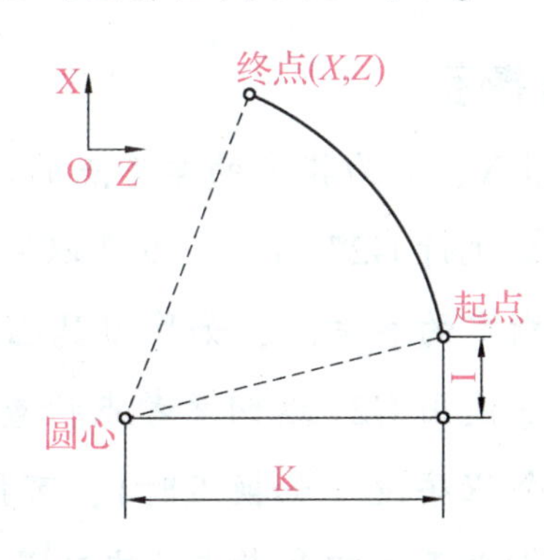

图 3-6　I、J、K 的选择

整圆加工，必须用圆心坐标编程，起点为 A，如图 3-7 所示，编程如下：

G90 G02/G03 X30Y0I-30J0F100；

G91 G02/G03 X0Y0I-30J0F100；

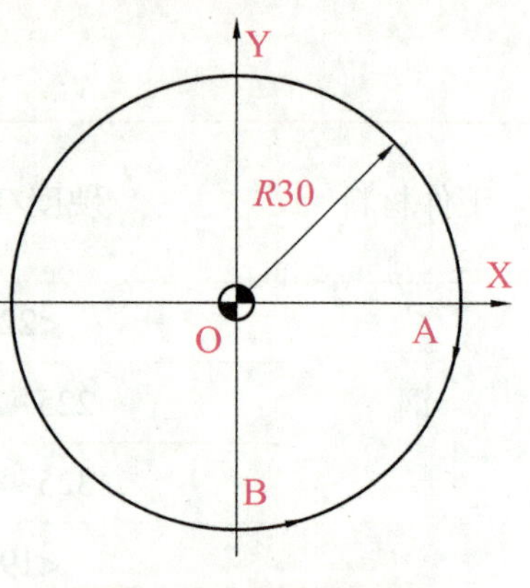

图 3-7　整圆编程

④圆弧半径（R）。R 为采用半径方式编程时的圆弧半径，可以替代 I、J 和 K。当圆弧圆心角大于 180°时，R 为负值；等于 180°时，R 可正、可负；小于 180°时，R 为正值。如果 X、Y 和 Z 省略，即终点和起点位于相同位置，并且指定 R 时，程序编制出的圆弧为 0°。

⑤如果同时指定地址 I、J、K 和 R 时，用地址 R 指定的圆弧优先，其他都被忽略。

⑥数控铣床加工通常不需坐标平面选择指令，如立式铣床通常默认为 G17，加工中心编程时需编入。

2. G27、G28、G29、G30——参考点相关指令

如图 3-8 所示，刀具经过中间点沿着指定轴自动地移动到参考点，或者从参考点经过中间点沿着指定轴自动地移动到指定点。当返回参考点完成时，表示返回完成的指示灯亮。

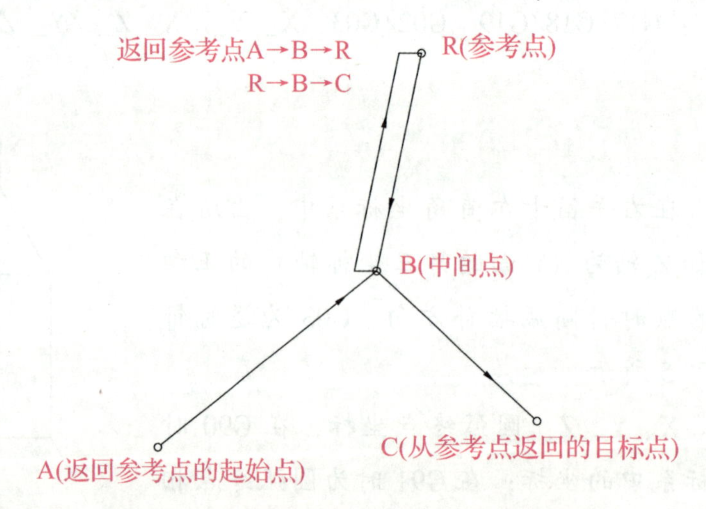

图 3-8　刀具返回参考点和从参考点返回

1）G27——返回参考点检测

编程格式：G27 X_ Y_；

特别提示

①X、Y 为指定的参考点的横、纵坐标（绝对值和增量值指令）。

②执行 G27 指令，刀具以快速移动速度定位，返回参考点检查刀具是否已经正确返回到程序指定的参考点，如果刀具已经正确返回，该轴指示灯亮。

③使用 G27 返回参考点检查指令之后，将立即执行下一个程序段。如果不希望立即执行下一个程序段（如换刀时），可插入 M00 或 M01。

④由于返回参考点检查不是每个循环都需要的，故可以作为任选程序段。

⑤在返回参考点检查之前，需取消刀具补偿。

2）G28、G30——返回参考点

编程格式：G28 X_ Y_ Z_; 返回参考点

G30 P2 X_ Y_ Z_; 返回第 2 参考点

G30 P3 X_ Y_ Z_; 返回第 3 参考点

G30 P4 X_ Y_ Z_; 返回第 4 参考点

（1）X、Y 为指定中间点的横、纵坐标（绝对值和增量值指令）。

（2）执行 G28 指令，各轴以快速移动速度定位到中间点或参考点。因此，为了安全，在执行该指令之前，应该清除刀具半径补偿和刀具长度补偿。

（3）G28 指令常用于自动换刀。

（4）在没有绝对位置检测器的系统中，只有在执行自动返回参考点或手动返回参考点之后，方可使用返回第 2、3、4 参考点功能。通常，当刀具自动交换（ATC）位置与第 1 参考点不同时，使用 G30 指令。

3）G29——从参考点返回

编程格式：G29 X_ Y_ Z_;

（1）X、Y、Z 为指定从参考点返回到目标点沿各坐标轴需移到的距离（绝对值和增量值指令）。

（2）一般情况下，在 G28 或 G30 指令后，应立即指定从参考点返回指令。对增量值编程，指令值指离开中间点的增量值。

特别提示

①G28 与 G29 指令通常配对使用。

②G28 和 G29 指令都是非模态指令。

③使用 G28 指令时，必须先取消刀具半径补偿，而不必先取消刀具长度补偿，因为 G28 指令包含刀具长度补偿取消、主轴停止、切削液关闭等功能。

④G29 指令一般用于加工中心自动换刀。

⑤实际使用时经常将 X、Y 和 Z 分开来用。先用 G28 Z_ _ _ 提刀并回 Z 轴参考点位置，然后再用 G28 X_ _ _ Y_ _ _ 回到 X、Y 方向的参考点。

3. G04——刀具暂停

编程格式：G04 X_ （或 P_ ）;

特别提示

①X 为可以用十进制小数点的指定时间。

②P 为不能用十进制小数点的指定时间。

③执行 G04 指令将停刀，延迟指定的时间后执行下一个程序段。

④当 P、X 都不指定时，执行准确停止。

⑤X 的暂停时间的指令值范围为：0.001～99 999.999 s，P 的暂停时间的指令值范围为：1～99 999 999（0.001 s）。

例如，暂停 2.5 s 的程序为“G04 X2.5;”或“G04 P2500;”。

4. G40、G41、G42——刀具半径补偿

1）刀具半径补偿概念

对没有刀具半径补偿功能的数控系统，在进行轮廓铣削编程时，由于铣刀的刀位点在刀具中心，和切削刃不一致，因此为了确保铣削加工出的轮廓符合要求，编程时就必须在图纸要求的轮廓的基础上，整个周边向外或向内预先偏离一个刀具半径值，作出一个刀具刀位点的行走轨迹，求出新的节点坐标，然后按这个新的轨迹进行编程，这就是人工预刀补编程。

对有刀具半径补偿功能的数控系统，可不必求刀具中心的运动轨迹，直接按零件轮廓轨迹编程，同时在程序中给出刀具半径的补偿指令，这就是铣床自动刀补编程。

2）编程格式

编程格式：G41/G42 G00/G01 X_ Y_ D_;

G40 G00/G01 X_ Y_;

其中，D 为 G41/G42 的参数，即刀补号码（D00～D99）。

建立刀具半径补偿 1

建立刀具半径补偿 2

建立刀具半径补偿 3

建立刀具半径补偿 4

建立刀具半径补偿 5

建立刀具半径补偿 6

3）刀补过程

刀具半径补偿的过程分为三步，如图 3-9 所示。

G41G01X20Y10D01;	建立刀补（O→A）
Y50;	进行刀补（A→B）
X50;	进行刀补（B→C）
Y20;	进行刀补（C→D）
X10;	进行刀补（D→E）
G40G01X0Y0;	取消刀补（E→O）

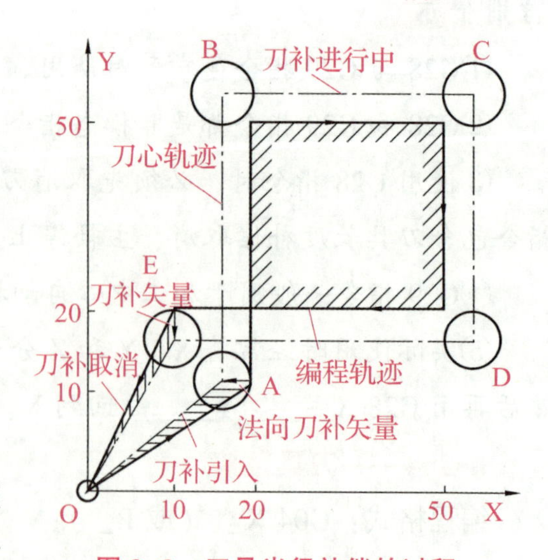

图 3-9 刀具半径补偿的过程

建立刀补：在刀具从起点接近工件时，刀心轨迹从与编程轨迹重合过渡到与编程轨迹偏离一个偏置量的过程（O→A）。

进行刀补：刀具中心始终与变成轨迹相距一个偏置量直到刀补取消（A→B→C→D→E）。

取消刀补：刀具离开工件，刀心轨迹要过渡到与编程轨迹重合的过程（E→O）。

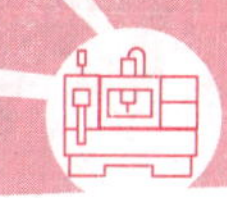

特别提示

①刀具补偿方向的判断：沿垂直于补偿所在平面（如XY平面）的坐标轴的负方向（-Z）看去，刀具中心位于编程前进方向的左侧，即为左补偿，如图3-10（a）所示；刀具中心位于编程前进方向的右侧，即为右补偿，如图3-10（b）所示。在进行刀具半径补偿前，必须用G17或G18、G19指定刀具补偿是在哪个平面上进行的。

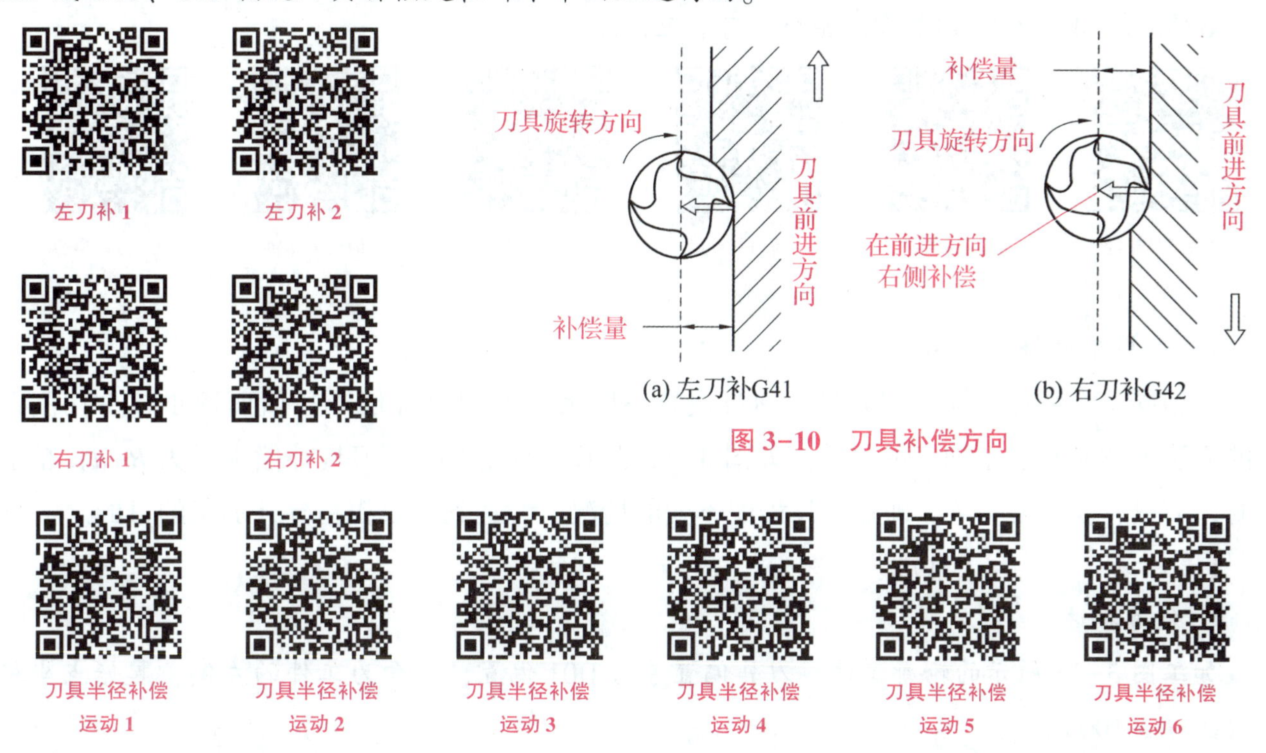

图3-10 刀具补偿方向

②刀具半径补偿值设定。在MDI面板上，把刀具半径补偿值赋给D代码。表3-3为刀具半径补偿值的指定范围。

表3-3 刀具半径补偿值的指定范围

单位制	公制输入/mm	英制输入/in
刀具半径补偿值	0~999.999	0~99.999 9

③引入和取消刀补。引入和取消刀补要求必须在G00或G01程序段进行，不应在G02/G03程序段上进行，如G41 G02 X20 Y0 R10 D01通常会导致机床报警。

刀补的取消有两种方式：G40或D00。

④在指定刀补平面执行刀补时，不能出现连续两个非坐标轴移动类指令或非刀补平面坐标移动，否则可能产生过切或少切现象。非坐标轴移动类指令大致有以下几种：M指令；S指令；暂停指令；某些G指令，如G90，G91 X0等。非刀补平面坐标移动，如G00Z-10（刀补平面为XY平面时）。

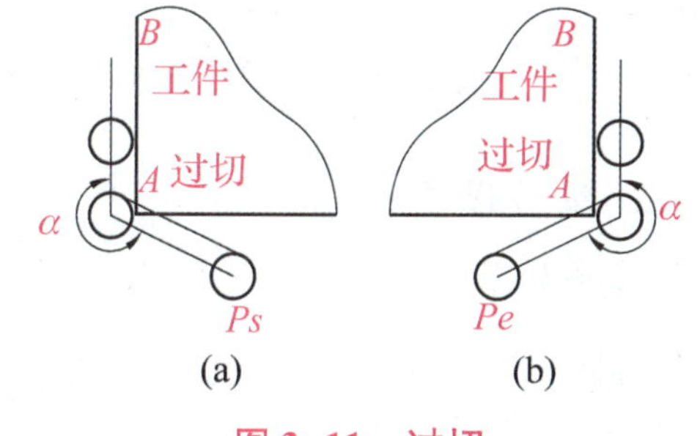

图3-11 过切

⑤在建立或取消刀补时，注意由于程序轨迹方向不当而发生过切，如图 3-11 所示。对于这种情况，可适当调整 Ps、Pe 的位置，使刀补建立或取消时的 $\alpha \leqslant 180°$（通常取 90°或 180°，从而避免过切。

⑥当刀补数据为负值时，则 G41、G42 功效互换。

⑦G41、G42 指令不要重复规定，否则会产生一种特殊的补偿。

⑧G40、G41、G42 都是模态指令，可相互注销。

撤消刀具半径补偿 1

撤消刀具半径补偿 2

撤消刀具半径补偿 3

撤消刀具半径补偿 4

撤消刀具半径补偿 5

撤消刀具半径补偿 6

4）刀具半径补偿应用

利用同一个程序、同一把刀具，通过设置不同大小的刀具补偿半径值而逐步减少切削余量的方法来达到粗、精加工的目的。如图 3-12 所示，粗加工时，刀具补偿半径为 $R+d$；精加工时，刀具补偿半径为 R，即在刀具程序不变的情况下，达到完成粗精分开加工的目的。

【实例 3-1】轮廓工件加工案例

1. 任务描述

加工图 3-13 所示的轮廓工件。刀具偏置号为 D01 偏置，方向为工件的左侧，起始点坐标为（0，0，100）。

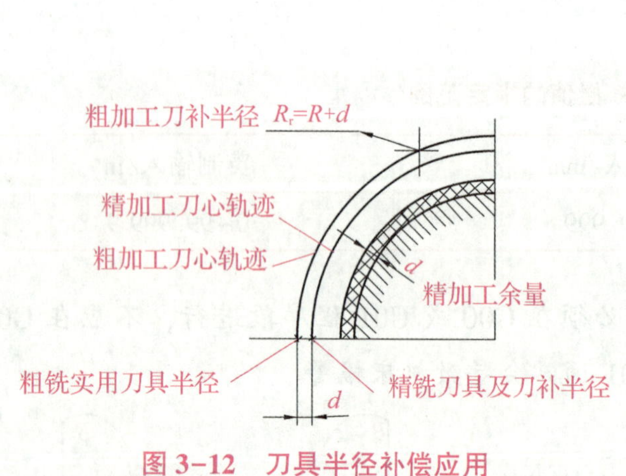

图 3-12　刀具半径补偿应用

图 3-13　轮廓工件

2. 编写程序

程序如下：

O0019;	
G54G90 G40 G49 G80 T1;	程序初始化
G00 Z100;	设置换刀点

```
X0 Y0;
M03 S800;                        启动主轴
G00 Z10;                         下刀
G01 Z-5 F50;                     Z 轴进给
G41 G01 X25 Y55 D1F100;          建立刀具半径补偿
Y90;
X45;
G03 X50 Y115 R65;
G02 X90 R-25;
G03 X95 Y90 R65;
G01 X115;
Y55;
X70 Y65;
X25 Y55;
G40 G01 X0 Y0;                   取消刀补，返回
G01Z10;                          抬刀
G00 Z100;                        返回换刀点
M05;                             主轴停
M30;                             程序结束
```

5. G50、G51——比例缩放

比例缩放功能可使原编程尺寸按指定比例缩小或放大，也可让图形按指定规律产生镜像变换。

G51：比例编程；

G50：比例编程指令取消；

G50、G51 均为模态指令。

1）各轴按相同比例编程

编程格式：G51X_ Y_ Z_ P_;

⋮

G50;

其中，X、Y、Z 为比例中心坐标（绝对方式）；P 为比例系数，最小输入量为 0.001，比例系数的取值范围为：0.001~999.999。该指令以后的移动指令，从比例中心点开始，实际移动量为原数值的 P 倍，P 值对偏移量无影响。如图 3-14 所示，$P_1P_2P_3P_4$ 为原编程图形，$P_1'P_2'P_3'P_4'$ 为比例编程后的图形，P_0 为比例中心。

2）各轴按不同比例编程

编程格式：G51 X_ Y_ Z_ I_ J_ K_;

⋮

G50;

其中，X、Y、Z 为比例中心坐标；I、J、K 为对应 X、Y、Z 轴的比例系数，取值范围为±0.001~±9.999。

特别提示

①系统设定 I、J、K 不带小数点，比例为 1 时，输入 1000，并在程序中都应输入，不能省略。各轴按不同比例编程时，比例系数与图形的关系如图 3-15 所示。其中，b/a 为 X 轴比例系数，d/c 为 Y 轴比例系数，O 为比例中心。

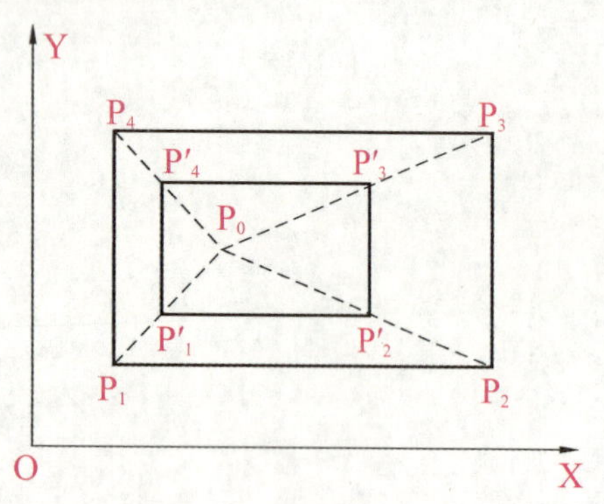

图 3-14 各轴按相同比例编程

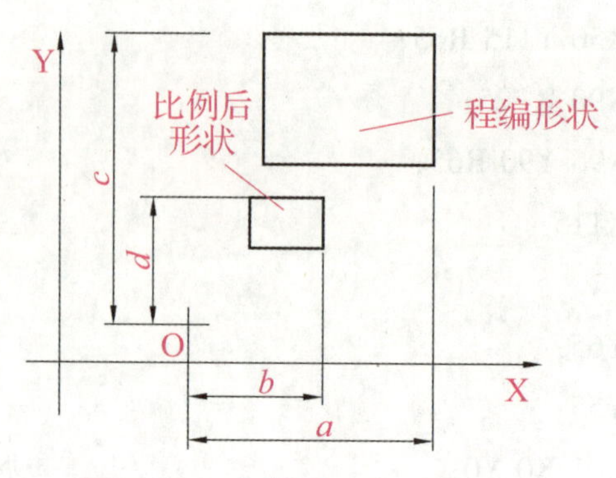

图 3-15 各轴按不同比例编程

②各个轴可以按不同比例来缩小或放大，当给定的比例系数为-1 时，可获得镜像加工功能。

③缩放不能用于补偿量，并且对于 A、B、C、U、V、W 轴无效。

【实例 3-2】镜像功能应用

1. 任务描述

应用镜向功能，加工如图 3-16 所示 4 个形状深度相同的轮廓，其中槽深为 2 mm，比例系数取为+1000 或-1000。设刀具起始点在 O 点。

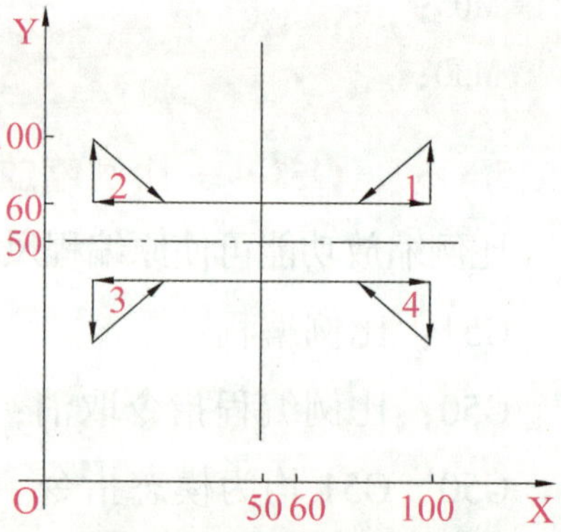

图 3-16 镜像功能

2. 编写程序

子程序如下：

```
O1101;
N010 G00 X60 Y60;             到三角形左顶点
N020 G01 Z-2 F100;            切入工件
N030 G01 X100 Y60;            切削三角形一边
N040 X100 Y100;               切削三角形第二边
N050 X60 Y60;                 切削三角形第三边
N060 G00 Z4;                  向上抬刀
N070 M99;                     子程序结束并返回主程序
```

主程序如下：

```
O1111;
N010 G54 G90 G00 Z100;                 建立加工坐标系、选择绝对方式、设置换刀点
N020 X0 Y0;
N030 M03 S1500 T01;                    启动主轴，选用1号刀
N040 G00 Z10;                          快速到安全高度
N050 M98 P1101;                        调用1101号子程序切削1#三角形
N060 G51 X50 Y50 I-1000 J1000;         以X50 Y50为比例中心，以X轴比例系数为-1、Y轴比例系
                                       数为+1开始镜向
N070 M98 P1101;                        调用1101号子程序切削2#三角形
N080 G51 X50 Y50 I-1000 J-1000;        以X50 Y50为比例中心，以X轴比例系数为-1、Y轴比例系
                                       数为-1开始镜向
N090 M98 P1101;                        调用1101号子程序切削3#三角形
N100 G51 X50 Y50 I1000 J-1000;         以X50 Y50为比例中心，以X轴比例系数为+1、Y轴比例系
                                       数为-1开始镜向
N110 M98 P1101;                        调用1101号子程序切削4#三角形
N120 G50;                              取消镜向
N130 M05;                              主轴停止
N140 M30;                              程序结束
```

6. G50.1、G51.1——镜像加工

编程格式：G51.1 IP_ _;　　镜像开启，IP_ _表示对称轴坐标

　　　　　G50.1 IP_ _;　　取消IP_ _对称轴坐标镜像

特别提示

使用镜像后，圆弧指令G02、G03被互换；刀具半径补偿G41、G42被互换；坐标旋转角度的CW、CCW被互换。G50.1，G51.1镜像指令对应的对称轴，可在程序中随意指定。

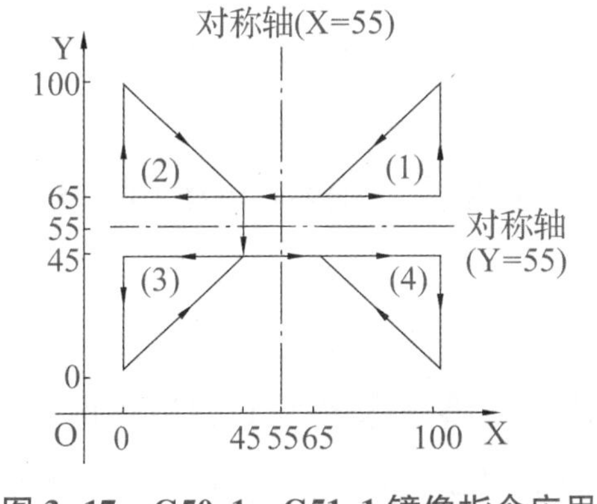

【实例3-3】G50.1、G51.1镜像指令应用

1. 任务描述

应用镜像加工指令完成如图3-17所示的图形加工程序编写。

图3-17　G50.1、G51.1镜像指令应用

2. 编写程序

程序如下：

```
O0066;                          程序名
G54 G90 G00 X0 Y0 Z100;         建立工件坐标系，设置换刀点
M03 S1000 T01;                  主轴正转，转速1000 r/min，调用1号刀
G00 Z50;                        快速到Z50位置
```

```
M98 P0061;              调用 O0061 子程序加工图中的 (1)
G51.1 X55;              以 X55 为对称轴，设置程序镜像
M98 P0061;              调用 O0061 子程序加工图中的 (2)
G51.1 X55 Y55;          以 X55 Y55 为对称轴，设置程序镜像
M98 P0061;              调用 O0061 子程序加工图中的 (3)
G51.1 Y55;              以 Y55 为对称轴，设置程序镜像
M98 P0061;              调用 O0061 子程序加工图中的 (4)
G50.1 X55 Y55;          取消 X55、Y55 对称轴
G00 Z50;                快速抬刀
X0 Y0 Z100;             快速返回换刀点
M05;                    主轴停
M30;                    程序结束返回
O0061;                  子程序名
G00 X65 Y65;            快速到图形 (1) 左下角点
Z10;                    快速下刀
G01Z-2F40;              切削下刀
X100;                   切削到图形 (1) 右下角点
Y100;                   切削到图形 (1) 上角点
X65 Y65;                切削回到图形 (1) 左下角点
G01 Z10;                抬刀
M99;                    子程序结束并返回主程序
```

7. G68、G69——坐标系旋转

坐标系旋转指令可使编程图形按照指定旋转中心及旋转方向旋转一定的角度，G68 表示开始坐标系旋转，G69 用于撤消旋转功能。

1）基本编程方法

坐标系旋转

编程格式：G17/G18/G19 G68 α_ β_ R _;　　　　坐标旋转开始

⋮

G69;　　　　坐标旋转取消

其中，α、β 为旋转中心的坐标值，可以是 X、Y、Z 中的任意两个绝对指令，当 X、Y 省略时，G68 指令认为当前的位置即为旋转中心；R 为旋转角度，逆时针旋转定义为正方向，顺时针旋转定义为负方向。

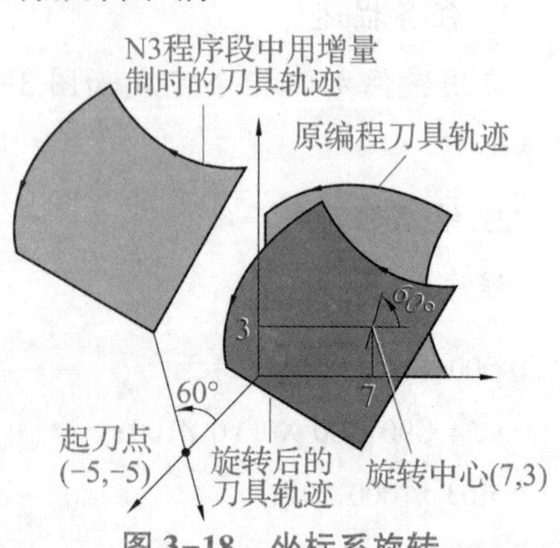

图 3-18　坐标系旋转

当程序在绝对方式下时，G68 程序段后的第一个程序段必须使用绝对方式移动指令，才能确定旋转中心。如果这一程序段为增量方式移动指令，那么系统将以当前位置为旋转中心，按 G68 给定的角度旋转坐标。现以图 3-18

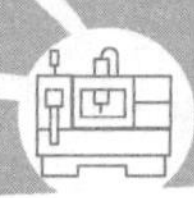

为例，应用旋转指令的程序如下。

N010 G92 X-5 Y-5;	建立图示的加工坐标系
N020 G68 G90 X7 Y3 R60;	开始以点（7，3）为旋转中心，逆时针旋转 60°
N030 G90 G01 X0 Y0 F200;	按原加工坐标系描述运动，到达（0，0）点
(G91 X5 Y5;)	若按括号内程序段运行，将以（-5，-5）的当前点为旋转中心旋转 60°
N040 G91 X10;	X 向进给到（10，0）
N050 G02 Y10 R10;	顺圆进给
N060 G03 X-10 I-5 J-5;	逆圆进给
N070 G01 Y-10;	回到（0，0）点
N080 G69 G90 X-5 Y-5;	撤消旋转功能，回到（-5，-5）点
N090 M02;	结束

2）坐标系旋转功能与刀具半径补偿功能的关系

旋转平面一定要包含在刀具半径补偿平面内。以图 3-19 为例，应用旋转指令的程序如下：

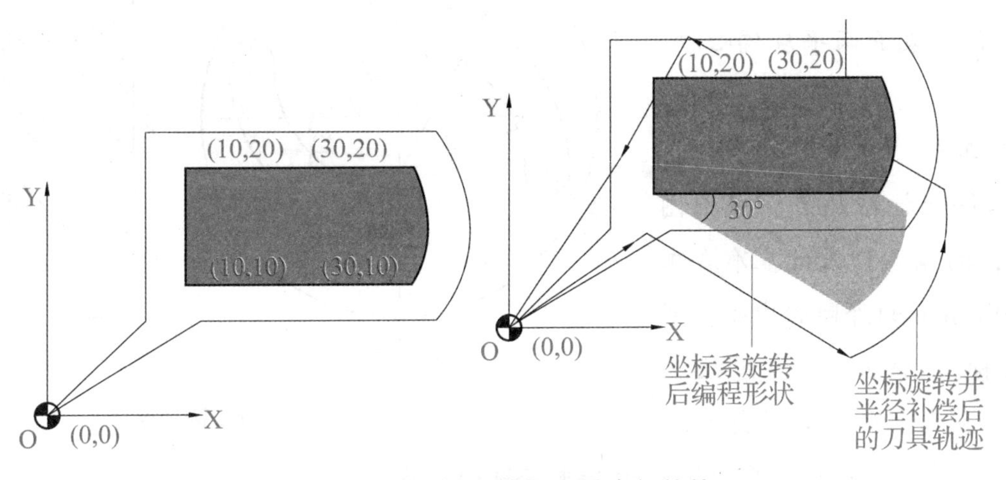

图 3-19　坐标旋转与刀具半径补偿

```
N010 G92 X0 Y0;
N020 G68 X10 Y10 R-30;
N030 G90 G42 G00 X10 Y10 F100 H01;
N040 G91 X20;
N050 G03 Y10 I-10 J 5;
N060 G01 X-20;
N070 Y-10;
N080 G40 G90 X0 Y0;
N090 G69;
N100M30;
```

当选用半径为 R5 的立铣刀时，设置 H01=5。

3）坐标系旋转功能与比例编程方式的关系

在比例模式时，再执行坐标旋转指令，旋转中心坐标也执行比例操作，但旋转角度不受影响，这时各指令的排列顺序如下：

```
G51…
G68…
G41/G42…
G40…
G69…
G50…
```

【实例 3-4】旋转程序应用

1. 任务描述

圆弧槽底板的数控铣削加工。圆弧槽底板零件如图 3-20 所示，工件材质为 45 钢，已经调质处理。加工部位为工件上表面两平底偏心槽，槽深 10 mm。

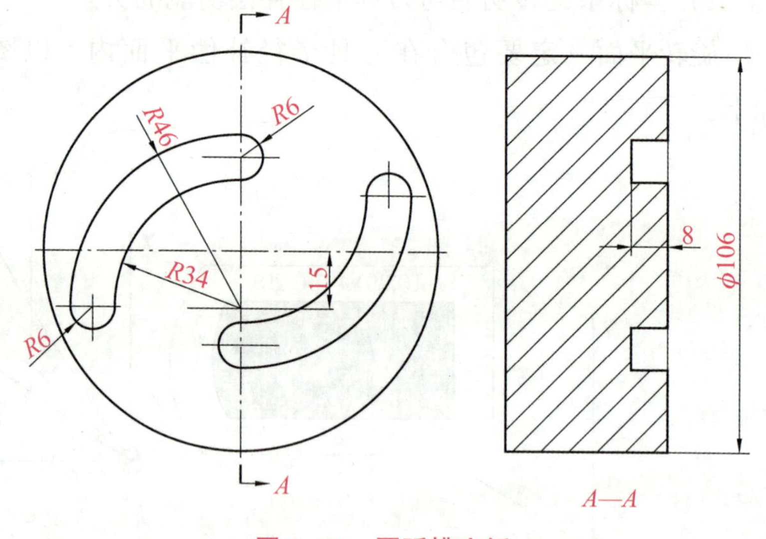

图 3-20 圆弧槽底板

2. 分析工艺

（1）工件坐标系原点。根据图 3-20 所示，两偏心槽设计基准在工件直径为 106 mm 的外圆的中心，所以工件坐标系原点设为直径为 106 mm 的外圆与工件上表面交点。

（2）工件装夹。采用三爪自定心卡盘夹外圆的方式。

（3）刀具选择。采用 12 mm 高速钢键槽铣刀。

（4）切削用量。每层切削 1 mm，主轴转速 S 为 800 r/min，进给速度 F 为 50 mm/min。

（5）确定工件加工方式和走刀路线。采用内廓分层环切方式。

3. 编写程序

程序如下：

```
O1068;
N010 G54 G90 G17 G00 Z60;          程序初始化
N020 X0 Y0 T1 D1;
N030 M03 S800;                     启动主轴
N040 M98 P1006;                    调用子程序 O0001，执行 1 次
N050 G90 G68 X0 Y0 R180;           坐标系旋转，旋转中心 (0, 0)，角度位移 180°
```

```
N060 M98 P1006;                         调用子程序 O0001，执行 1 次
N070 G00 Z60;                           快速回到起始点
N080 G69;                               取消坐标系旋转
N090 X0 Y0;
N100 M05;                               主轴停
N110 M30;                               程序结束返回

O1006;                                  子程序名
N010 G90 G00 X0 Y25;                    在初始平面上快速定位于（0，25）
N020 Z2;                                快速下刀，到慢速下刀高度
N030 G01 Z0 F50;                        切入工件上表面
N040 G98 P41007;                        调用子程序 O1007，执行 4 次
N050 G90 G00 Z60;                       退回初始平面
N060 X0 Y0;                             回到起始点
N070 M99;                               子程序结束并返回主程序

O1007;                                  子程序名
N010 G91 G01 Z-2 F50;                   增量值编程，切入工件 2 mm，进给速度 50 mm/min
N020 G90 G03 X-39.686 Y-20 R40 F60;     切削轮廓
N030 G91 G01 Z2 F30;                    切削轮廓
N040 G90 G02 X0 Y25 R40 F60;            切削轮廓
N050 M99;                               子程序结束并返回主程序
```

8. 加工中心换刀编程的编写

加工中心在编写加工程序前，首先要注意换刀程序的应用。不同的加工中心，其换刀过程是不完全一样的，通常选刀和换刀可分开进行。换刀完毕启动主轴后，方可进行下面程序段的加工内容。选刀动作可与机床的加工重合，即利用切削时间进行选刀。多数加工中心都规定了固定的换刀点位置，各运动部件只有移动到这个位置，才能开始换刀动作。

1）编写自动换刀程序

编写自动换刀程序时，应考虑如下问题。

（1）换刀动作前必须使主轴准停（使用 M19 指令确保主轴停止的方位和装刀标记方位一致）。

（2）换刀点的位置应根据所用机床的要求安排，有的机床要求必须将换刀位置安排在参考点处或至少应让 Z 轴方向返回参考点（使用 G28 指令）。

（3）应用辅助换刀指令（M06 自动换刀指令），在下一把刀处于待换刀位置，机床各相关坐标到达换刀参考点后，执行该指令可以自动更换刀具。

（4）换刀完毕后，可使用 G29 指令返回到下一道工序的加工起始位置。

（5）换刀完毕后，安排重新启动主轴的指令。

（6）换刀过程由选刀和换刀两部分动作组成，选刀动作和换刀动作通常可分开进行。为了节省自动换刀时间，可考虑将选刀动作与机床加工动作在时间上重合起来。

特别提示

自动换刀程序的编写方法：

程序	说明
M19;	主轴准停
G28 G91 Z0;	基于当前点 Z 轴返回参考点
G28 X0 Y0 T2;	基于当前点 XY 轴返回参考点/选 2 号刀
M06;	换 2 号刀
G29 G90 G54 X50 Y50;	从参考点返回到 X50 Y50
G29Z50;	从参考点返回到 Z50

说明：换刀时，可以在主轴准停之前完成选刀动作，换刀时间不受选刀时间长短的影响，因此换刀最快。

2）子程序换刀

XH714 加工中心装备有盘形刀库，通过主轴与刀库的相互运动，实现换刀。换刀过程用一个子程序描述，习惯上取程序号为 O9000。

换刀子程序如下：

程序	说明
O9000;	
N010 G90;	选择绝对方式
N020 G53 Z-124.8;	主轴 Z 向移动到换刀点位置（即与刀库在 Z 方向上相应）
N030 M06;	刀库旋转至其上空刀位对准主轴，主轴准停
N040 M28;	刀库前移，使空刀位上刀夹夹住主轴上刀柄
N050 M11;	主轴放松刀柄
N060 G53 Z-9.3;	主轴 Z 向向上，回设定的安全位置（主轴与刀柄分离）
N070 M32;	刀库旋转，选择将要换上的刀具
N080 G53 Z-124.8;	主轴 Z 向向下移动至换刀点位置（刀柄插入主轴孔）
N090 M10;	主轴夹紧刀柄
N100 M29;	刀库向后退回
N110 M99;	换刀子程序结束，返回主程序

需要注意的是，为了使换刀子程序不被随意更改，以保证换刀安全，设备管理人员可将该程序隐藏。当加工程序中需要换刀时，调用 O9000 号子程序即可。调用程序段可如下编写：

N~T~M98 P9000

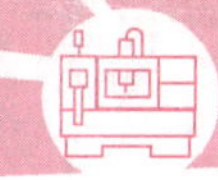

其中，N 后为程序顺序号；T 后为刀具号，一般取 2 位；M98 为调用换刀子程序；P9000 为换刀子程序号。

加工中心的编程方法与数控铣床的编程方法基本相同，加工坐标系的设置方法也一样。下面主要介绍加工中心的加工固定循环功能、对刀方法等内容。

9. 加工中心编程要点

（1）进行合理的工艺分析，安排加工工序。

（2）加工中心由于配有刀库，可装很多把刀，因此可实现工序集中，在一次装夹中可对零件进行大部分甚至全部工序的加工。其工序的划分一般也是按刀具集中的原则来划分，故加工中心的一般编程格式如下。

①程序号 O_ _ _ _。

②建立工件坐标系。

③刀库旋转，第一把刀到达换刀位置做准备。

④机床各轴移动到换刀位置。

⑤进行换刀动作，第一把刀换到机床主轴。

⑥机床各轴移动到指定的工件坐标系中。

⑦主轴按照指定的速度和方向旋转。

⑧建立刀具长度补偿，Z 轴到达加工起始点，若要打开切削液，则指定 M08 功能。

⑨第一把刀相对于工件运动的轨迹描述指令集，若是加工外轮廓，要指定 G41 或 G42 功能；其长短由第一把刀加工内容的复杂程度决定。

⑩第一把刀加工完毕，取消刀具补偿功能和各项辅助功能。

⑪第二把刀准备。

⑫机床各轴移动到换刀位置。

⑬进行换刀动作，第二把刀换到机床主轴。

⑭重复⑥~⑬的过程，第二把刀相对于工件运动的轨迹描述指令集合。

⑮依此类推，进行其他刀具的加工内容描述。

⑯最后一把刀还回刀库，不再叫其他刀具做准备。

⑰程序结束，使用 M02 或 M30 指令。

（3）对于加工内容较多的零件也可按这种格式编写，把不同工序内容的程序分别做成子程序，主程序内容主要是完成换刀及子程序调用，以便于程序调试和调整。

（4）自动换刀要留出足够的换刀空间。

（5）尽可能地利用机床数控系统本身所提供的镜像、旋转、固定循环及宏指令编程处理的功能，以简化程序量。

（6）若要重复使用程序，注意第一把刀的编程处理。

3.3 任务实施

一、工艺过程

图 3-1 所示零件加工工艺过程如下：

（1）粗铣高度为 3 mm 的凸台；

（2）精铣轮廓 0.5 mm 余量。

二、刀具与工艺参数

数控加工刀具卡如表 3-4 所示，数控加工工序卡如表 3-5 所示。

表 3-4　数控加工刀具卡

单　位		数控加工刀具卡片		产品名称		零件图号	
				零件名称		程序编号	
序号	刀具号	刀具名称	参数		补偿值		备注
			直径	长度	半径	长度	
1	T01	立铣刀	$\phi 20$		D01	$\phi 20$	
2					D02	$\phi 21$	

表 3-5　数控加工工序卡

单　位	数控加工工序卡片		产品名称	零件名称	材　料	零件图号
工序号	程序编号	夹具名称	夹具编号	设备名称	编制	审核
工步号	工步内容	刀具号	刀具规格	主轴转速 S/（$r \cdot min^{-1}$）	进给速度 F/（$mm \cdot min^{-1}$）	背吃刀量 a_p/mm
1	粗铣高度为 3 mm 的凸台	T01/D02	$\phi 20$ 立铣刀	500	80	3
2	精铣轮廓 0.5 mm 余量	T01/D01	$\phi 20$ 立铣刀	600	70	0

三、装夹方案

连杆零件毛坯用台虎钳装夹，底部用垫铁支撑。

四、编制程序

在凸台中心建立工件坐标系，Z 轴原点设在上表面上。

凸台轮廓的粗、精加工，采用同一把刀具，同一加工程序，通过改变刀具半径补偿值的方法来实现。粗加工单边留精加工余量 0.5 mm。

加工程序如下：

```
O0022;
G54 G0 Z50;                        建立工件坐标系/设置换刀点
X0 Y0;
M03 S500;
T01;                               调 1 号刀
G00 X-70 Y-60;
Z10;                               设置起刀点
G01 Z-3 F50;                       下刀
G01 G41 X-40 D02 F80;              建 2 号刀补
Y0;                                粗加工开始
X0 Y30;
X30;
G02 X40 Y20 R10;
G01 Y-10;
G03 X20 Y-30 R20;
G01 X-70;
G40 G01 Y-60;                      取消 2 号刀补
G01 G41 X-40 D01 F80;              重复前面粗加工程序建 1 号刀补进行精加工
Y0;
X0 Y30;
X30;
G02 X40 Y20 R10;
G01 Y-10;
G03 X20 Y-30 R20;
G01 X-70;
G40 G01 Y-60;                      取消 1 号刀补
Z10;                               抬刀
G00 Z50;                           返回换刀点
X0 Y0;
M05;                               主轴停
M30;                               程序结束返回
```

3.4 任务评价

1. 个人知识和技能评价

个人知识和技能评价表如表 3-6 所示。

表 3-6 个人知识和技能评价表

评价项目	项目评价内容	分值	自我评价	小组评价	教师评价	得分
项目理论知识	①编程格式及走刀路线	5				
	②基础知识融会贯通	10				
	③零件图纸分析	10				
	④制订加工工艺	10				
	⑤加工技术文件的编制	5				
项目仿真加工技能	①程序的输入	10				
	②图形模拟	10				
	③刀具、毛坯的选择及对刀	10				
	④仿真加工工件	5				
	⑤尺寸等的精度仿真检验	5				
职业素质培养	①出勤情况	5				
	②纪律	5				
	③团队协作精神	10				
合计总分						

2. 小组学习实例评价

小组学习实例评价表如表 3-7 所示。

表 3-7 小组学习实例评价表

班级：__________ 小组编号：__________ 成绩：__________

评价项目	评价内容及评价分值			学员自评	同学互评	教师评分
分工合作	优秀（12~15 分）	良好（9~11 分）	继续努力（9 分以下）			
	小组成员分工明确，任务分配合理，有小组分工职责明细表	小组成员分工较明确，任务分配较合理，有小组分工职责明细表	小组成员分工不明确，任务分配不合理，无小组分工职责明细表			

续表

评价项目	评价内容及评价分值			学员自评	同学互评	教师评分
获取与项目有关质量、市场、环保等内容的信息	优秀（12~15 分）	良好（9~11 分）	继续努力（9 分以下）			
	能使用适当的搜索引擎从网络等多种渠道获取信息，并合理地选择信息、使用信息	能从网络获取信息，并较合理地选择信息、使用信息	能从网络或其他渠道获取信息，但信息选择不正确，信息使用不恰当			
数控仿真加工技能操作情况	优秀（16~20 分）	良好（12~15 分）	继续努力（12 分以下）			
	能按技能目标要求规范完成每项实操任务，能正确分析机床可能出现的报警信息，并对显示故障能迅速排除	能按技能目标要求规范完成每项实操任务，但仅能正确分析机床可能出现的部分报警信息，并对显示故障能迅速排除	能按技能目标要求完成每项实操任务，但规范性不够。不能正确分析机床可能出现的报警信息，不能迅速排除显示故障			
基本知识分析讨论	优秀（16~20 分）	良好（12~15 分）	继续努力（12 分以下）			
	讨论热烈，各抒己见，概念准确，原理思路清晰，理解透彻，逻辑性强，并有自己的见解	讨论没有间断，各抒己见分析有理有据，思路基本清晰	讨论能够展开，分析有间断，思路不清晰，理解不够透彻			
成果展示	优秀（24~30 分）	良好（18~23 分）	继续努力（18 分以下）			
	能很好地理解项目的任务要求，成果展示逻辑性强，熟练利用信息平台进行成果展示	能较好地理解项目的任务要求，成果展示逻辑性强，能较熟练利用信息平台进行成果展示	基本理解项目的任务要求，成果展示停留在书面和口头表达，不能熟练利用信息平台进行成果展示			
合计总分						

3.5 职业技能鉴定指导

1. 知识技能复习要点

（1）能读懂中等复杂程度的零件图。

（2）熟悉常用夹具的使用方法。

(3) 能编制由直线、圆弧等构成的二维轮廓零件的铣削加工工艺文件。

(4) 熟悉数控铣床、零件材料、加工精度和工作效率对刀具的要求。

(5) 熟悉刀具长度补偿、刀具半径补偿等刀具参数的设置知识。

(6) 能编制由直线、圆弧组成的二维轮廓数控加工程序。

(7) 熟悉节点的计算方法。

(8) 熟悉数控铣床操作面板的使用方法。

(9) 能够应用数控铣床仿真软件模拟加工轮廓类零件。

2. 理论复习（模拟试题）

(1) 电动机常用的制动方法有(　　)制动和电力制动两大类。

A. 发电　　B. 能耗　　C. 反转　　D. 机械

(2) 工件承受切削力后产生一个与之方向相反的合力，它可以分成为(　　)。

A. 轴向分力　　B. 法向分力

C. 切向分力　　D. 水平分力和垂直分力

(3) 螺纹终止线用(　　)表示。

A. 粗实线　　B. 细实线　　C. 虚线　　D. 点划线

(4) 常用地址符(　　)对应的功能是指令主轴转速。

A. S　　B. R　　C. T　　D. Y

(5) 自动返回机床一固定点指令 G28X_ Y_ Z_ 中，X、Y、Z 表示(　　)。

A. 起点坐标　　B. 中间点坐标

C. 终点坐标　　D. 机床原点坐标

(6) 环境保护法的基本原则不包括(　　)。

A. 预防为主，防治结合　　B. 政府对环境质量负责

C. 开发者保护，污染者负责　　D. 环保和社会经济协调发展

(7) 润滑剂的作用有润滑作用、冷却作用、(　　)、密封作用等。

A. 磨合作用　　B. 防锈作用　　C. 静压作用　　D. 稳定作用

(8) 液压传动是利用(　　)作为工作介质来进行能量传送的一种工作方式。

A. 油类　　B. 液体　　C. 水　　D. 空气

(9) 在保持金属切除率不变的条件下，为使切削力减小，在选择切削用量时，应采用大的背吃刀量 a_p、大的切削速度 v_c、小的进给量 f。　　(　　)

(10) 框式水平仪可以用比较测量法和绝对测量法来检验工件表面的水平度和垂直度。　　(　　)

3. 技能实训（真题）

(1) 加工如图 3-21 所示的字母，用 ϕ4 mm 的键槽铣刀完成数控仿真加工，字母深度为 2 mm。

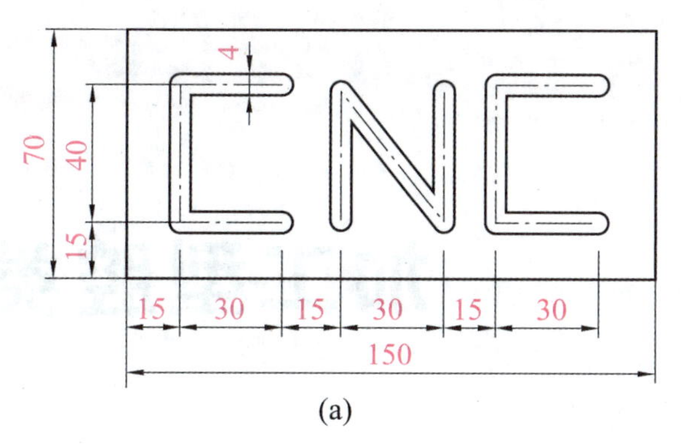

(a)

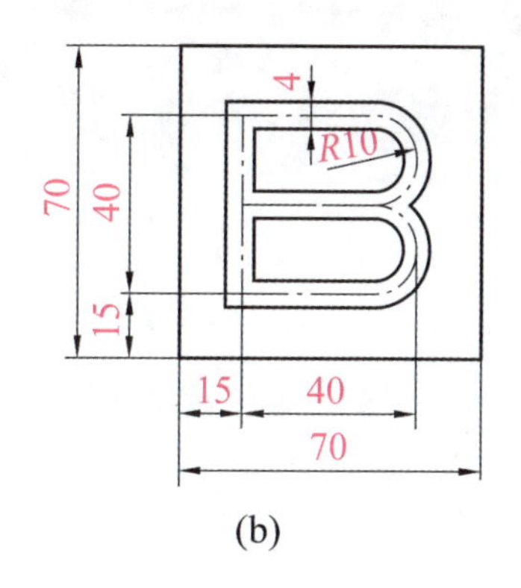

(b)

图 3-21　字母加工

（2）如图 3-22 所示，编写轮廓凸台零件的加工程序并且在仿真软件上进行仿真加工。材料为 08F 低碳钢，厚度为 10 mm，尺寸为 100 mm×100 mm，刀具采用直径为 16 mm 的端铣刀，背吃刀量为 2 mm。

（3）如图 3-23 所示，加工复杂凸台轮廓零件，按单件生产安排其数控加工工艺，编写出加工程序。毛坯为 100 mm×80 mm×13 mm 的长方体，材料为 45 钢。

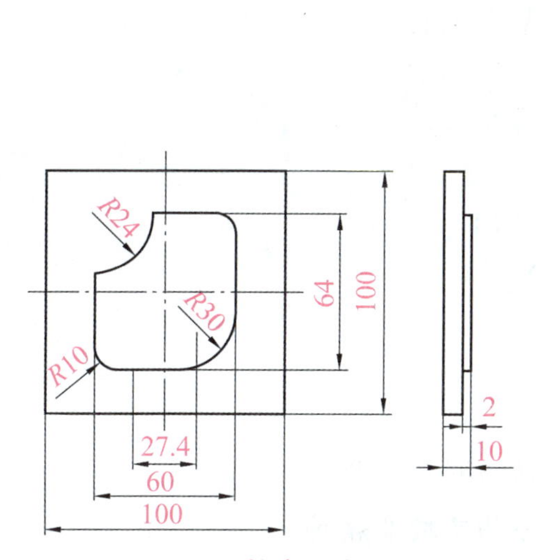

图 3-22　轮廓凸台零件

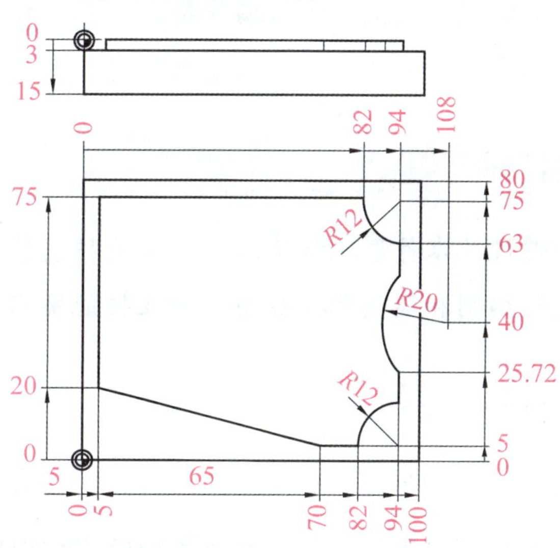

图 3-23　复杂凸台轮廓零件图

任务 4

加工型腔类零件

知识目标

1. 掌握型腔零件的铣削加工工艺（职业技能鉴定点）；
2. 熟练掌握型腔铣削常用编程指令（职业技能鉴定点）；
3. 熟练掌握型腔铣削加工程序编制（职业技能鉴定点）。

技能目标

1. 能够设计零件型腔加工工艺（职业技能鉴定点）；
2. 能够编制和调试数控程序（职业技能鉴定点）。

素养目标

1. 培养严谨、细心、全面、追求高效、精益求精的职业素质；
2. 培养良好的道德品质、沟通协调能力和团队合作及敬业精神；
3. 培养踏实肯干、勇于创新的工作态度。

4.1 任务描述——加工矩形型腔

完成图 4-1 所示零件上矩形型腔的加工，并完成工序卡片的填写。零件上下表面、外轮廓已在前面工序（步）完成，零件材料为 45 钢。毛坯为 200 mm×200 mm×50 mm 型材。

4.2 相关知识

一、型腔铣削的工艺知识

1. 型腔铣削的下刀方式

型腔铣削的下刀方式有以下 3 种，如图 4-2 所示。

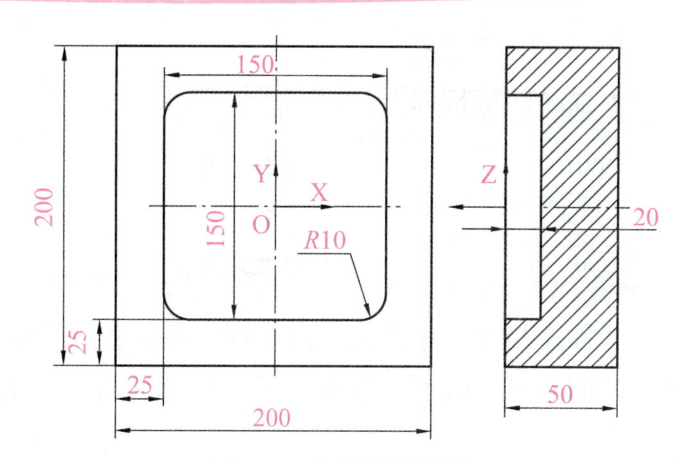

图 4-1　矩形型腔零件

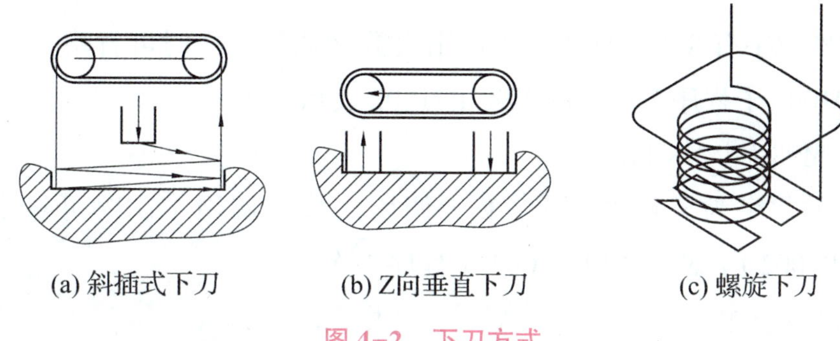

图 4-2　下刀方式

2. 矩形型腔编程的三要素

矩形型腔编程的三要素为：刀具直径、半精加工余量、精加工余量。具体参数如图 4-3 所示。

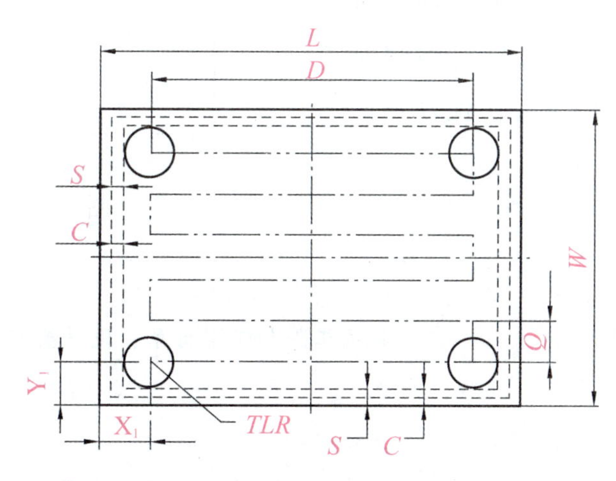

图 4-3　矩形型腔编程的三要素具体参数

X_1—刀具起点的 X 坐标；Y_1—刀具起点的 Y 坐标；*L*—型腔长度；*D*—实际切削长度；*W*—型腔宽度；*S*—精加工余量；*TLR*—刀具半径；*Q*—切削间距；*C*—半加工余量

二、子程序

子程序的构成、格式、调用与 FANUC 系统数控车床基本相同。

1. 子程序的结构

子程序的结构如下：

```
O0010;                  子程序名
 ⋮                      子程序内容
M99;                    子程序结束
```

子程序与主程序相似，由子程序名、程序内容和程序结束指令（M99）组成。一个子程序也可以调用下一级的子程序。子程序必须在主程序结束指令后建立，其作用相当于一个固定循环。

2. 子程序常用调用格式

（1）格式一：M98 P××××××××；

其中，P 后边的数字有 8 位，前 4 位为调用次数（调用 1 次时可省略），后 4 位为子程序号。例如，调用 O1002 子程序 7 次可用 M98 P71002 表示。

（2）格式二：M98 P×××× L×；

其中，P 后边的数字为子程序编号，L 为调用次数（调用 1 次时可省略，最多为 9999 次）。例如，M98 P1002 L7 表示调用 O1002 子程序 7 次。

【实例 4-1】子程序应用

1. 任务描述

如图 4-4 所示，在一块平板上加工 6 个边长为 10 mm 的等边三角形，每边的槽深为 2 mm，工件上表面为 Z 向零点。其程序的编制可以采用调用子程序的方式来实现（编程时不考虑刀具补偿，刀具选择 ϕ3 mm 立铣刀）。

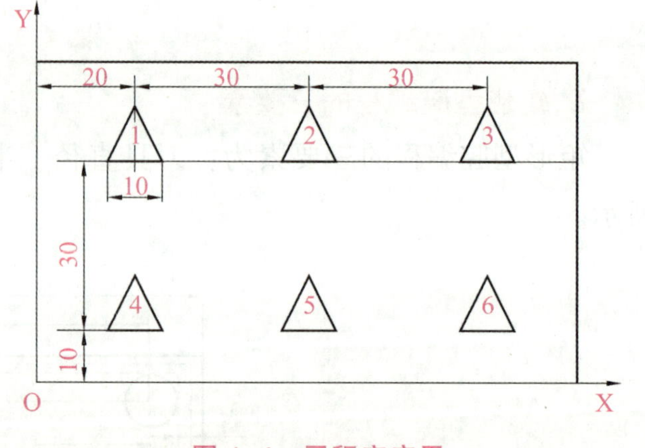

图 4-4　子程序应用

2. 编写程序

主程序如下：

```
O1120;
N010 G54 G90 G00Z100;       建立工件加工坐标系、设置换刀点
N020 G00 X0 Y0;
N030 M03 S800;              主轴启动
N040 G00 X15 Y40;           快速到1#三角形左下顶点正上方
N050 G01 Z0 F40;            切削到1#三角形左下顶点上表面
N060 M98 P1121;             调 O1121 号子程序切削三角形
N070 G00 X45;               快速到2#三角形左下顶点正上方
N080 G01 Z0 F40;            切削到2#三角形左下顶点上表面
N090 M98 P1121;             调 O1121 号子程序切削三角形
```

```
N100 G00 X75;                      快速到3#三角形左下顶点正上方
N110 G01 Z0 F40;                   切削到3#三角形左下顶点上表面
N120 M98 P1121;                    调 O1121 号子程序切削三角形
N130 G00 Y10;                      快速到4#三角形左下顶点正上方
N140 G01 Z0 F40;                   切削到4#三角形左下顶点上表面
N150 M98 P1121;                    调 O1121 号子程序切削三角形
N160 G00 X45;                      快速到5#三角形左下顶点正上方
N170 G01 Z0 F40;                   切削到5#三角形左下顶点上表面
N180 M98 P1121;                    调 O1121 号子程序切削三角形
N190 G00 X15;                      快速到6#三角形左下顶点正上方
N200 G01 Z0 F40;                   切削到6#三角形左下顶点上表面
N210 M98 P1121;                    调 O1121 号子程序切削三角形
N220 G00 Z100;                     快速抬刀
N230 G00 X0 Y0;
N240 M05;                          主轴停
N250 M30;                          程序结束
```

子程序如下：

```
01121;
N010 G91 G01 Z-2F40;               增量切入（深）三角形左下顶点 2 mm
N020 G01 X10;                      切削三角形
N030 X-5 Y8.66;                    切削三角形
N040 X-5 Y-8.66;                   切削三角形
N050 G01 Z12 F100;                 抬刀
N060 G90;                          恢复绝对坐标
N070 M99;                          子程序结束并返回主程序
```

4.3 任务实施

一、工艺过程

图 4-1 所示零件加工工艺过程如下：

（1）型腔加工选择 $\phi16$ mm 立铣刀，采用垂直下刀方式，槽底不留加工余量；

（2）内轮廓半精加工、精加工选择 $\phi16$ mm 立铣刀，采用垂直下刀方式，通过修改刀补值

实现半精加工和精加工。

二、半精加工、精加工加工路线

型腔的半精加工、精加工加工路线如图 4-5 所示。

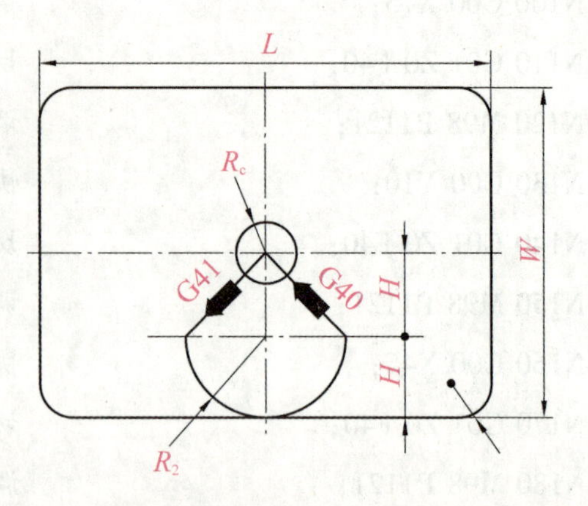

图 4-5 型腔的半精加工、精加工加工路线

三、刀具与工艺参数

数控加工刀具卡如表 4-1 所示，数控加工工序卡如表 4-2 所示。

表 4-1 数控加工刀具卡

<table>
<tr><td colspan="2">单 位</td><td colspan="2" rowspan="2">数控加工刀具卡片</td><td>产品名称</td><td></td><td>零件图号</td><td></td></tr>
<tr><td colspan="2"></td><td>零件名称</td><td></td><td>程序编号</td><td></td></tr>
<tr><td rowspan="2">序号</td><td rowspan="2">刀具号</td><td rowspan="2">刀具名称</td><td colspan="2">参数</td><td colspan="2">补偿值</td><td rowspan="2">备注</td></tr>
<tr><td>直径</td><td>长度</td><td>半径</td><td>长度</td></tr>
<tr><td>1</td><td>T01</td><td>立铣刀</td><td>ϕ16</td><td></td><td>D01</td><td>ϕ16</td><td></td></tr>
<tr><td>2</td><td></td><td></td><td></td><td></td><td>D02</td><td>ϕ17</td><td></td></tr>
<tr><td></td><td></td><td></td><td></td><td></td><td></td><td></td><td></td></tr>
</table>

表 4-2 数控加工工序卡

<table>
<tr><td>单 位</td><td colspan="2" rowspan="2">数控加工工序卡片</td><td>产品名称</td><td>零件名称</td><td>材 料</td><td>零件图号</td></tr>
<tr><td></td><td></td><td></td><td></td><td></td></tr>
<tr><td>工序号</td><td>程序编号</td><td>夹具名称</td><td>夹具编号</td><td>设备名称</td><td>编制</td><td>审核</td></tr>
<tr><td></td><td></td><td></td><td></td><td></td><td></td><td></td></tr>
<tr><td>工步号</td><td>工步内容</td><td>刀具号</td><td>刀具规格</td><td>主轴转速 S/ $(r\cdot min^{-1})$</td><td>进给速度 F/ $(mm\cdot min^{-1})$</td><td>背吃刀量 a_p/mm</td></tr>
<tr><td>1</td><td>粗铣型腔</td><td>T01</td><td>ϕ16 立铣刀</td><td>1000</td><td>100</td><td>2</td></tr>
<tr><td>2</td><td>半精铣型腔</td><td>T01</td><td>ϕ16 立铣刀</td><td>1500</td><td>80</td><td>4. 5</td></tr>
<tr><td>3</td><td>精铣型腔</td><td>T01</td><td>ϕ16 立铣刀</td><td>1500</td><td>80</td><td>0. 5</td></tr>
</table>

四、装夹方案

连杆零件毛坯用台虎钳装夹，底部用垫铁支撑。

五、程序编制

在毛坯中心建立工件坐标系，Z 轴原点设在顶面上。

1. 粗加工程序

主程序如下：

```
O0020
N010 G54 G90 G40 G49 G00 Z50 T1;        程序初始化 N020 X0 Y0;
N030 M03 S1000;                         启动主轴
N040 G00 Z5;                            快进到工件表面上方
N050 G01 Z0 F80;
N060 M98 P100021;                       调子程序 10 次粗加工型腔，底面不留精加工余量
N070 G90 G01 Z-20 S1500 F80;            到槽底中心准备加工轮廓
N080 D02;                               启用 2 号刀具半径补偿
N090 M98 P0022;                         调用内轮廓子程序半精加工
N100 D01;                               启用 1 号刀具半径补偿
N110 M98 P0022;                         调用内轮廓子程序精加工
N120 G00 Z100;                          抬刀
N130 M05;                               主轴停
N140 M30;                               程序结束
```

子程序如下：

```
O0021
N010 G91 G01 Z-2 F100;
N020 G01 X10;
N030 Y10;
N040 X-10;
N050 Y-10;
N060 X10;
N070 Y0;
N080 X25;
N090 Y25;
N100 X-25;
N110 Y-25;
N120 X25;
N130 Y0;
N140 X40;
```

```
N150 Y40;
N160 X-40;
N170 Y-40;
N180 X40;
N190 Y0;
N200 X55;
N210 Y55;
N220 X-55;
N230 Y-55;
N240 X55;
N250 Y0;
N260 X70;
N270 Y70;
N280 X-70;
N290 Y-70;
N300 X70;
N310 Y0;
N320 X0;
N330 M99;                              子程序结束
```

2. 内轮廓加工子程序

加工程序如下：

```
O0022;
N010 G01 G41 X-20 Y-55;                建刀补
N020 G03 X0 Y-75 R20;                  圆弧切线切入
N030 G01 X65;
N040 G03 X75 Y-65 R10;
N050 G01 Y65;
N060 G03 X65 Y75 R10;
N070 G01 X-65;
N080 G03 X-75 Y65 R10;
N090 G01 Y-65;
N100 G03 X-65 Y-75 R10;
N110 G01 X0;
N120 G03 X20 Y-55 R20;                 圆弧切线切出
N130 G40 G01 X0 Y0;                    取消刀补
N140 M99;                              子程序结束并返回主程序
```

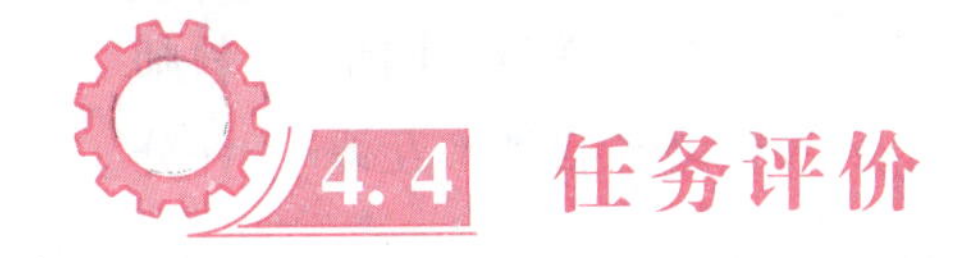

4.4 任务评价

1. 个人知识和技能评价

个人知识和技能评价如表 4-3 所示。

表 4-3　个人知识和技能评价表

评价项目	项目评价内容	分值	自我评价	小组评价	教师评价	得分
项目理论知识	①编程格式及走刀路线	5				
	②基础知识融会贯通	10				
	③零件图纸分析	10				
	④制订加工工艺	10				
	⑤加工技术文件的编制	5				
项目仿真加工技能	①程序的输入	10				
	②图形模拟	10				
	③刀具、毛坯的选择及对刀	10				
	④仿真加工工件	5				
	⑤尺寸等的精度仿真检验	5				
职业素质培养	①出勤情况	5				
	②纪律	5				
	③团队协作精神	10				
合计总分						

2. 小组学习实例评价

小组学习实例评价表如表 4-4 所示。

表 4-4　小组学习实例评价表

班级：＿＿＿＿＿＿　　小组编号：＿＿＿＿＿＿　　成绩：＿＿＿＿＿＿

评价项目	评价内容及评价分值			学员自评	同学互评	教师评分
分工合作	优秀（12~15 分）	良好（9~11 分）	继续努力（9 分以下）			
	小组成员分工明确，任务分配合理，有小组分工职责明细表	小组成员分工较明确，任务分配较合理，有小组分工职责明细表	小组成员分工不明确，任务分配不合理，无小组分工职责明细表			

续表

评价项目	评价内容及评价分值			学员自评	同学互评	教师评分
获取与项目有关质量、市场、环保等内容的信息	优秀（12~15 分）	良好（9~11 分）	继续努力（9 分以下）			
	能使用适当的搜索引擎从网络等多种渠道获取信息，并合理地选择信息、使用信息	能从网络获取信息，并较合理地选择信息、使用信息	能从网络或其他渠道获取信息，但信息选择不正确，信息使用不恰当			
数控仿真加工技能操作情况	优秀（16~20 分）	良好（12~15 分）	继续努力（12 分以下）			
	能按技能目标要求规范完成每项实操任务，能正确分析机床可能出现的报警信息，并对显示故障能迅速排除	能按技能目标要求规范完成每项实操任务，但仅能正确分析机床可能出现的部分报警信息，并对显示故障能迅速排除	能按技能目标要求完成每项实操任务，但规范性不够。不能正确分析机床可能出现的报警信息，不能迅速排除显示故障			
基本知识分析讨论	优秀（16~20 分）	良好（12~15 分）	继续努力（12 分以下）			
	讨论热烈，各抒己见，概念准确，原理思路清晰，理解透彻，逻辑性强，并有自己的见解	讨论没有间断，各抒己见分析有理有据，思路基本清晰	讨论能够展开，分析有间断，思路不清晰，理解不够透彻			
成果展示	优秀（24~30 分）	良好（18~23 分）	继续努力（18 分以下）			
	能很好地理解项目的任务要求，成果展示逻辑性强，熟练利用信息平台进行成果展示	能较好地理解项目的任务要求，成果展示逻辑性强，能较熟练利用信息平台进行成果展示	基本理解项目的任务要求，成果展示停留在书面和口头表达，不能熟练利用信息平台进行成果展示			
合计总分						

4.5 职业技能鉴定指导

1. 知识技能复习要点

（1）能读懂中等复杂程度的零件图。

（2）熟悉常用夹具的使用方法。

(3) 能编制由型腔类零件的铣削加工工艺文件。

(4) 熟悉数控铣床、零件材料、加工精度和工作效率对刀具的要求。

(5) 熟悉刀具长度补偿、半径补偿等刀具参数的设置。

(6) 能编制型腔类零件数控铣削加工程序。

(7) 熟悉型腔类零件节点的计算方法。

(8) 能应用数控仿真软件模拟加工型腔类零件。

2. 理论复习（模拟试题）

(1) 为了消除焊接零件的应力，应采取(　　)热处理工艺。

A. 正火　　B. 退火　　C. 回火　　D. 调质

(2) 在零件毛坯加工余量不匀的情况下进行加工，会引起(　　)大小的变化，进而产生误差。

A. 切削力　　B. 开力　　C. 夹紧力　　D. 重力

(3) 数控系统的核心是(　　)。

A. 伺服装置　　B. 数控装置　　C. 反馈装置　　D. 检测装置

(4) 使主轴定向停止的指令是(　　)。

A. M99　　B. M05　　C. M19　　D. M06

(5) 子程序返同主程序的指令是(　　)。

A. P98　　B. M99　　C. M08　　D. M09

(6) 用指令 G92 X150 Y100 Z50 确定工件原点，执行这条指令后，刀具(　　)。

A. 移到工作原点　　B. 移到刀架相关点　　C. 移到装夹原点　　D. 刀架不移动

(7) 刀具半径补偿的取消只能通过(　　)来实现。

A. G00 和 G02　　B. G01 和 G00　　C. G01 和 G02　　D. G01 和 G03

(8) 平面轮廓加工时，何时取消刀具半径补偿合适(　　)。

A. 程序最后一段　　B. 离开加工表面后　　C. 切入轮廓时　　D. 无须考虑

(9) 淬火能使钢强化的根本原因是相变。　　(　　)

(10) 加工精度要求高的键槽时，应该掌握粗精分开的原则。　　(　　)

3. 技能实训（真题）

(1) 利用数控加工仿真软件，完成图 4-6 所示零件上型腔的加工，并完成刀具卡（见表 4-5）、工序卡（见表 4-6）的填写，以及程序清单编写。零件上下表面、外轮廓已在前面工序（步）完成，零件材料为 45 钢。

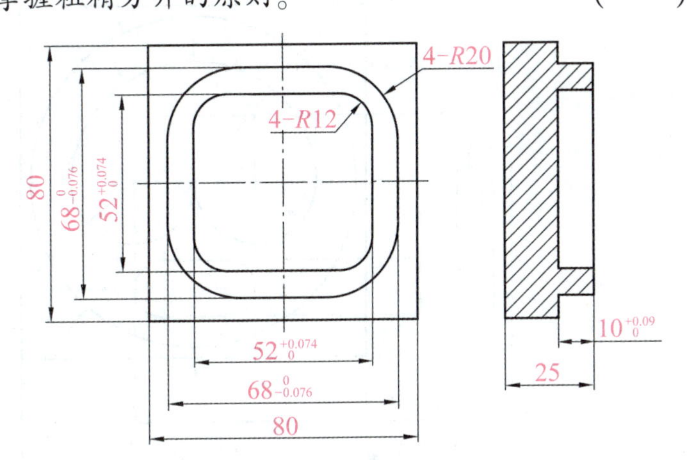

图 4-6　型腔加工练习

表 4-5 数控加工刀具卡

单位		数控加工刀具卡片	产品名称		零件图号		
			零件名称		程序编号		
序号	刀具号	刀具名称	参数		补偿值		备注
			直径	长度	半径	长度	
1	T01						
2	T02						
3	T03						

表 4-6 数控加工工序卡

单位	数控加工工序卡片		产品名称	零件名称	材料	零件图号
工序号	程序编号	夹具名称	夹具编号	设备名称	编制	审核
工步号	工步内容	刀具号	刀具规格	主轴转速 S/(r · min^{-1})	进给速度 F/(mm · min^{-1})	背吃刀量 a_p/mm
1		T01				
2		T02				
3		T03				
4		T04				

（2）编写图 4-7 所示的双型腔圆形凸台数控铣削加工程序，并完成刀具卡（见表 4-7）、工序卡（见表 4-8）的填写，并编写程序清单。

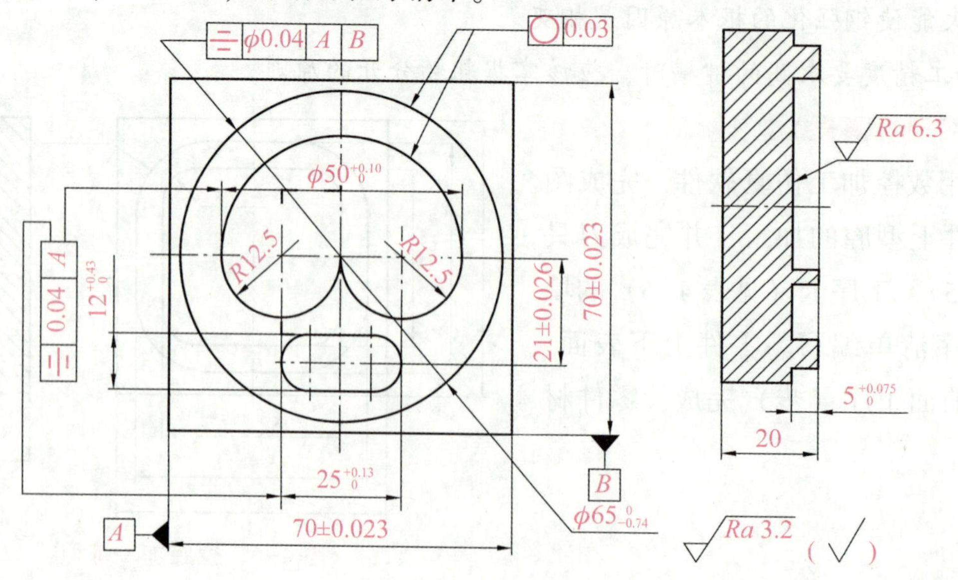

图 4-7 双型腔圆形凸台

表 4-7　数控加工刀具卡

<table>
<tr><td colspan="2">单　位</td><td colspan="2" rowspan="2">数控加工
刀具卡片</td><td colspan="2">产品名称</td><td></td><td>零件图号</td><td></td></tr>
<tr><td colspan="2"></td><td colspan="2">零件名称</td><td></td><td>程序编号</td><td></td></tr>
<tr><td rowspan="2">序号</td><td rowspan="2">刀具号</td><td rowspan="2">刀具名称</td><td colspan="2">参数</td><td colspan="2">补偿值</td><td rowspan="2" colspan="2">备注</td></tr>
<tr><td>直径</td><td>长度</td><td>半径</td><td>长度</td></tr>
<tr><td>1</td><td>T01</td><td></td><td></td><td></td><td></td><td></td><td colspan="2"></td></tr>
<tr><td>2</td><td>T02</td><td></td><td></td><td></td><td></td><td></td><td colspan="2"></td></tr>
<tr><td>3</td><td>T03</td><td></td><td></td><td></td><td></td><td></td><td colspan="2"></td></tr>
<tr><td>4</td><td>T04</td><td></td><td></td><td></td><td></td><td></td><td colspan="2"></td></tr>
</table>

表 4-8　数控加工工序卡

<table>
<tr><td>单　位</td><td colspan="2" rowspan="2">数控加工工序卡片</td><td>产品名称</td><td>零件名称</td><td>材　料</td><td>零件图号</td></tr>
<tr><td></td><td></td><td></td><td></td><td></td></tr>
<tr><td>工序号</td><td>程序编号</td><td>夹具名称</td><td>夹具编号</td><td>设备名称</td><td>编制</td><td>审核</td></tr>
<tr><td></td><td></td><td></td><td></td><td></td><td></td><td></td></tr>
<tr><td>工步号</td><td>工步内容</td><td>刀具号</td><td>刀具规格</td><td>主轴转速 $S/$
$(\mathrm{r \cdot min^{-1}})$</td><td>进给速度 $F/$
$(\mathrm{mm \cdot min^{-1}})$</td><td>背吃刀量
a_p/mm</td></tr>
<tr><td>1</td><td></td><td>T01</td><td></td><td></td><td></td><td></td></tr>
<tr><td>2</td><td></td><td>T02</td><td></td><td></td><td></td><td></td></tr>
<tr><td>3</td><td></td><td>T03</td><td></td><td></td><td></td><td></td></tr>
<tr><td>4</td><td></td><td>T04</td><td></td><td></td><td></td><td></td></tr>
</table>

任务5

加工孔类零件

知识目标

1. 掌握孔加工工艺知识（职业技能鉴定点）；
2. 掌握攻螺纹与镗孔加工工艺（职业技能鉴定点）；
3. 掌握钻孔、扩孔及铰孔固定循环指令（职业技能鉴定点）；
4. 掌握攻螺纹与镗孔固定循环指令（职业技能鉴定点）；
5. 熟练掌握孔加工程序编制（职业技能鉴定点）。

技能目标

1. 能够分析和设计孔加工工艺（职业技能鉴定点）；
2. 能够编制孔加工程序及测量工件（职业技能鉴定点）。

素养目标

1. 培养勤于思考、踏实肯干、勇于创新的工作态度；
2. 培养自学能力，在分析和解决问题时查阅资料、处理信息、独立思考及可持续发展能力。

5.1 任务描述——加工端盖

端盖零件如图 5-1 所示，底平面、两侧面和 ϕ40H8 型腔已在前面工序加工完成。本工序加工端盖的 4 个沉头螺钉孔和 2 个销孔，试编写其加工程序。零件材料为 HT150，加工数量为 5000 个。

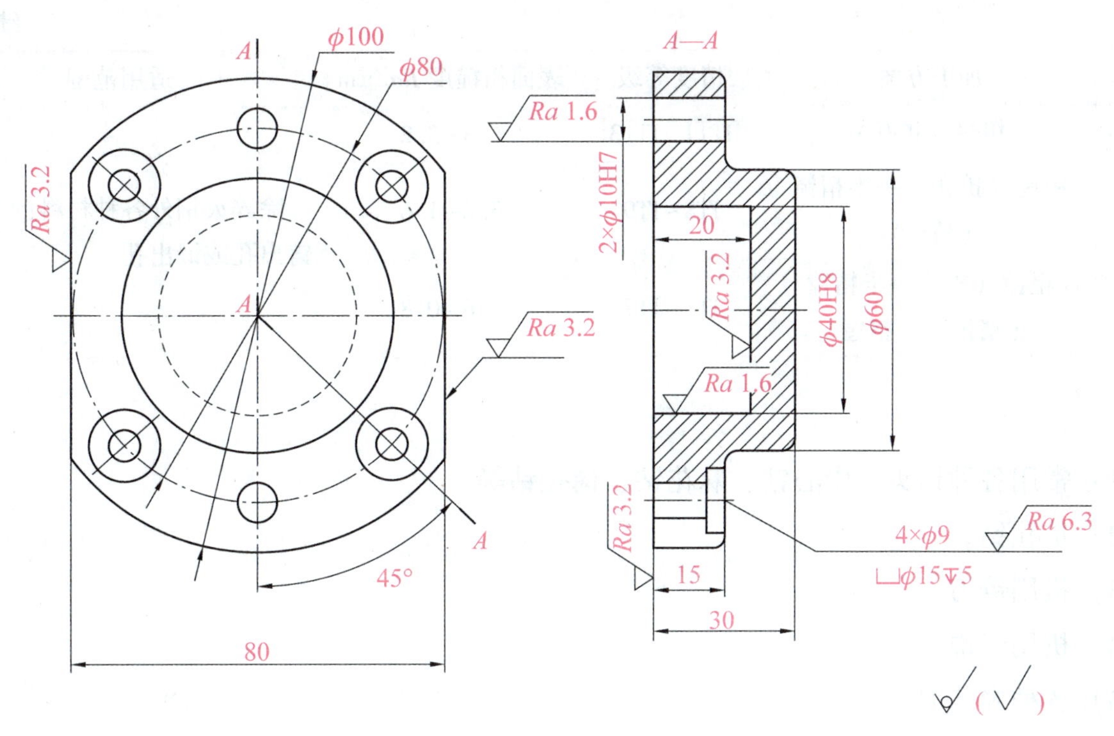

图 5-1　端盖零件

5.2 相关知识

一、孔加工工艺知识

1. 孔的加工方法

在数控铣床/加工中心上加工孔的方法很多，根据孔的尺寸精度、位置精度及表面粗糙度等要求，一般有点孔、钻孔、扩孔、锪孔、铰孔、镗孔及铣孔等。常用孔的加工方法如表 5-1 所示。

表 5-1　常用孔的加工方法

序号	加工方案	精度等级	表面粗糙度 Ra/μm	适用范围
1	钻	IT11～IT13	50～12.5	加工未淬火钢及铸铁的实心毛坯，也可用于加工有色金属（但粗糙度较差），孔径小于 15 mm
2	钻→铰	IT9	3.2～1.6	
3	钻→粗铰（扩）→精铰	IT7～IT8	1.6～0.8	
4	钻→扩	IT11	6.3～3.2	同上，但孔径大于 15 mm
5	钻→扩→铰	IT8～IT9	1.6～0.8	
6	钻→扩→粗铰→精铰	IT7	0.8～0.4	

续表

序号	加工方案	精度等级	表面粗糙度 Ra/μm	适用范围
7	粗镗（扩孔）	IT11~IT13	6.3~3.2	除淬火钢外各种材料，毛坯有铸出孔或锻出孔
8	粗镗（扩孔）→半精镗（精扩）	IT8~IT9	3.2~1.6	
9	粗镗（扩）→半精镗（精扩）→精镗	IT6~IT7	1.6~0.8	

2. 孔加工刀具

（1）常用各种钻头：中心钻、麻花钻、锪孔钻等。

（2）扩孔钻。

（3）机用铰刀。

（4）机用丝锥。

（5）各种镗孔刀。

3. 孔加工类型和钻削要素

1）孔加工类型

（1）钻。钻孔是用麻花钻加工孔。

（2）扩。扩孔是对已有孔扩大，作为铰孔或磨孔前的预加工。留给扩孔的加工余量较小，扩孔钻容屑槽浅，刀体刚性好，可以用较大的切削量和切削速度。扩孔钻切削刃多，导向性好，切削平稳。

（3）铰。铰孔是对直径 80 mm 以下的已有孔进行半精加工和精加工。铰刀切削刃多，刚性和导向性好，铰孔精度可达 IT6~IT7 级，孔壁表面粗糙度值 Ra 可达 0.4~1.6 μm。铰孔可以改变孔的形状公差，但不能改变位置公差。

（4）镗。镗孔是对已有孔进行半精加工和精加工。镗孔可以改变孔的位置公差，孔壁表面粗糙度值 Ra 可达 0.8~6.3 μm。

（5）孔的螺纹加工。小型螺纹孔用丝锥加工，大型螺纹孔用螺纹铣刀加工。

2）钻削要素

（1）钻削速度 v_c。钻削速度是指钻头主切削刃外缘处的切线速度。钻削速度公式为：

$$v_c=\frac{\pi dn}{1000}$$

式中：d——钻头直径，mm；

n——钻头钻速，r/min。

（2）进给量。钻头旋转一周轴向往工件内进给的距离称为每转进给量；钻头旋转一个切削刃，轴向往工件内进给的距离称为每齿进给量；钻头每秒往工件内进给的距离称为每秒进给量。每秒进给量与钻头钻速、每转进给量、每齿进给量的关系为：

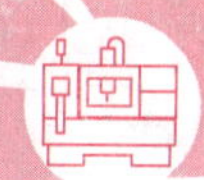

$$v_f=\frac{nf}{60}=\frac{2nf_z}{60}$$

式中：n——钻头钻速，r/min；

f——每转进给量，mm/r；

f_z——每齿进给量，mm。

3）孔加工切削用量取值

表5-2~表5-5给出了钻头切削用量、铰刀切削用量、镗刀切削用量经验值，以及孔加工余量。小型螺纹孔用丝锥加工，切削速度为1.5~5 m/min。

表5-2　高速钢钻头切削用量经验值

钻头直径 d/mm	45钢		合金钢	
	v_c/（m·min^{-1}）	f/（mm·r^{-1}）	v_c/（m·min^{-1}）	f/（mm·r^{-1}）
1~5	8~25	0.05~0.1	8~15	0.03~0.08
5~12	8~25	0.1~0.2	8~15	0.08~0.15
12~22	8~25	0.2~0.3	8~15	0.15~0.25
22~50	8~25	0.3~0.45	8~15	0.25~0.35

表5-3　高速钢铰刀切削用量经验值

铰刀直径 d/mm	45钢和合金钢	
	v_c/（m·min^{-1}）	f/（mm·r^{-1}）
6~10	1.2~5	0.3~0.4
10~15	1.2~5	0.4~0.5
15~25	1.2~5	0.5~0.6
25~40	1.2~5	0.5~0.6
40~60	1.2~5	0.5~0.6

表5-4　镗刀切削用量经验值

工序	镗刀材料	45钢	
		v_c/（m·min^{-1}）	f/（mm·r^{-1}）
粗镗	高速钢	15~30	0.35~0.7
	硬质合金	50~70	
半精镗	高速钢	15~50	0.15~0.45
	硬质合金	95~135	
精镗	高速钢	100~135	0.12~0.15
	硬质合金		

表 5-5　孔加工余量

加工孔的直径/mm	直径/mm							
	钻		粗加工		半精加工		精加工（H7、H8）	
	第一次	第二次	粗镗	或扩孔	粗铰	或半精镗	精铰	或精镗
3	2.9	—	—	—	—	—	3	—
4	3.9	—	—	—	—	—	4	—
5	4.8	—	—	—	—	—	5	—
6	4.0	—	—	4.85	—	—	6	—
8	7.0	—	—	7.85	—	—	8	—
10	9.0	—	—	9.85	—	—	10	—
12	11.0	—	—	11.85	11.95	—	12	—
13	12.0	—	—	12.85	12.95	—	13	—
14	13.0	—	—	13.85	13.95	—	14	—
15	14.0	—	—	14.85	14.95	—	15	—
16	14.0	—	—	14.85	14.95	—	16	—
18	17.0	—	—	17.85	17.95	—	18	—
20	18.0	—	19.8	19.8	19.95	19.90	20	20
22	20.0	—	21.8	21.8	21.95	21.90	22	22
24	22.0	—	24.8	24.8	24.95	24.90	24	24
26	24.0	—	24.8	24.8	24.95	24.90	26	26
28	26.0	—	27.8	27.8	27.95	27.90	28	28
30	14.0	28.0	29.8	29.8	29.95	29.90	30	30
32	14.0	30.0	31.7	31.75	31.93	31.90	32	32
35	20.0	33.0	34.7	34.75	34.93	34.90	35	35
38	20.0	36.0	37.7	37.75	37.93	37.90	38	38
40	24.0	38.0	39.7	39.75	39.93	39.90	40	40
42	24.0	40.0	41.7	41.75	41.93	41.90	42	42
45	30.0	43.0	44.7	44.75	44.93	44.90	45	45
48	36.0	46.0	47.7	47.75	47.93	47.90	48	48
50	36.0	48.0	49.7	49.75	49.93	49.90	50	50

二、攻螺纹和镗孔的加工工艺

1. 攻螺纹的加工工艺

1）普通螺纹简介

普通螺纹分粗牙普通螺纹和细牙普通螺纹，牙型角为60°。粗牙普通螺纹螺距是标准螺距，其代号用字母“M”及公称直径表示，如M16、M12等。细牙普通螺纹代号用字母“M”及公称直径、螺距表示，如M24×1.5、M27×2等。

2）攻螺纹底孔直径的确定

底孔直径大小，可根据螺纹的螺距查阅手册或按经验公式确定：加工钢件等塑性材料时，$D_{底} \approx d-P$；铸铁等脆性材料时，$D_{底} \approx d-1.05P$。

式中：$D_{底}$——底孔直径，mm；

d——螺纹公称直径，mm；

P——螺距，mm。

3）盲孔螺纹底孔深度的确定

攻盲孔螺纹时，由于丝锥切削部分有锥角，端部不能切出完整的牙型，所以钻孔深度要大于螺纹的有效深度，如图5-2所示，一般取：

$$H_{钻}=h_{有效}+0.7d$$

式中：$H_{钻}$——底孔深度，mm；

$h_{有效}$——螺纹有效深度，mm；

d——螺纹公称直径，mm。

4）螺纹轴向起点和终点尺寸

在数控铣床上攻螺纹时，其工艺安排要尽可能考虑图5-3所示合理的导入距离δ_1和导出距离δ_2。

δ_1一般取（2~3）P，对大螺距和高精度的螺纹则取较大值；δ_2一般取（1~2）P。此外，在加工通孔螺纹时，导出量还要考虑丝锥前端切削锥角部位的长度。

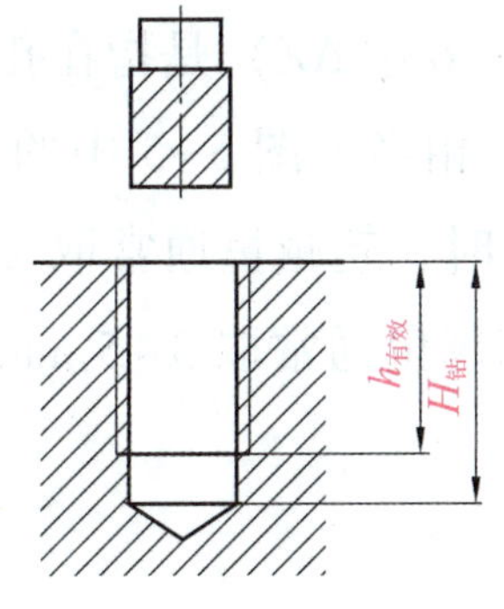

图5-2　螺纹底孔深度

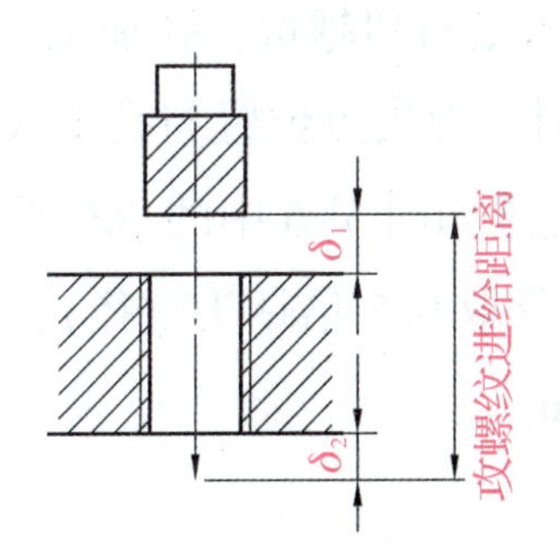

图5-3　螺纹轴向起点与终点

2. 设计孔加工进给路线

确定孔加工走刀路线要求定位要迅速、准确。孔加工时，一般是首先将刀具在XY平面内快速定位运动到孔中心线的位置上，然后沿 Z 向运动进行加工。所以，孔加工进给路线的确定包括 XY 平面内和 Z 向进给路线。

（1）确定 XY 平面内的进给路线，如图 5-4 所示，应选择最短加工路线。

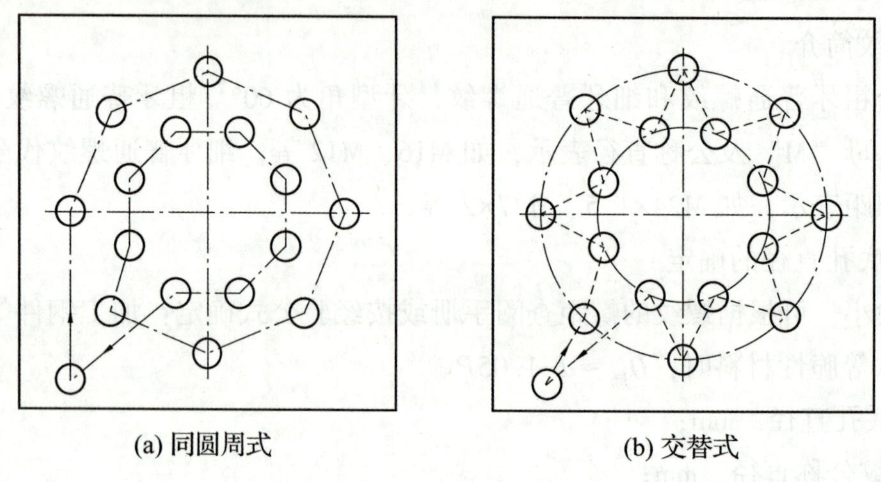

图 5-4　选择最短加工路线

（2）确定 Z 向（轴向）的进给路线。刀具在 Z 向的进给路线分为快速移动进给路线和工作进给路线。刀具先从初始平面快速运动到距工件加工表面一定距离的 *R* 平面，然后按工作进给速度进行加工。图 5-5（a）为加工单个孔时刀具的进给路线。对于多孔加工而言，为减少刀具的空行程进给时间，加工中间孔时，刀具不必退回到初始平面，只要退回到 *R* 平面上即可，其进给路线如图 5-5（b）所示。

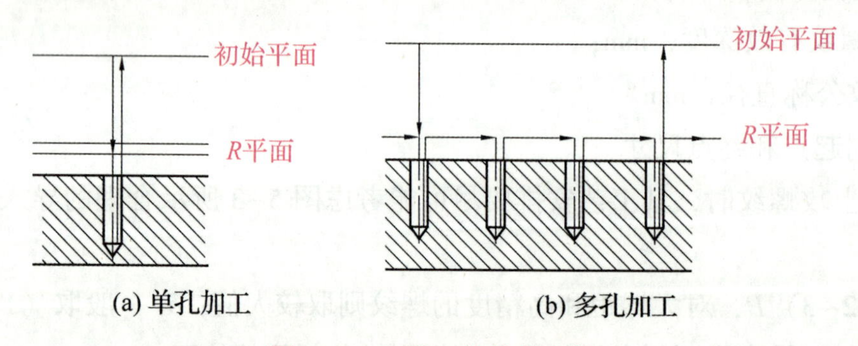

图 5-5　刀具 Z 向进给路线

（3）孔加工导入量与超越量。孔加工导入量（见图 5-6 中 ΔZ）是指在孔加工过程中，刀具自快进转为工进时，刀尖点位置与孔上表面间的距离，相当于图 5-5 中的 *R* 值，导入量通常取 2~5 mm。超越量如图 5-6 中的 $\Delta Z'$ 所示，当钻通孔时，超越量通常取 Z_P+（1~3）mm，Z_P 为钻尖高度（通常取 0.3 倍钻头直径）；铰通孔时，超越量通常取 3~5 mm；镗通孔时，超越量通常取 1~3 mm。

三、刀具长度补偿

应用刀具补偿功能后，数控系统可以对刀具长度和刀具半径进行自动校正，使编程人员可以直接根据零件图纸进行编程，不必考虑刀具因素。它的优点是在换刀后不需要另外编写

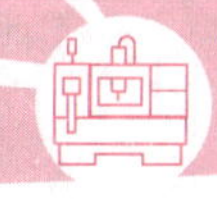

程序，只需输入新的刀具参数即可，而且粗、精加工可以通用。

G43/G44/G49 为刀具长度补偿指令。如图 5-7 所示，将编程时的刀具长度和实际使用的刀具长度之差设定于刀具偏置存储器中，用刀具长补偿指令补偿这个差值。

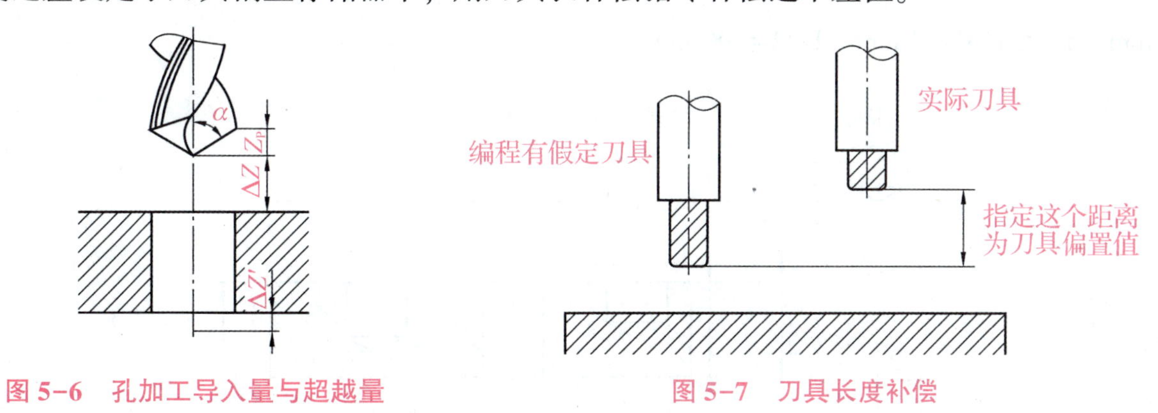

图 5-6 孔加工导入量与超越量

图 5-7 刀具长度补偿

用 G43 或 G44 指定刀具长度补偿方向。由输入的地址号（H 代码），从偏置存储器中选择刀具偏置值。

编程格式：G43/G44 G00/G01 Z_ H_；

G49 G00/G01 Z_；

式中：G43——刀具长度正补偿；

G44——刀具长度负补偿；

G49——取消刀具长度补偿；

H——指定刀具长度偏置值的地址号。

特别提示

①无论是绝对坐标编程还是增量坐标编程，当指定 G43 时，用 H 代码指定的刀具长度偏置值加到程序中由指令指定的终点位置坐标上；当指定 G44 时，从终点位置减去长度补偿值。补偿后的坐标值表示补偿后的终点位置，而不管选择的是绝对值还是增量值。

②如果不指定轴的移动，则系统假定指定了不引起移动的移动指令。当用 G43 对刀具长度偏置指定一个正值时，刀具按正向移动。当用 G44 对刀具长度补偿指定一个正值时，刀具按负向移动。当对刀具长度补偿指定负值时，刀具则向相反方向移动。

③G43 和 G44 是模态指令，它们一直有效，直到指定同组的 G 代码为止，可相互注销。

④刀具长度偏置值地址 H 为刀具长度偏置值地址，其范围为 H00～H99，可由用户设定，其中 H00 的长度偏置值恒为零。刀具长度偏置值的范围为 0～±999. 999 mm（公制），0～±99. 999 9 in（英制）。

⑤一般加工完一个工件后，应该撤销刀具长度补偿，用 G49 或 H0 指令可以取消刀具长度补偿。

⑥在刀具长度偏置沿两个或更多轴执行后，用 G49 取消沿所有轴的长度补偿。如果用 H0 指令，仅取消沿垂直于指定平面的轴的长度补偿。

【实例 5-1】钻孔加工应用

1. 任务描述

对图 5-8 所示零件钻孔。按理想刀具进行的对刀编程，现测得实际刀具比理想刀具短 8 mm，设定 H01 = 8 mm，H02 = -8 mm。

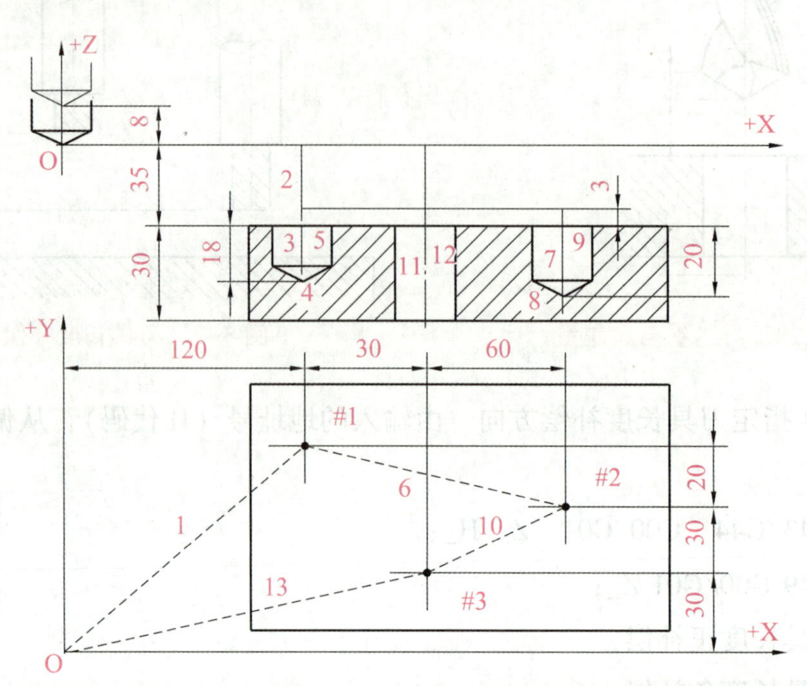

图 5-8 钻孔加工应用

2. 编写程序

程序如下：

O0005;	
N010 G54 G90 G00 X120 Y80 Z0;	快速移到孔#1 正上方
N020 G91 G43 Z-32 H01 S630 M03;	或 G44 Z-32 H02，理想刀具下移值 Z=-32，实际刀具下移值 Z=-40，下移到离工件上表面距离 3 mm 的安全高度平面
N030 G01 Z-21 F120;	以工进方式继续下移 21 mm
N040 G04 P1000;	孔底暂停 1 s
N050 G00 Z21;	快速提刀至安全面高度
N060 X90 Y-20;	快移到孔#2 的正上方
N070 G01 Z-23 F120;	向下进给 23 mm，钻通孔#2
N080 G04 P1000;	孔底暂停 1 s
N090 G00 Z23;	快速上移 23 mm，提刀至安全平面
N100 X-60 Y-30;	快移到孔#3 的正上方
N110 G01 Z-35 F120;	向下进给 35 mm，钻孔#3
N120 G49 G00 Z67;	理想刀具快速上移 67 mm，实际刀具上移 75 mm，提刀至初始平面

```
N130 X-150 Y-30;          刀具返回初始位置处
N140 M05;                 主轴停
N150 M30;                 程序结束
```

四、加工孔固定循环

数控加工中，某些加工动作循环已经典型化。例如，钻孔、镗孔的动作是孔位平面定位、快速引进、工作进给、快速退回等，这样一系列典型的加工动作已经预先编好程序，存储在内存中，可用包含 G 代码的一个程序段调用，从而简化编程工作。这种包含了典型动作循环的 G 代码称为循环指令。

固定循环代码及功能如表 5-6 所示。

表 5-6　固定循环代码及功能

G 代码	钻孔方式	孔底操作	返回方式	应用
G73	间歇进给	—	快速移动	高速深孔钻循环
G74	切削进给	停刀→主轴正转	切削进给	左旋攻螺纹循环
G76	切削进给	主轴定向停止	快速移动	精镗循环
G80	—	—	—	取消固定循环
G81	切削进给	—	快速移动	钻孔循环、点钻循环
G82	切削进给	停刀	快速移动	钻孔循环、锪镗循环
G83	间歇进给	—	快速移动	深孔钻循环
G84	切削进给	停刀→主轴反转	切削进给	攻螺纹循环
G85	切削进给	—	切削进给	镗孔循环
G86	切削进给	主轴停止	快速移动	镗孔循环
G87	切削进给	主轴正转	快速移动	背镗循环
G88	切削进给	停刀→主轴停止	手动移动	镗孔循环
G89	切削进给	停刀	切削进给	镗孔循环

1. 固定循环组成

1）动作组成

固定循环动作组成如图 5-9 所示。

（1）动作 1——X、Y 轴快速定位到孔中心位置。

（2）动作 2——Z 轴快速运行到靠近孔上方的安全高度平面 R 点（参考点）。

FANUC 系统固定循环的基本动作（钻、攻等）

（3）动作 3——孔加工（工作进给）。

（4）动作4——在孔底做需要的动作。

（5）动作5——退回到安全平面高度或初始平面高度。

（6）动作6——快速返回到初始点位置。

2）固定循环的平面

（1）初始平面。初始平面是为安全下刀而规定的一个平面，如图5-10所示。

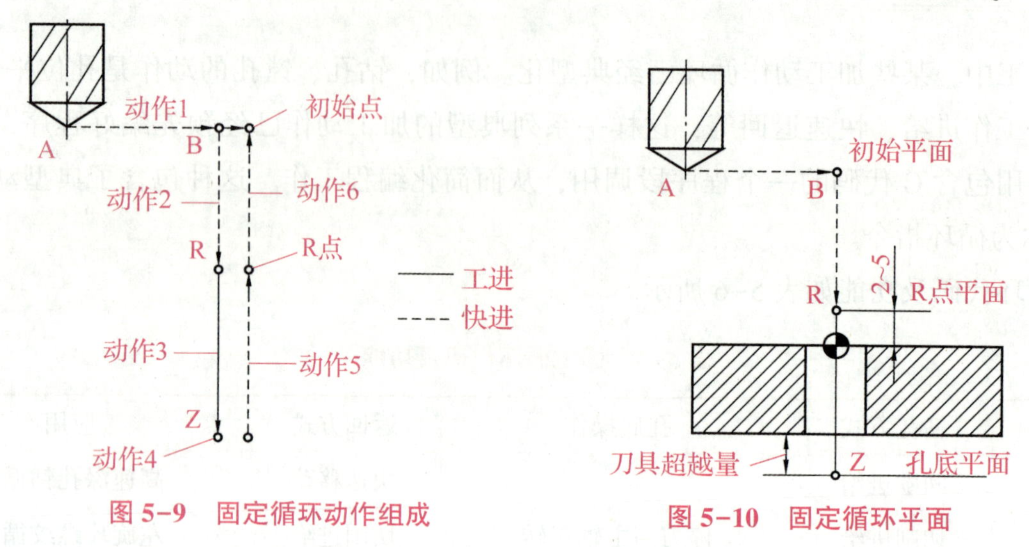

图5-9　固定循环动作组成　　图5-10　固定循环平面

（2）R点平面。R点平面又叫R参考平面。这个平面是刀具下刀时，由快进转为工进的高度平面。

（3）孔底平面。加工不通孔时，孔底平面的高度就是孔底的Z轴高度。而加工通孔时，除要考虑孔底平面的位置外，还要考虑刀具的超越量，如图5-10所示，以保证所有孔深都加工到尺寸。

2. 固定循环的通用编程格式

编程格式：G90 /G91 G98/G99G73~G89 X_ Y_ Z_ R_ Q_ P_ F_ K_;

式中：G90 /G91——绝对坐标编程或增量坐标编程；

G98——系统默认返回方式，返回起始平面，如图5-11（a）所示；

G99——返回R平面，如图5-11（b）所示。

X、Y——孔在XY平面内的位置；

Z——孔底平面的位置；

R——R点平面所在位置；

Q——G73和G83深孔加工指令中刀具每次加工深度，或G76和G87精镗孔指令中主轴准停后刀具沿准停反方向的让刀量；

P——指定刀具在孔底的暂停时间，数字不加小数点，ms；

F——孔加工切削进给时的进给速度；

K——指定孔加工循环的次数，该参数仅在增量编程中使用，范围是1~6，当K=1时，可以省略，当K=0时，不执行孔加工。

在实际编程时，并不是每一种孔加工循环的编程都要用到以上格式的所有代码，如下列的钻孔固定循环编程格式。

1）G90 与 G91 方式

如图 5-12 所示，固定循环中 R 值与 Z 值数据的指定与 G90 与 G91 的方式选择有关（Q 值与 G90 与 G91 方式无关）。G90 方式，X、Y、Z 和 R 的取值均指工件坐标系中绝对坐标值；G91 方式，R 值是指 R 点平面相对初始平面的 Z 坐标值，而 Z 值是指孔底平面相对 R 点平面的 Z 坐标值。X、Y 数据值也是相对前一个孔的 X、Y 方向的增量距离。

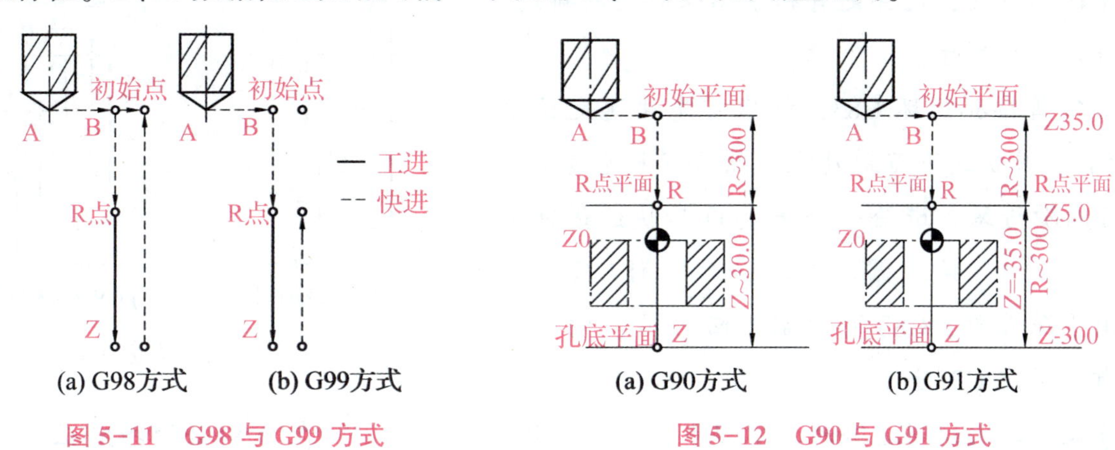

图 5-11 G98 与 G99 方式　　图 5-12 G90 与 G91 方式

2）进行固定循环编程时的定位平面

由平面选择代码 G17、G18 或 G19 决定定位平面，定位轴是除钻孔轴以外的轴，钻孔轴根据 G 代码（G73~G89）程序段中指定的轴地址确定。如果没有对钻孔轴指定轴地址，则认为基本轴是钻孔轴。

例如，假定 U、V 和 W 轴分别平行于 X、Y 和 Z 轴，即

G17 G81 Z;	Z 轴用做钻孔		G17 G81 W;	W 轴用做钻孔
G18 G81 Y;	Y 轴用做钻孔	或	G18 G81 V;	V 轴用做钻孔
G19 G81 X;	X 轴用做钻孔		G19 G81 U;	U 轴用做钻孔

G17~G19 可以在 G73~G89 未指定的程序段中指定。在取消固定循环以后，才能切换钻孔轴。

FANUC 高速深孔钻循环 G73（G98）

3. 固定循环指令

1）G73——高速深孔钻循环指令、G83——深孔加工循环指令

编程格式：G73（G83）X_ Y_ Z_ R_ Q_ F_ K;

FANUC 高速深孔钻循环 G73（G99）

式中：X、Y——孔位数据；

Z——从 R 点到孔底的距离；

R——从初始平面到 R 点的距离；

Q——每次背吃刀量，为增量值；

F——切削进给速度；

K——重复加工次数。

特别提示

①G73用于深孔高速排屑钻削，在钻孔时采取间断进给，有利于断屑和排屑，适合深孔加工。如图5-13（a）所示，机床首先快速定位于X、Y坐标，并快速下刀到R点，然后以F速度沿着Z轴执行间歇进给，进给一个深度Q后快速移动回退一个退刀量d，由系统参数设定，将切屑带出，再次进给。使用这个循环，切屑可以很容易从孔中排出，并且能够设定较小的回退值。

②G83与G73不同之处在每次进刀后都返回R点安全平面高度处，这样更有利于钻深孔时的排屑，如图5-13（b）所示。

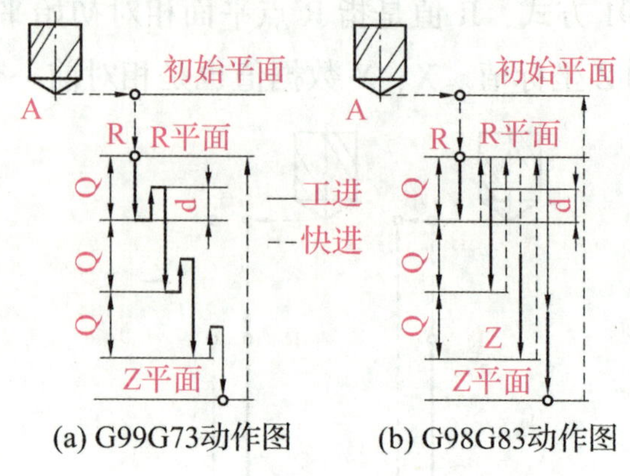

(a) G99G73动作图　(b) G98G83动作图

图5-13　G73与G83指令动作图

执行排屑钻孔循环G83，机床首先快速定位于X、Y坐标，并快速下刀到R点，然后以F速度沿着Z轴执行间歇进给，进给一个深度Q后快速返回R点（退出孔外），按此循环完成以后钻削。G73和G83都用于深孔钻，G83每次都退回R点，它的排屑、冷却效果比G73好。

③Q表示每次切削进给的背吃刀量，它必须用增量值指定。在Q中必须指定正值，负值被忽略。

④当在固定循环中指定刀具长度偏置（G43、G44）时，在定位到R点的同时加偏置。

⑤在改变钻孔轴之前必须取消固定循环。

⑥在程序段中没有X、Y、Z、R或任何其他轴的指令时，钻孔不执行。

⑦固定循环由G80或01组G代码撤消。因此，不能在同一程序段中指定01组G代码和G73或G83，否则G73或G83将被取消。

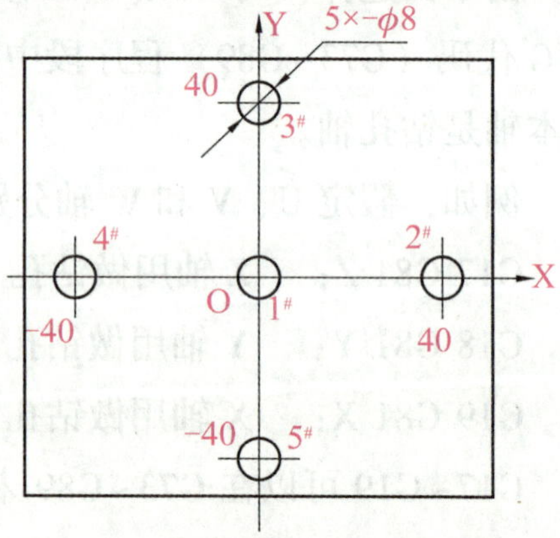

【实例5-2】孔加工实例

1. 任务描述

对图5-14所示的5×ϕ8 mm深为50 mm的孔进行加工。

图5-14　G73孔加工应用案例

2. 编写程序

显然，本实例属于深孔加工。利用G73进行深孔钻加工的程序如下：

```
O0040;
N010 G54 G90 G00 X0 Y0 Z60 F100;        选择加工坐标系/绝对坐标编程/设置换刀点/设定进给率
N020 M03 S600;                          主轴启动
N030 G99 G73 X0 Y0 Z-50 R10 Q5 F50;     选择高速深孔钻方式加工1号孔/返回R点
N040 X40 Y0;                            加工2号孔
N050 X0 Y40;                            加工3号孔
```

```
N060 X-40 Y0;                      加工 4 号孔
N070 G98 X0 Y-40;                  加工 5 号孔/返回起始平面
N080 X0 Y0;                        返回 XY 向换刀点
N090 M05;                          主轴停
N100 M30;                          程序结束并返回
```

上述程序中，选择高速深孔钻加工方式进行孔加工，并以 G99 确定每一孔加工完后，回到 R 平面，钻最后一个孔以 G99 返回初始平面 Z60。设定孔口表面的 Z 向坐标为 0，R 平面的坐标为 Z10，每次切深量 Q 为 5。

攻丝 G84（G98）

2）G74——左旋刚性攻丝循环指令、G84——右旋刚性攻丝循环指令

编程格式：G74（G84）X_ Y_ Z_ R_ P_ F_ K_;

攻丝 G84（G99）

特别提示

①F 表示导程，在 G84 切削螺纹期间速率修正无效，移动将不会中途停顿，直到循环结束。在每分钟进给方式中，螺纹导程＝进给速度×主轴转速；在每转进给方式中，螺纹导程＝进给速度。单线螺纹的螺纹导程为螺纹的螺距。

②G84 指令动作如图 5-15（a）所示，G84 循环为右旋螺纹攻螺纹循环，用于加工右旋螺纹。执行该循环时，主轴正转，在 G17 平面快速定位后快速移动到 R 点，执行攻螺纹到达孔底后，主轴反转退回到 R 点，主轴恢复正转，完成攻螺纹动作。

③G74 动作与 G84 基本类似，只是 G74 用于加工左旋螺纹，如图 5-15（b）所示。执行该循环时，主轴反转，在 G17 平面快速定位后快速移动到 R 点，执行攻螺纹到达孔底后，主轴正转退回到 R 点，主轴恢复反转，完成攻螺纹动作。

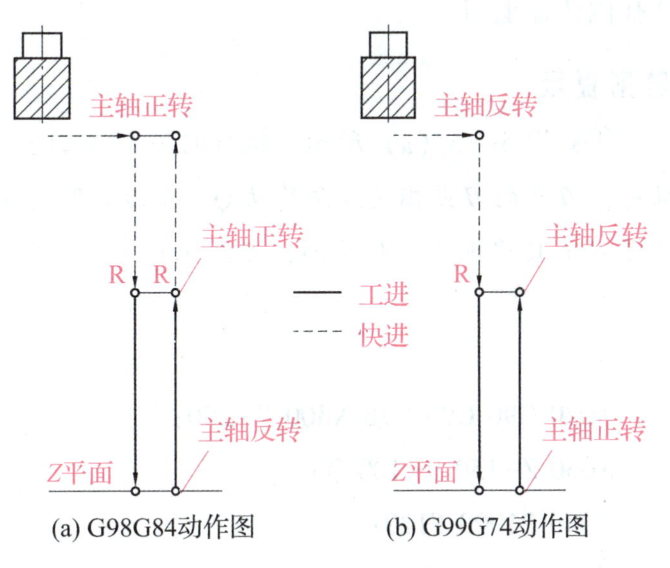

图 5-15　G74、G84 指令动作图

如：

```
O0001
N010 M04 S1000;                                  主轴开始反转
N020 G90 G99 G74 X300 Y-250 Z-150 R-100 P1000 F1; 定位，攻丝 1，然后返回到 R 点
N030 Y-550;                                      定位，攻丝 2，然后返回到 R 点
⋮
```

3）G76——精镗循环指令、G87——反镗孔循环指令

镗孔是常用的加工方法，镗孔能获得较高的位置精度。精镗循环用于镗削精密孔。当到达孔底时，主轴停止，切削刀具离开工件的表面并返回。

镗孔 G76（G98）

编程格式：G76（G87）　X_ Y_ Z_ R_ Q_ P_ F_ K_;

式中：X、Y——孔位数据；

Z——从 R 点到孔底的距离；

R——从初始平面到 R 点的距离；

镗孔 G76（G99）

Q——孔底的刀尖偏移量，Q 指定为正值，移动方向由机床参数设定，如果 Q 指定为负值，符号被忽略；

P——在孔底的暂停时间；

F——切削进给速度；

K——重复加工次数。

G76 指令用于精镗孔加工。G76 精镗循环的加工过程包括以下几个步骤：在 X、Y 平面内快速定位，快速运动到 R 平面，向下按指定的进给速度精镗孔，孔底主轴准停，镗刀偏移，从孔内快速退刀。

特别提示

①如图 5-16（a）所示，执行 G76 循环时，刀具以切削进给方式加工到孔底，实现主轴准停，刀具向刀尖相反方向移动 Q，使刀具脱离工件表面，保证刀具不擦伤工件表面，然后快速退刀至 R 平面或初始平面，刀具正转。G76 指令主要用于精密镗孔加工。

如：

⋮

N020 G90 G99 G76 X300 Y-250;　　　定位，镗孔，然后返回到 R 点

N030 Z-150 R-100 Q5;　　　孔底定向，然后移动 5 mm

N040 P1000 F120;　　　在孔底停止 1 s

⋮

②如图 5-16（b）所示，执行 G87 循环时，镗孔时由孔底向外镗削，此时刀杆受拉力，可防止振动。当刀杆较长时使用该指令可提高孔的加工精度。此时，R 点为孔底位置。刀具在 G17 平面内快速定位后，主轴准停，刀具向刀尖相反方向偏移 Q，然后快速移动到孔底（R 点），在这个位置刀具按原偏移量反向移动相同的 Q 值，主轴正转并以切削进给方式加工到 Z 平面，主轴再次准停，并沿刀尖相反方向偏移 Q，快速提刀至初始平面并按原偏移量返回到 G17 平面的定位点，主轴开始正转，循环结束。

例如：N020 G90 G87 X300 Y-250 Z-150 R-120 Q5 P1000 F120;

表示定位，镗孔，在初始位置定向，然后偏 5 mm，在 *Z* 点暂停 1 s。

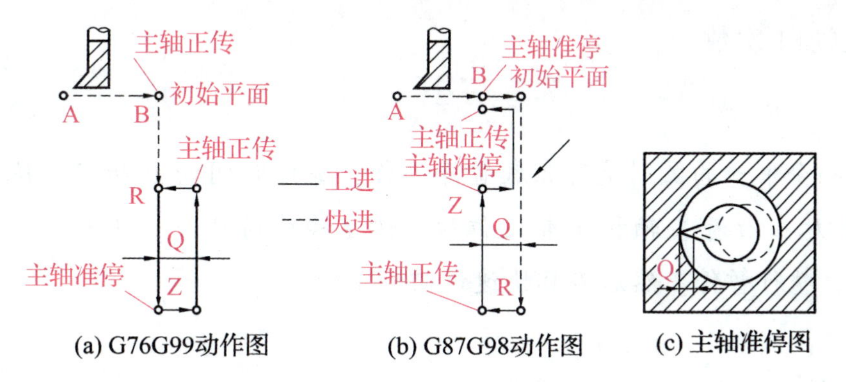

图 5-16　G76、G87 指令动作图及主轴准停图

4）G81——钻（扩）孔、钻中心孔循环

该循环刀具以进给速度向下运动钻孔，到达孔底位置后，快速退回（无孔底动作），用于一般定点钻。

编程格式：G81　X_ Y_ Z_ R_ F_ K_;

式中：X、Y——孔位数据；

Z——从 R 点到孔底的距离；

R——从初始平面到 R 点的距离；

F——切削进给速度；

K——重复加工次数。

例如：G90 G99 G81 X300 Y-250 Z-150 R-100 F120;

表示定位，钻孔 1，然后返回到 R 点。

特别提示

执行 G81 循环，如图 5-17 所示，机床在沿着 X 轴和 Y 轴定位后，快速移动到 R 点，从 R 点到 Z 点执行钻孔加工，然后，刀具快速退回，其他参考 G73 规定。

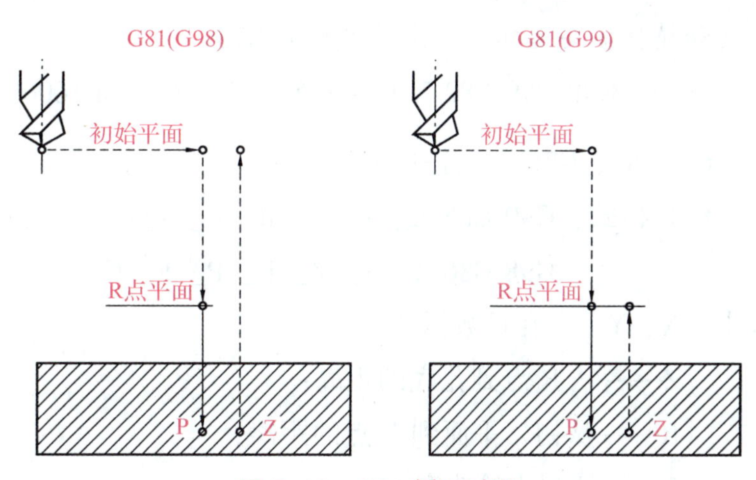

图 5-17　G81 循环过程

5）G82——带停顿的钻孔循环、逆镗孔循环指令

编程格式：

G98（G99）G82　X_ Y_ Z_ R_ P_ F_ K_;

式中：X、Y——孔位数据；

Z——从 R 点到孔底的距离；

R——从初始平面到 R 点的距离；

P——在孔底的暂停时间；

F——切削进给速度；

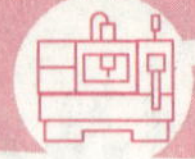

K——重复加工次数。

特别提示

G82 与 G81 指令唯一的区别是有孔底暂停动作，暂停时间由 P 指定。执行 G82 循环，如图 5-18 所示，机床在沿着 X 轴和 Y 轴定位后，快速移动到 R 点。从 R 点到 Z 点执行钻孔加工。当到孔底时，执行暂停。然后刀具快速退回。

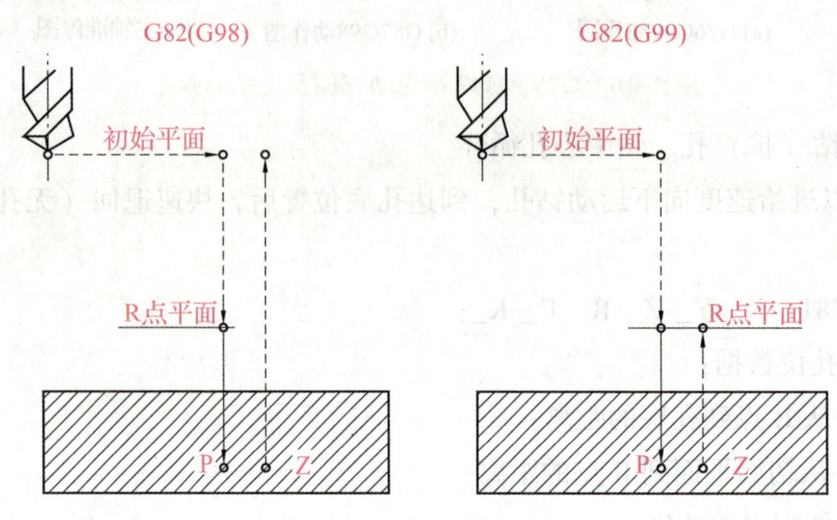

图 5-18 G82 循环过程

G81 与 G82 都是常用的钻孔方式，它们的区别在于 G82 钻到孔底时执行暂停再返回，孔的加工精度比 G81 高。G81 一般用于钻通孔或螺纹孔，G82 一般用于钻孔深要求较高的平底孔。执行 G82 指令使孔的表面更光滑，孔底平整，常用于做沉头台阶孔，使用时可根据实际情况和精度需要选择。其他规定参考 G73。

例如：G90 G99 G82 X300Y-250Z-150R-100P1000F120；

6）G85、G86——镗孔循环指令

编程格式：G99 G85 X_ Y_ Z_ R_ F_ K_；

G98 G86 X_ Y_ Z_ R_ P_ F_ K_；

式中：X、Y——孔位数据；

Z——从 R 点到孔底的距离；

R——从初始平面到 R 点的距离；

F——切削进给速度；

K——重复加工次数；

P——在孔底的暂停时间。

例如：G90 G99 G85 X300 Y-250 Z-150 R-120 F120；

表示定位，镗孔，然后返回到 R 点。

G85 指令动作如图 5-19 所示。

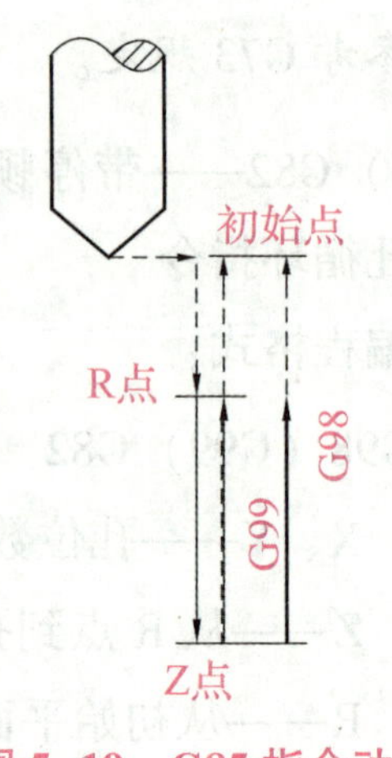

图 5-19 G85 指令动作

特别提示

①G85 指令动作过程与 G81 指令相同，只是 G85 进刀和退刀都为工进速度，且回退时主轴不停转。

②G86 指令与 G81 相同，但在孔底时主轴停止，然后快速退回。该指令退刀前没有让刀动作，退回时可能划伤已加工表面，因此只用于粗镗孔。

7）G88——镗孔循环（手镗）

编程格式：G98（G99）G88 X_ Y_ Z_ R_ P_ F_ K_;

G88 指令动作如图 5-20 所示，在孔底暂停，主轴停止后，转换为手动状态，可手动将刀具从孔中退出。到返回点平面后，主轴正转，再转入下一个程序段进行自动加工。

镗孔手动回刀，不需主轴准停。

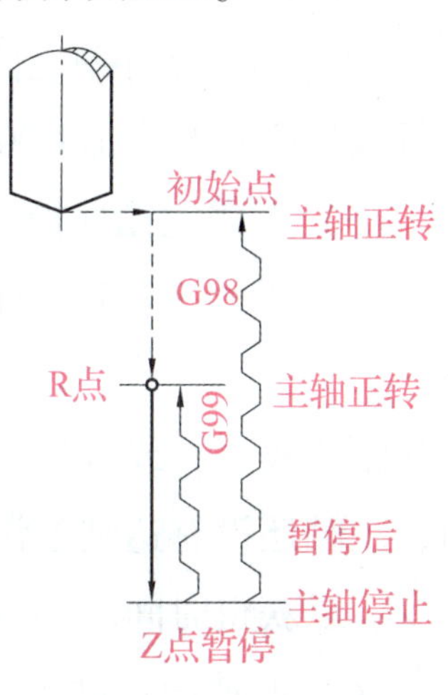

图 5-20　G88 指令动作

特别提示

如果 Z 的移动量为 0，该指令不执行。

例如：G90 G99 G88 X300 Y-250 Z-150 R-100 P1000 F120;

表示定位，镗孔，然后返回到 R 点。

8）G89——镗孔循环指令

编程格式：G89 X_ Y_ Z_ R_ P_ F_ K_;

式中：X、Y——孔位数据；

Z——从 R 点到孔底的距离；

R——从初始平面到 R 点的距离；

P——在孔底的暂停时间；

F——切削进给速度；

K——重复加工次数。

例如：G90 G99 G89 X300Y-250Z-150R-120P1000 F120;

表示定位，镗孔，在孔底暂停 1 s，然后返回到 R 点。

特别提示

G89 循环过程如图 5-21 所示，机床在沿着 X 轴和 Y 轴定位后，快速移动到 R 点。从 R 点到 Z 点执行镗孔加工。当到达孔底时执行暂停，然后执行切削进给返回到 R 点。G89 循环几乎和 G85 循环相同，区别在于 G89 在孔底执行暂停，而 G85 在孔底切削进给返回到 R 点。

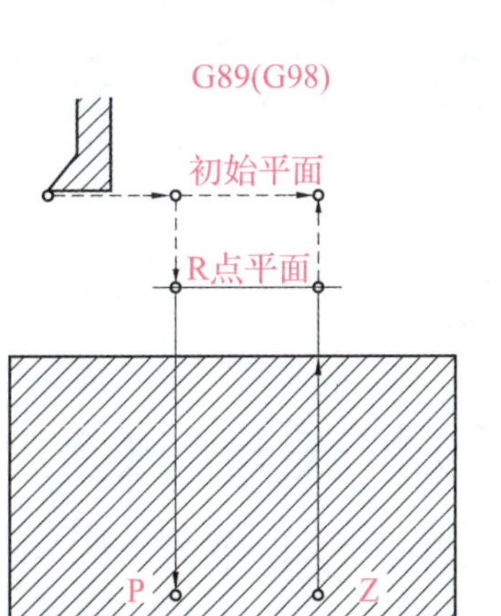

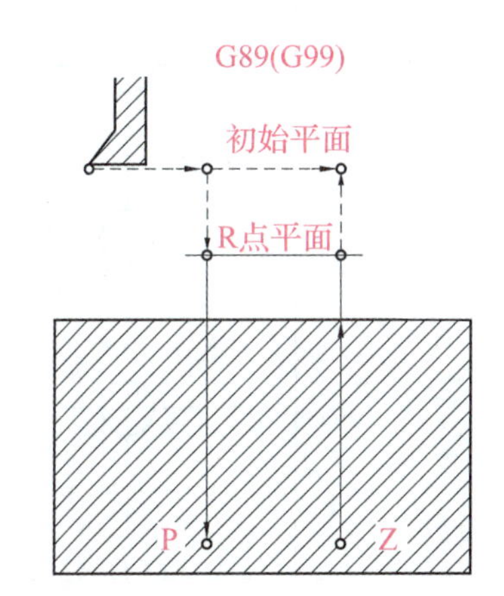

图 5-21　G89 循环过程

9）G80——固定循环取消指令

G80 指令用于取消所有固定循环。

特别提示

取消所有固定循环，执行正常的操作，R 点和 Z 点也被取消。这意味着在增量方式中，R=0 和 Z=0，其他钻孔数据也被取消（消除）。例如：G80 G28 G91 X0 Y0 Z0；

表示取消循环，返回到参考点。

4. 使用循环指令注意事项

（1）各固定循环指令均为模态指令。为了简化程序，若某些参数相同，则可不必重复。若为了使程序看起来更清晰，不易出错，则每句指令的各项参数应写全。

（2）固定循环中定位方式取决于上次是 G00 还是 G01，因此如果希望快速定位，则在上一行或本语句开头加 G00。

（3）在固定循环指令前应使用 M03 或 M04 指令使主轴回转。

（4）在固定循环程序段中，X、Y、Z、R 数据应至少指令一个才能进行。

（5）孔加工在使用控制主轴回转的固定循环（G74、G84、G76）中，如果连续加工一些孔间距比较小，或者初始平面到 R 点平面的距离比较短的孔时，会出现在进入孔的切削动作前，主轴还没有达到正常转速的情况。遇到这种情况时，应在各孔的加工动作之间插入 G04 指令，以获得时间。

（6）取消固定循环 G80 指令能取消固定循环，同时 R 点和 Z 点也被取消。此外，G00、G01、G02、G03 等也起取消固定循环指令的作用。

【实例 5-3】钻削孔实例

1. 任务描述

在如图 5-22 所示的零件上钻削 16 个直径为 10 mm 的孔，试编写加工程序加工各孔。

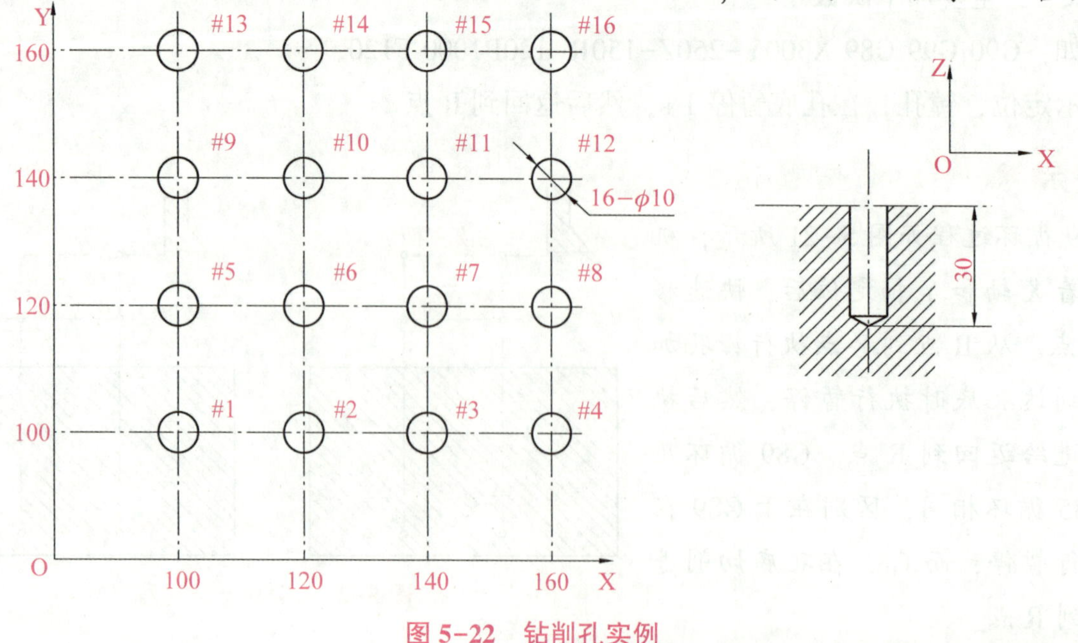

图 5-22 钻削孔实例

2. 编写程序

主程序如下：

```
O1166;
N001 G90 G54 G00 X0 Y0;
N001 G43 G00 Z50 H01;             至起始平面，刀具长度补偿
N002 M03 S600;                    启动主轴
N003 G00 X100 Y100;               定位到孔 1
N004 M98 P1100;                   调用子程序加工孔 1、2、3、4
N005 G90 G00 X100 Y120;           定位到孔 5
N006 M98 P1000;                   调用子程序加工孔 5、6、7、8
N007 G90 G00 X100 Y140;           定位到孔 9
N008 M98 P1100;                   调用子程序加工孔 9、10、11、12
N009 G90 G00 X100 Y160;           定位到孔 13
N010 M98 P1100;                   调用子程序加工孔 13、14、15、16
N011 G90 G00 Z50 H00;             撤销刀具长度补偿
N012 X0 Y0;                       返回程序原点
N013 M05;                         主轴停止
N013 M30;                         程序结束返回
```

子程序（从左到右钻 4 个孔）如下：

```
O1100;
N001 G99 G82 Z-35 R5 P2000 F100;  钻孔 1/返回 R 平面
N002 G91 X20 K3;                  钻孔 2、3、4/返回 R 平面
N003 M99;                         子程序结束
```

5.3 任务实施

一、工艺过程

图 5-1 所示零件加工工艺过程如下。

（1）钻中心孔。所有孔都首先打中心孔，以保证钻孔时，不会产生斜歪现象。

（2）钻孔。用 ϕ9 mm 钻头钻出 4×ϕ9 mm 孔和 2×ϕ10H7 孔的底孔。

（3）扩孔。用 ϕ9.8 mm 钻头扩 2×ϕ10H7 孔。

（4）锪孔。用 ϕ15 mm 锪钻锪出 4×ϕ15 mm 沉孔。

（5）铰孔。用 ϕ10H7 铰刀加工出 2×ϕ10H7 孔。

二、刀具与工艺参数

数控加工刀具卡如表 5-7 所示，数控加工工序卡如表 5-8 所示。

表 5-7 数控加工刀具卡

单位		数控加工刀具卡片		产品名称		零件图号	
				零件名称		程序编号	
序号	刀具号	刀具名称	参数		补偿值		备注
			直径	长度	半径	长度	
1	T01	中心钻	ϕ3				
2	T02	麻花钻	ϕ9				
3	T03	麻花钻	ϕ9.8				
4	T04	锪钻	ϕ15				
5	T05	铰刀	ϕ10				

表 5-8 数控加工工序卡

单位	数控加工工序卡片		产品名称	零件名称	材料	零件图号
工序号	程序编号	夹具名称	夹具编号	设备名称	编制	审核
工步号	工步内容	刀具号	刀具规格	主轴转速 S/（r·min^{-1}）	进给速度 F/（mm·min^{-1}）	背吃刀量 a_p/mm
1	钻所有孔的中心孔	T01	ϕ3 中心钻	2000	80	
2	4×ϕ9 孔和 2×ϕ10H7 孔的底孔	T02	ϕ9 麻花钻	600	100	
3	扩 2×ϕ10H7 孔	T03	ϕ9.8 麻花钻	800	100	
4	锪 4×ϕ15 沉孔	T04	ϕ15 锪钻	500	100	
5	铰 2×ϕ10H7 孔	T05	ϕ10 铰刀	200	50	

三、装夹方案

由于该零件为中大批量生产，因此可利用专用夹具进行装夹。由于底面和 ϕ40H8 内腔已在前面工序加工完毕，本工序可以 ϕ40H8 内腔和底面为定位面，侧面加防转销限制 6 个自由度，用压板夹紧。

四、程序编制

在 ϕ40H7 内孔中心建立工件坐标系，Z 轴原点设在端盖底面上。

加工程序如下：

```
O0001
N10 G17 G21 G40 G54 G80 G90 G94 G00 Z80;          程序初始化
N20 G00 X0 Y0 M08;
N30 M03 S2000;                                    启动主轴
N40 G98 G81 X28.28 Y28.28 R20 Z12 F100;           钻出 6 个孔的中心孔
N50 X0 Y40;
N60 X-28.28 Y28.28;
N70 Y-28.28;
N80 X0 Y-40;
N90 X28.28 Y-28.28;
N100 G00 Z180 M09;                                刀具抬到手工换刀高度
N110 M05;
N120 M00;                                         程序暂停，手工换 T2 刀，换转速
N130 M03 S600;
N140 G00 Z80 M08;                                 刀具定位到安全平面
N150 G98 G81 X28.28 Y28.28 R20 Z-4.0 F100;        钻出 6 个 φ9 mm 孔
N160 X0 Y40;
N170 X-28.28 Y28.28;
N180 Y-28.28;
N190 X0 Y-40;
N200 X28.28 Y-28.28;
N210 G00 Z180 M09;                                刀具抬到手工换刀高度
N220 M05;
N230 M00;                                         程序暂停，手工换 T3 刀，换转速
N240 M03 S800;
N250 G00 Z80 M08;                                 刀具定位到安全平面
N260 G98 G81 X0 Y40 R20 Z-5 F100;                 扩 2×φ10H7 孔至 φ9.8 mm
N270 Y-40;
N280 G00 Z180 M09;                                刀具抬到手工换刀高度
N290 M05;
N300 M00;                                         程序暂停，手工换 T4 刀，换转速
N310 M03 S500;
```

```
N320 G00 Z80 M08;                                    刀具定位到安全平面
N330 G98 G82 X28.28 Y28.28 R20 Z10 P2000 F100;       锪出4个ϕ15 mm沉头孔
N340 X-28.28;
N350 Y-28.28;
N360 X28.28;
N370 G00 Z180 M09;                                   刀具抬到手工换刀高度
N380 M05;
N390 M00;                                            程序暂停，手工换T5刀，换转速
N400 M03 S200;
N410 G00 Z80 M08;                                    刀具定位到安全平面
N420 G98 G85 X0 Y40 R20 Z-5 F50;                     铰2×ϕ10H7孔
N430 Y-40;
N440 M05;                                            程序结束
N450 M09 G00 Z200;
N460 M30;
```

5.4 任务评价

1. 个人知识和技能评价

个人知识和技能评价表如表5-9所示。

表5-9 个人知识和技能评价表

评价项目	项目评价内容	分值	自我评价	小组评价	教师评价	得分
项目理论知识	①编程格式及走刀路线	5				
	②基础知识融会贯通	10				
	③零件图纸分析	10				
	④制订加工工艺	10				
	⑤加工技术文件的编制	5				
项目仿真加工技能	①程序的输入	10				
	②图形模拟	10				
	③刀具、毛坯的选择及对刀	10				
	④仿真加工工件	5				
	⑤尺寸等的精度仿真检验	5				

续表

评价项目	项目评价内容	分值	自我评价	小组评价	教师评价	得分
职业素质培养	①出勤情况	5				
	②纪律	5				
	③团队协作精神	10				
合计总分						

2. 小组学习实例评价

小组学习实例评价表如表 5-10 所示。

表 5-10　小组学习实例评价表

班级：＿＿＿＿＿＿　　小组编号：＿＿＿＿＿＿　　成绩：＿＿＿＿＿＿

评价项目	评价内容及评价分值			学员自评	同学互评	教师评分
分工合作	优秀（12~15 分）	良好（9~11 分）	继续努力（9 分以下）			
	小组成员分工明确，任务分配合理，有小组分工职责明细表	小组成员分工较明确，任务分配较合理，有小组分工职责明细表	小组成员分工不明确，任务分配不合理，无小组分工职责明细表			
获取与项目有关质量、市场、环保等内容的信息	优秀（12~15 分）	良好（9~11 分）	继续努力（9 分以下）			
	能使用适当的搜索引擎从网络等多种渠道获取信息，并合理地选择信息、使用信息	能从网络获取信息，并较合理地选择信息、使用信息	能从网络或其他渠道获取信息，但信息选择不正确，信息使用不恰当			
数控仿真加工技能操作情况	优秀（16~20 分）	良好（12~15 分）	继续努力（12 分以下）			
	能按技能目标要求规范完成每项实操任务，能正确分析机床可能出现的报警信息，并对显示故障能迅速排除	能按技能目标要求规范完成每项实操任务，但仅能正确分析机床可能出现的部分报警信息，并对显示故障能迅速排除	能按技能目标要求完成每项实操任务，但规范性不够。不能正确分析机床可能出现的报警信息，不能迅速排除显示故障			
基本知识分析讨论	优秀（16~20 分）	良好（12~15 分）	继续努力（12 分以下）			
	讨论热烈，各抒己见，概念准确，原理思路清晰，理解透彻，逻辑性强，并有自己的见解	讨论没有间断，各抒己见分析有理有据，思路基本清晰	讨论能够展开，分析有间断，思路不清晰，理解不够透彻			

续表

评价项目	评价内容及评价分值			学员自评	同学互评	教师评分
	优秀（24~30 分）	良好（18~23 分）	继续努力（18 分以下）			
成果展示	能很好地理解项目的任务要求，成果展示逻辑性强，熟练利用信息平台进行成果展示	能较好地理解项目的任务要求，成果展示逻辑性强，能较熟练利用信息平台进行成果展示	基本理解项目的任务要求，成果展示停留在书面和口头表达，不能熟练利用信息平台进行成果展示			
合计总分						

5.5 职业技能鉴定指导

1. 知识技能复习要点

（1）能读懂中等复杂程度的零件图。

（2）熟悉常用夹具的使用方法。

（3）能编制由孔类零件的铣削加工工艺文件。

（4）熟悉数控铣床、零件材料、加工精度和工作效率对刀具的要求。

（5）熟悉刀具长度补偿、刀具半径补偿等刀具参数的设置。

（6）能应用各种孔循环等指令编制孔类零件数控铣削加工程序。

（7）熟悉子程序应用。

（8）能够应用数控仿真软件进行程序检验、单步执行、空运行并完成孔类零件试切。

2. 理论复习（模拟试题）

（1）下列材料中(　　)不属于变形铝合金。

A. 锻铝合金　　B. 硬铝合金　　C. 超硬铝合金　　D. 铸造铝合金

（2）三视图中，主视图和左视图应(　　)。

A. 长对正　　B. 宽相等

C. 高平齐　　D. 位在左（摆在主视图左边）

（3）程序段序号通常用(　　)位数字表示。

A. 4　　B. 8　　C. 10　　D. 11

（4）圆弧插补的过程中数控系统把轨迹拆分成若干微小(　　)。

A. 直线段　　B. 圆弧段　　C. 斜线段　　D. 非圆曲线段

（5）数控铣床上刀具半径补偿建立的矢量与补偿开始点的切向矢量的夹角以(　　)为宜。

A. 小于 90°或大于 180°　　B. 任何角度

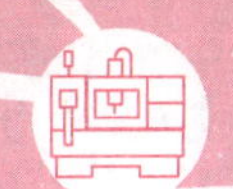

C. 大于 90°且小于 180°　　D. 大于 180°

(6) 在正确使用刀具长度补偿指令情况下，当所用刀具与理想刀具长度出现偏差时，可将偏差值输入到(　　)。

A. 长度补偿形状值　B. 长度磨损补偿值　C. 半径补偿形状值　D. 半径补偿磨损值

(7) 用同一把刀进行粗、精加工时，还可进行加工余量的补偿，设刀具半径为 r，精加工时半径方向余量为 Δ，则最后一次粗加工走刀的半径补偿量为(　　)。

A. r　B. $r+\Delta$　C. Δ　D. $2r+\Delta$

(8) 万能角度尺在 50°~140°范围内，应装(　　)。

A. 角尺　　B. 直尺

C. 角尺和直尺　　D. 角尺、直尺和夹块

(9) 数控铣床的基本结构通常由机床主体、数控装置和伺服系统 3 个部分组成。(　　)

(10) 数控铣床常用平均故障间隔时间作为可靠性的定量指标。(　　)

3. 技能实训（真题）

(1) 如图 5-23 所示，编写孔板孔加工程序，毛坯尺寸：140 mm×90 mm×30 mm，材料为 45 钢，刀具为 ϕ12 mm 麻花钻。

(2) 如图 5-24 所示，编写带孔凸台加工程序，毛坯尺寸：100 mm×100 mm×20 mm，材料为 45 钢，刀具为 ϕ20 mm 立铣刀。

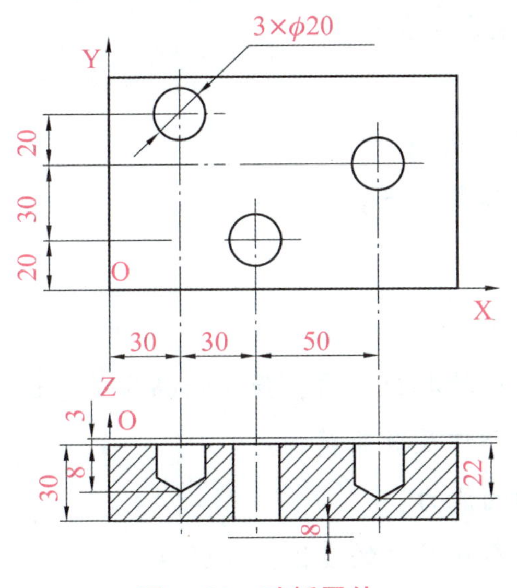

图 5-23　孔板零件

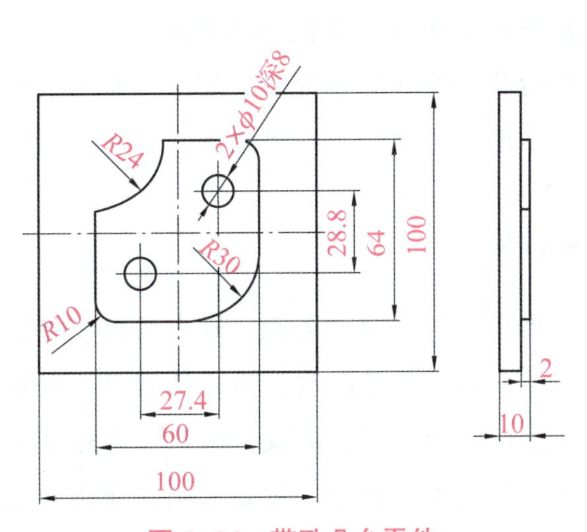

图 5-24　带孔凸台零件

任务 6

数控铣床/加工中心操作

知识目标

1. 掌握数控铣床/加工中心操作步骤（职业技能鉴定点）；
2. 熟悉安全文明操作规程（职业技能鉴定点）；
3. 熟悉数控铣床/加工中心维护保养方法（职业技能鉴定点）。

技能目标

1. 能够正确操作数控铣床/加工中心（职业技能鉴定点）；
2. 会磨耗补正（职业技能鉴定点）；
3. 会测量工件并能分析零件质量（职业技能鉴定点）；
4. 能够按安全文明操作规程进行操作（职业技能鉴定点）。

素养目标

1. 培养严谨、细心、全面、追求高效、精益求精的职业素质，强化产品质量意识；
2. 培养良好的道德品质、沟通协调能力和团队合作及敬业精神；
3. 培养一定的计划、决策、组织、实施和总结的能力；
4. 培养大国工匠精神，练好本领、建设祖国、奉献社会的爱国主义情操。

6.1 任务描述——加工带槽凸台

如图 6-1 所示，带槽凸台零件的毛坯尺寸为 80 mm×80 mm×18 mm，6 个面已粗加工过，要求铣出图示凸台及槽，工件材料为 45 钢。

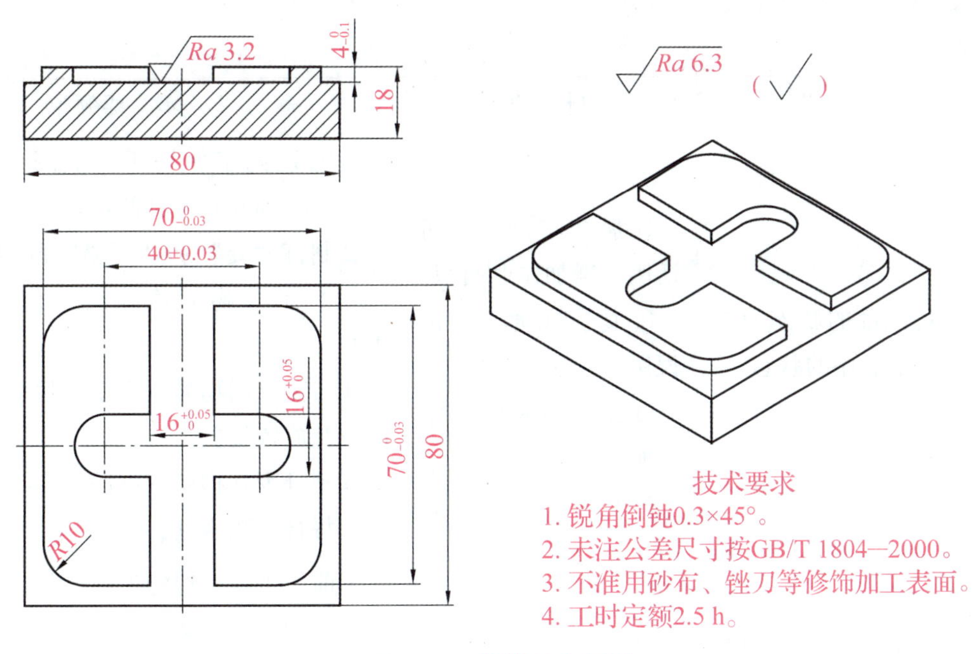

图 6-1　带槽凸台零件

6.2 相关知识

一、安全文明生产

1. 实训要求及安全教育

（1）数控系统的编程、操作和维修人员必须经过专门的技术培训，熟悉所用数控铣床的使用环境、条件和工作参数，严格按铣床和系统的使用说明书要求正确、合理地操作铣床。

（2）上机单独操作，发现问题应立即停止生产，严格按照操作规程安全操作。

（3）爱惜公共财产，节约资源，避免浪费，培养良好的作风习惯。

2. 实训过程参照企业 8S 标准进行管理和实施

8S 管理内容就是整理（SEIRI）、整顿（SEITON）、清扫（SEISO）、清洁（SEIKETSU）、素养（SHITSUKE）、安全（SAFETY）、节约（SAVE）、学习（STUDY）8 个项目，因其罗马发音均以“S”开头，故简称为 8S。8S 管理法的目的，是使企业在现场管理的基础上，通过创建学习型组织不断提升企业文化的素养，消除安全隐患、节约成本和时间。这样，企业才能在激烈的竞争中，永远立于不败之地。

8S 的具体内容如表 6-1 所示。

表 6-1 8S 的具体内容

8S	意 义	目 的	实施要领
整理（SEIRI）	将混乱的状态收拾成井然有序的状态	①腾出空间，空间活用，增加作业面积； ②物流畅通、防止误用、误送等； ③塑造清爽的工作场所	①自己的工作场所（范围）全面检查，包括看得到和看不到的； ②制订“要”和“不要”的判别基准； ③将不要物品清除出工作场所，要有决心； ④对需要的物品调查使用频率，决定日常用量及放置位置； ⑤制订废弃物处理方法； ⑥每日自我检查
整顿（SEITON）	通过前一步整理后，对生产现场需要留下的物品进行科学合理的布置和摆放，以便用最快的速度取得所需之物，在最有效的规章、制度和最简捷的流程下完成作业	①使工作场所一目了然，创造整整齐齐的工作环境； ②不用浪费时间找东西，能在 30 s 内找到要找的东西，并能立即使用	①前一步骤整理的工作要落实。 ②流程布置，确定放置场所、明确数量：物品的放置场所原则上要 100%设定；物品的保管要定点（放在哪里合适）、定容（用什么容器、颜色）、定量（规定合适数量）；生产线附近只能放真正需要的物品。 ③规定放置方法：易取，提高效率；不超出所规定的范围；在放置方法上多下功夫。 ④划线定位。 ⑤场所、物品标识：放置场所和物品标识原则上一一对应；标识方法全公司要统一
清扫（SEISO）	清除工作场所内的脏污，并防止污染的发生，将岗位保持在无垃圾、无灰尘、干净整洁的状态。清扫的对象：地板、墙壁、工作台、工具架、工具柜等，机器、工具、测量用具等	①消除脏污，保持工作场所干净、亮丽的环境，使员工保持一个良好的工作情绪； ②稳定品质，最终达到企业生产零故障和零损耗	①建立清扫责任区（工作区内外）； ②执行例行扫除，清理脏污，形成责任与制度； ③调查污染源，予以杜绝或隔离； ④建立清扫基准，作为规范
清洁（SEIKETSU）	将上面的 3S（整理、整顿、清扫）实施的做法进行到底，形成制度，并贯彻执行及维持结果	维持上面 3S 的成果，并显现“异常”之所在	①前面 3S 工作实施彻底； ②定期检查，实行奖惩制度，加强执行； ③管理人员经常带头巡查，以表重视

续表

8S	意 义	目 的	实施要领
素养（SHITSUKE）	人人依规定行事，从心态上养成能随时进行 8S 管理的好习惯并坚持下去	①提高员工素质，培养员工成为一个遵守规章制度，并具有良好工作素养习惯的人； ②营造团体精神	①培训共同遵守的有关规则、规定； ②新进人员强化教育、实践
安全（SAFETY）	清除安全隐患，保证工作现场员工人身安全及产品质量安全，预防意外事故的发生	①规范操作、确保产品质量、杜绝安全事故； ②保障员工的人身安全，保证生产连续安全正常地进行； ③减少因安全事故而带来的经济损失	①制订正确作业流程，实时监督指导； ②对不合安全规定的因素及时发现并消除，所有设备都进行清洁、检修，能预先发现存在的问题，从而消除安全隐患； ③在作业现场彻底推行安全实例，使员工对于安全用电、确保通道畅通、遵守搬用物品的要点养成习惯，建立有规律的作业现场； ④员工正确使用保护器具，不违规作业
节约（SAVE）	对时间、空间、资源等方面合理利用，减少浪费，降低成本，以发挥它们的最大效能，从而创造一个高效率的、物尽其用的工作场所	养成降低成本习惯，培养作业人员减少浪费的意识	①以自己就是主人的心态对待企业的资源； ②能用的东西尽可能利用； ③切勿随意丢弃，丢弃前要思考其剩余之使用价值； ④减少动作浪费，提高作业效率； ⑤加强时间管理意识
学习（STUDY）	深入学习各项专业技术知识，从实践和书本中获取知识，同时不断地向同事及上级主管学习	①学习长处，完善自我，提升自己综合素质； ②让员工能更好地发展，从而带动企业产生新的动力去应对未来可能存在的竞争与变化	①学习各种新的技能技巧，才能不断去地满足个人及公司发展的需求； ②与人共享，能达到互补、互利，制造共赢，互补知识与技术的薄弱部分，互补能力的缺陷，提升整体的竞争力与应变能力； ③培养服务的意识，为集体（或个人）的利益或为事业工作，服务与你有关的同事、客户

3. 数控铣床/加工中心安全操作

1）安全操作基本注意事项

（1）工作时必须穿好工作服、安全鞋，戴好工作帽及防护镜等，不允许戴手套操作机床。

（2）不要移动或损坏安装在机床上的警示牌。

（3）注意不要在机床周围放置障碍物，工作空间应足够大。

（4）某一项工作如需两人或多人共同完成时，应注意相互间的协调一致。

（5）不允许采用压缩空气清洗机床、电器柜及 AC 单元。

2）工作前的准备

（1）机床工作开始前要有预热，认真检查润滑系统工作是否正常，如机床长时间未开动，可先采用手动方式向各部分供油润滑。

（2）使用的刀具应与机床允许的规格相符，严重破损的刀具要及时更换。

（3）调整刀具所用工具不要遗忘在机床内。

（4）刀具安装好后应进行1~2次试切削。

（5）检查夹具夹紧工件的状态。

3）开机和工作过程中的安全注意事项

（1）按下数控铣床控制面板上的“ON”按钮，启动数控系统，等自检完毕后进行数控铣床的强电复位。

（2）手动返回数控铣床参考点，首先返回+Z方向，然后返回+X和+Y方向。

（3）手动操作时，在X、Y轴移动前，必须使Z轴处于较高位置，以免撞刀。

（4）数控铣床出现报警时，要根据报警号，查找原因，及时排除报警。

（5）更换刀具时应注意操作安全。在装入刀具时应将刀柄和刀具擦拭干净。

（6）在自动运行程序前，必须认真检查程序，确保程序的正确性。在操作过程中必须集中注意力，谨慎操作。运行过程中，一旦发生问题，及时按下复位按钮或紧急停止按钮。

（7）实习学生在操作时，旁观的同学禁止按控制面板的任何按钮、旋钮，以免发生意外及事故。

（8）严禁任意修改、删除机床参数。

（9）禁止用手接触到铁屑，铁屑必须用钩子或毛刷来清理。

（10）禁止用手或其他任何方式接触正在旋转的主轴、工件或其他运动部位。

（11）禁止在加工过程中测量工件、变速，更不能用棉纱擦拭工件和清扫机床。

（12）铣床运转中操作人员不能离开岗位。

（13）在加工过程中，不允许打开机床防护门。

（14）严格遵守岗位责任制。

4）工作完成后的注意事项

（1）清除切屑、擦拭机床，使机床与环境保持清洁状态。

（2）检查润滑油、冷却液的状态，及时添加或更换。

（3）依次关掉机床操作面板上的电源和总电源。

5）高速加工注意事项

数控铣床/加工中心高速加工时（$S>8\ 000$ r/min，$F=300\sim3\ 000$ mm/min），刀柄与刀具形式对于主轴寿命与工件精度有极大影响，所需注意事项如下。

（1）主轴运转前必须夹持刀具，以免损坏主轴。

（2）高速加工时必须使用做过功率平衡校正的G2.5级刀柄，因为离心力产生的振动会造成主轴轴承损坏和刀具的过早磨损。

（3）刀柄与刀具结合后的平衡公差与刀具转速、主轴平衡公差及刀柄的质量 3 个因素有关，所以高速加工时使用小直径刀具。刀长较短的刀具对主轴温升、热变形都有益，也能提高加工精度。

（4）高速主轴刀具使用标准如表 6-2 所示。

表 6-2 高速主轴刀具使用标准

<table>
<tr><td rowspan="2">平衡等级</td><td>500~6 000 r/min</td><td>G6. 3 级</td><td>DIN/ISO 1940</td></tr>
<tr><td>6 000~18 000 r/min</td><td>G2. 5 级</td><td>DIN/ISO 1940</td></tr>
</table>

主轴转速/（r·min^{-1}）	刀具直径/mm	刀具长度/mm
2 000~4 000	160	350
4 000~6 000	160	250
6 000~8 000	125	250
8 000~10 000	100	250
10 000~12 000	80	250
12 000~15 000	65	200
15 000~18 000	50	200

4. 保养数控铣床/加工中心

为保证数控机床的寿命和正常运转，要求每天对机床进行保养，每天的保养项目必须正确执行，检查完毕后才可以开机。数控铣床/加工中心保养方法如表 6-2 所示。

表 6-3 数控铣床/加工中心保养方法

检查项目	检查时间
检查循环润滑油泵油箱的油是否在规定的范围内，当油箱内的油只剩下一半时，必须立即补充到一定的标准，否则当油位降到 1/4 时，在电脑屏幕上将出现“LUBE ERROR”的警告，不要等到出现警告后再补充	定期检查
确定滑道润滑油充足后再开机，并且随时观察是否有润滑油出来以保护滑道。当机床很久没有使用时，尤其要注意是否有润滑	每日检查
从表中观察空气压力，而且必须严格执行	每日检查
防止空压气体漏出，当有气体漏出时，可听到“嘶嘶”的声音，必须加以维护	每日随时检查
油雾润滑器在 ATC 换刀装置内，空气气缸必须随时保证有油在润滑，油雾的大小在制造厂已调整完毕，必须随时保持润滑油量标准	每日检查
当切削液不足时，必须适量加入切削液，可由切削液槽前端底座的油位计观察切削液	定期检查

续表

检查项目	检查时间
主轴内端孔斜度和刀柄必须随时保持清洁以免灰尘或切屑附着影响精度，虽然主轴有自动清屑功能，但仍然必须每日用柔软的布料擦拭	每日擦拭
随时检察 Y 轴与 Z 轴的滑道面是否有切屑和其他颗粒附着在上面，避免与滑道摩擦产生刮痕，维护滑道的使用寿命	随时检查
机器动作范围内必须没有障碍	随时检查
机器动作前，以低速运转，让三轴行程跑到极限，每日操作前先试运转 10~20 min	每日检查
定期检查记忆体备份用的电池，若电池电压过低，将影响程序、补正值、参数等资料的稳定性	每十二个月检查
定期检查绝对式马达放大器电池，电池电压过低将影响马达原点	每十二个月检查

5. 调整加工中心

加工中心是一种功能较多的数控加工机床，具有铣削、镗削、钻削、螺纹加工等多种工艺手段。使用多把刀具时，尤其要注意准确地确定各把刀具的基本尺寸，即正确地对刀。对有回转工作台的加工中心，还应特别注意工作台回转中心的调整，以确保加工质量。

1）加工中心的对刀方法

普通铣床对刀设置加工坐标系的方法也适用于加工中心。由于加工中心具有多把刀具，并能实现自动换刀，因此需要测量所用各把刀具的基本尺寸，并存入数控系统，以便加工时调用，即进行加工中心的对刀。加工中心通常采用机外对刀仪实现对刀。

对刀仪的基本结构如图 6-2 所示。图中，对刀仪平台 7 上装有刀柄夹持轴 2，用于安装被测刀具，如图 6-3 所示钻削刀具。通过快速移动单键按钮 4 和微调旋钮 5 或 6，可调整刀柄夹持轴 2 在对刀仪平台 7 上的位置。当光源发射器 8 发光，将刀具刀刃放大投影到显示屏幕 1 上时，即可测得刀具在 X（径向尺寸）、Z（刀柄基准面到刀尖的长度尺寸）方向的尺寸。

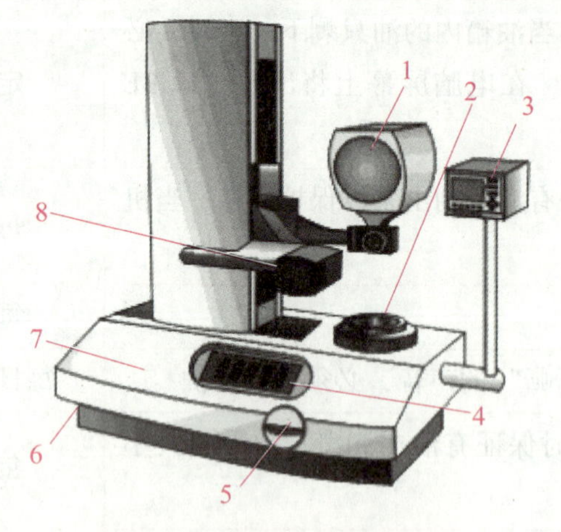

图 6-2 对刀仪的基本结构

1—显示屏幕；2—刀柄夹持轴；3—显示器；4—单键按钮；
5，6—微调旋钮；7—对刀仪平台；8—光源发射器

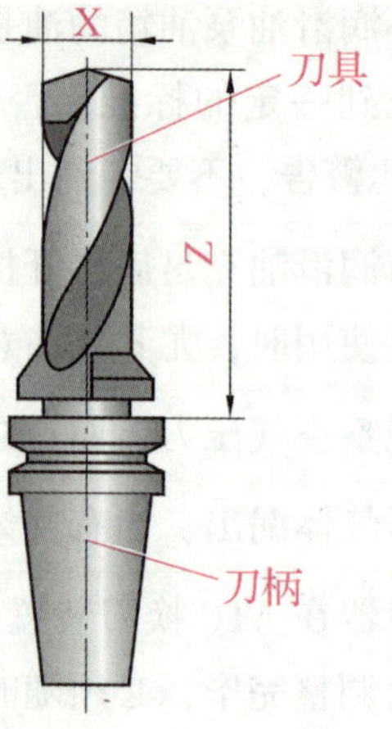

X
刀具
Z
刀柄

图 6-3 钻削刀具

钻削刀具的对刀操作过程如下：

（1）将被测刀具与刀柄安装为一体；

（2）将刀柄插入对刀仪上的刀柄夹持轴 2，并紧固；

（3）打开光源发射器 8，观察刀刃在显示屏幕 1 上的投影；

（4）通过快速移动单键按钮 4 和微调旋钮 5 或 6，可调整刀刃在显示屏幕 1 上的投影位置，使刀具的刀尖对准显示屏幕 1 上的十字线中心，如图 6-4 所示；

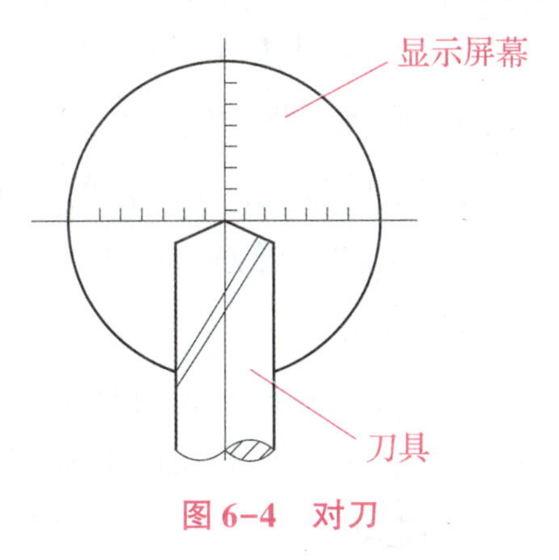

图 6-4　对刀

（5）测得 X 为 20，即刀具直径为 20 mm，该尺寸可用作刀具半径补偿；

（6）测得 Z 为 180. 002，即刀具长度尺寸为 180. 002 mm，该尺寸可用作刀具长度补偿；

（7）将测得尺寸输入加工中心的刀具补偿页面；

（8）将被测刀具从对刀仪上取下后，即可装上加工中心使用。

2）调整加工中心回转工作台

多数加工中心都配有回转工作台，如图 6-5 所示，它可以实现零件一次装夹即完成多个加工面的加工。如何准确测量加工中心回转工作台的回转中心，对被加工零件的质量有着重要的影响。下面以卧式加工中心为例，说明工作台回转中心的测量方法。

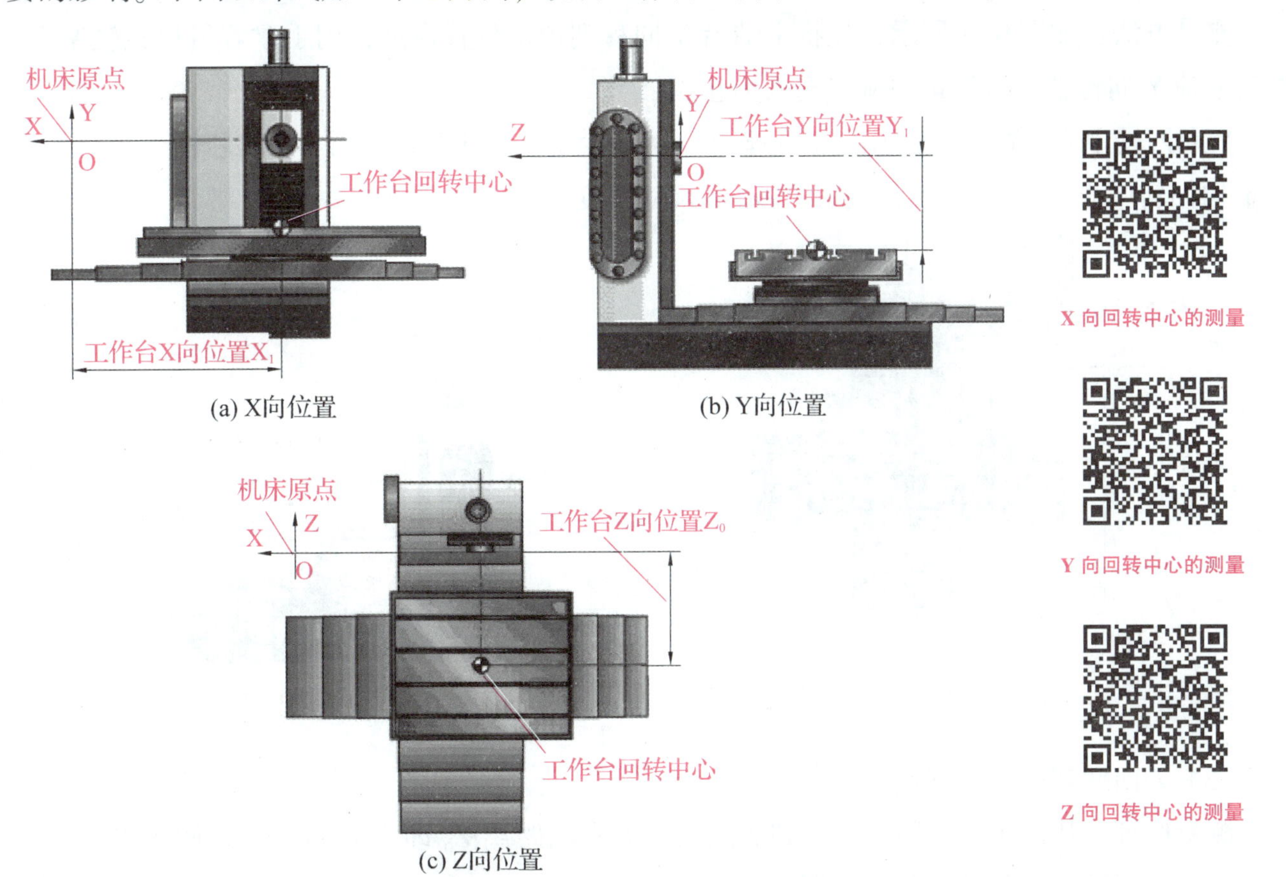

图 6-5　加工中心回转工作台

X 向回转中心的测量

Y 向回转中心的测量

Z 向回转中心的测量

工作台回转中心在工作台上表面的中心点上，其测量方法有多种，这里介绍一种较常用的方法，所用的工具有：标准芯轴一根、百分表（千分表）一台、量块一个。

（1）X 向回转中心的测量。

测量原理：将主轴中心线与工作台回转中心重合，这时主轴中心线所在的位置就是工作台回转中心的位置，X 坐标的显示值就是工作台回转中心到 X 向机床原点的距离。工作台回转中心的 X 向位置如图 6-5（a）所示。

测量方法：

①如图 6-6 所示，将标准芯轴装在机床主轴上，在工作台上固定百分表，调整百分表的位置，使指针在标准芯轴最高点处指向零位。

②将芯轴沿+Z 方向退出 Z 轴。

③将工作台旋转 180°，再将芯轴沿-Z 方向移回原位。观察百分表指示的偏差然后调整 X 向机床坐标，反复测量，直到工作台旋转到 0°和 180°两个方向百分表指针指示的读数完全一样时，这时机床 CRT 上显示的 X 向坐标值即为工作台 X 向回转中心的位置。

工作台 X 向回转中心的准确性决定了调头加工工件上孔的 X 向同轴度精度。

（2）Y 向回转中心的测量。

测量原理：找出工作台上表面到 Y 向机床原点的距离 Y_0，即为 Y 向工作台回转中心的位置。工作台回转中心的 Y 向位置如图 6-5（b）所示。

测量方法：如图 6-7 所示，先将主轴沿 Y 向移到预定位置附近，用手拿着量块轻轻塞入，调整主轴 Y 向位置，直到量块刚好塞入为止。

Y 向回转中心＝显示器显示的 Y 向坐标（为负值）－量块高度尺寸－标准芯轴半径。工作台 Y 向回转中心影响工件上加工孔的中心高尺寸精度。

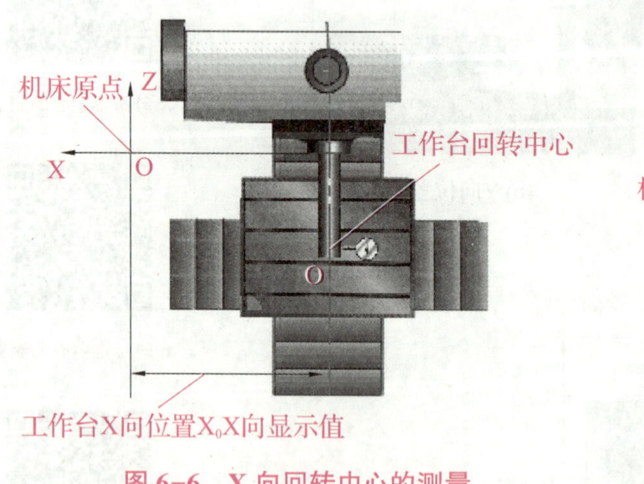

图 6-6 X 向回转中心的测量

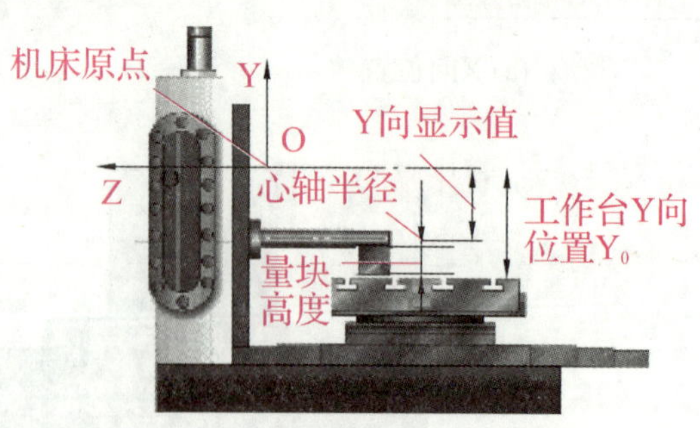

图 6-7 Y 向回转中心的测量

（3）Z 向回转中心的测量。

测量原理：找出工作台回转中心到 Z 向机床原点的距离 Z_0 即为 Z 向工作台回转中心的位置。工作台回转中心的 Z 向位置如图 6-5（c）所示。

测量方法：如图 6-8 所示，当工作台分别在 0°和 180°时，移动工作台以调整 Z 向坐标，

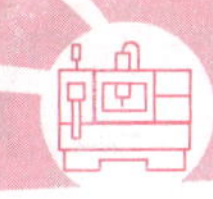

使百分表的读数相同，这时 CRT 上显示的 Z 向坐标值即为工作台 Z 向回转中心的位置。

Z 向回转中心的准确性，影响机床调头加工工件时两端面之间的距离尺寸精度（在刀具长度测量准确的前提下）。反之，它也可修正刀具长度测量偏差。

机床回转中心在一次测量得出准确值以后，可以在一段时间内作为基准。但是，随着机床的使用，特别是在机床相关部分出现机械故障时，都有可能使机床回转中心出现变化。例如，机床在加工过程中出现撞车事故、机床丝杠螺母松动等。因此，机床回转中心必须定期测量，特别是在加工相对精度较高的工件之前应重新测量，以校对机床回转中心，从而保证工件加工的精度。

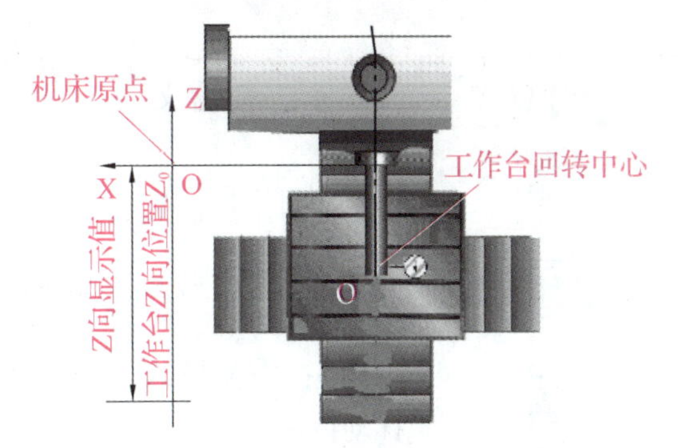

图 6-8　Z 向回转中心的测量

二、数控铣床/加工中心的操作

1. FANUC Oi-M 数控铣床操作面板

FANUC Oi-M 数控铣机床操作面板位于窗口的右下侧，如图 6-9 所示。操作面板主要用于控制铣床运行状态，由模式选择按钮、运行控制开关等多个部分组成，各按钮含义如表 6-4 所示。

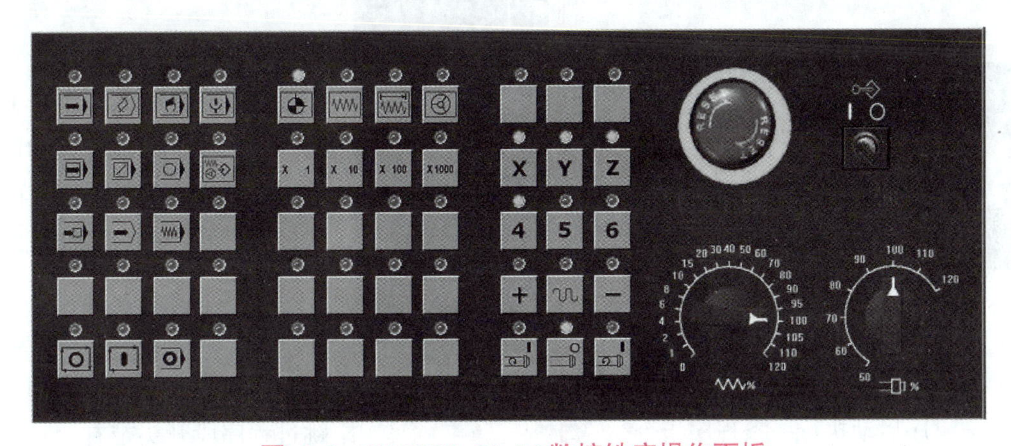

图 6-9　FANUC Oi-M 数控铣床操作面板

表 6-4　　数控铣床操作面板各按钮含义

按钮	含义	按钮	含义
	AUTO：自动加工模式		程序运行开始；模式选择旋钮在 AUTO 和 MDI 位置时按下有效，其余时间按下无效
	EDIT：编辑模式		程序运行停止；在程序运行中，按下此按钮停止程序运行
	MDI：手动数据输入		手动主轴正转

续表

按钮	含义	按钮	含义
	INC：增量进给		手动主轴反转
	HND：手轮模式移动铣床		手动停止主轴
	JOG：手动模式，手动连续移动铣床		REF：回参考点
	DNC：用 232 电缆线连接 PC 机和数控铣床，选择程序传输加工	X Y Z + −	手动移动铣床各轴按钮
X 1 X 10 X 100 X1000	增量进给倍率选择按钮：选择移动铣床轴时，每一步的距离：×1 为 0.001 mm，×10 为 0.01 mm，×100 为 0.1 mm，×1 000 为 1 mm。置光标于按钮上，单击左键进行选择		进给率（F）调节旋钮：调节程序运行中的进给速度，调节范围为 0~120%。置光标于旋钮上，单击鼠标左键转动
	主轴转速倍率调节旋钮：调节主轴转速，调节范围为 0~120%		手脉：把光标置于手轮上，选择轴向，单击鼠标左键，移动鼠标，手轮顺时针转，相应轴往正方向移动，手轮逆时针转，相应轴往负方向移动
	单步执行开关：每按一次程序启动执行一条程序指令		程序段跳读：自动方式按下此键，跳过程序段开头带有“/”程序
	程序停：自动方式下，遇有 M00 程序停止		铣床空运行：按下此键，各轴以固定的速度运动
	手动示教	COOL	冷却液开关：按下此键，冷却液开；再按一下，冷却液关
TOOL	在刀库中选刀：按下此键，刀库中选刀		程序编辑锁定开关：置于“◙”位置，可编辑或修改程序

续表

按钮	含义	按钮	含义
	程序重启动：由于刀具破损等原因自动停止后，程序可以从指定的程序段重新启动		铣床锁定开关：按下此键，铣床各轴被锁住，只能程序运行
	M00 程序停止：程序运行中，M00 停止		紧急停止旋钮

2. FANUC Oi-M 数控铣床操作键盘

FANUC Oi-M 数控铣床操作键盘在视窗的右上角，其左侧为显示屏，右侧是程序输入编辑的键盘区，如图 6-10 所示。

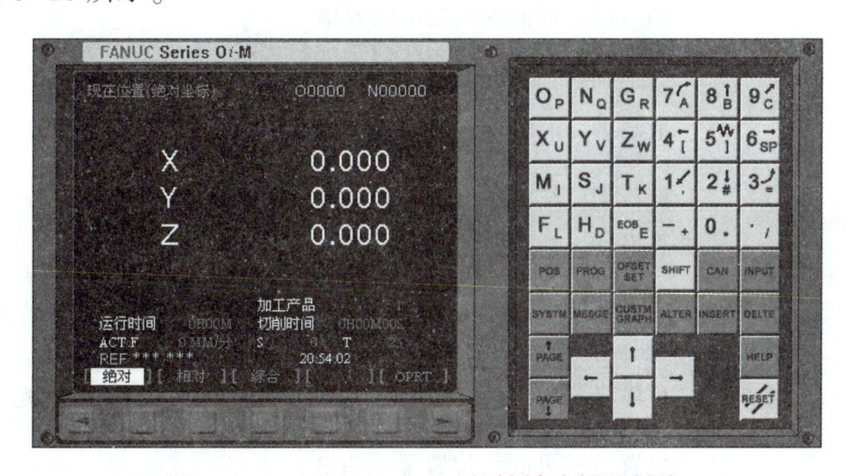

图 6-10　FANUC Oi-M 数控铣床操作键盘

如图 6-11 所示，键盘区的数字/字母键输入后，系统自动判别取字母还是取数字。字母和数字键通过 SHIFT 键切换输入，如 O→P，7→A。数控铣床操作键盘按钮含义如表 6-5 所示。

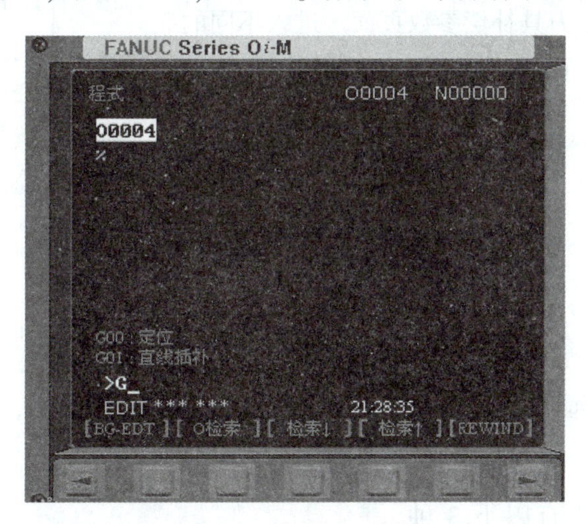

图 6-11　数字及字母输入

表 6-5　数控铣床操作键盘按钮含义

按钮	含义	按钮	含义
O P　N Q　G R　7 A　8 B　9 C X U　Y V　Z W　4 [　5]　6 SP M I　S J　T K　1 ,　2 #　3 = F L　H D　EOB E　- +　0 .　. /	数字/字母键	MESGE	信息页面，如“报警”
ALTER	替换键：用输入的数据替换光标所在的数据	CUSTM GRAPH	图形参数设置页面
DELTE	删除键：删除光标所在的数据；或者删除一个程序或者删除全部程序	HELP	系统帮助页面
INSERT	插入键：把输入区之中的数据插入到当前光标之后的位置	RESET	复位键
CAN	取消键：消除输入区内的数据	↑ PAGE	向上翻页
EOB E	换行键：结束一行程序的输入并且换行	PAGE ↓	向下翻页
SHIFT	上档键	↑	向上移动光标
PROG	程序显示与编辑页面	←	向左移动光标
POS	位置显示页面。位置显示有 3 种方式，用 PAGE 按钮选择	↓	向下移动光标
OFSET SET	参数输入页面。按第一次进入坐标系设置页面，按第二次进入刀具补偿参数页面。进入不同的页面以后，用 PAGE 按钮切换	→	向右移动光标
SYSTM	系统参数页面	INPUT	输入键：把输入区内的数据输入参数页面

3. 手动操作铣床

1）回参考点

选择 REF 模式；选择各轴 X Y Z，按住相应按钮，即回参考点。

2）移动

手动移动铣床轴的方法有以下 3 种。

（1）方法一：快速移动，这种方法用于较长距离的工作台移动。

选择 JOG 模式；选择各轴，点击方向键 + −，铣床各轴移动，松开后停止移动；按键，各轴快速移动。

（2）方法二：增量移动，这种方法用于微量调整，如用在对基准操作中。

选择 INC 模式，选择 X 1 X 10 X 100 X1000 步进量；选择各轴，每按一次，铣床各轴移动一步。

（3）方法三：操纵“手脉”，这种方法用于微量调整。在实际生产中，使用“手脉”可以让操作者容易控制和观察铣床移动。单击软件界面右上角即出现“手脉”。

3）开、关主轴

选择 JOG 模式；按铣床主轴正反转，按主轴停转。

4）启动程序加工零件

选择 AUTO 模式，选择一个程序（参照下面介绍选择程序方法），按程序启动按钮。

5）试运行程序

试运行程序时，铣床和刀具不切削零件，仅运行程序。

选择铣床锁定开关；选择一个程序如 O0001 后，按调出程序；按程序启动按钮。

6）单步运行

选择 AUTO 模式；程序运行过程中，每按一次执行一条指令。

7）选择一个程序

选择程序的方法有以下两种。

（1）按程序号搜索。

选择 EDIT 模式；按 PROG 键输入字母“O”；按 7A 键输入数字“7”，输入搜索的号码：“O7”；按键开始搜索；找到后，“O7”显示在屏幕右上角程序号位置，“O7” NC 程序显示在屏幕上。

（2）在 AUTO 模式下搜索。

按 PROG 键入字母“O”；按 7A 键入数字“7”，键入搜索的号码“O7”；按 操作 下的白色按钮→

→按 O检索 下的白色按钮，则“O7”显示在屏幕

上；可输入程序段号“N30”，按[N检索]搜索程序段。

8）删除一个程序

选择 EDIT 模式；按PROG键输入字母“O”；按7键输入数字“7”，输入要删除的程序的号码“07”；按DELTE键，“07”NC 程序被删除。

9）删除全部程序

选择 EDIT 模式；按PROG键输入字母“O”；输入“0-9999”；按DELTE键，全部程序被删除。

10）搜索一个指定的代码

一个指定的代码可以是一个字母或一个完整的代码，如“N0010”“M”“F”“G03”等。搜索应在当前程序内进行，操作步骤如下：

选择 AUTO 模式或 EDIT 模式；按PROG；选择一个 NC 程序；输入需要搜索的字母或代码，如“M”“F”“G03”；按[BG-EDT][O检索][检索↓][检索↑][REWIND]中的[检索↓]，开始在当前程序中搜索。

11）编辑 NC 程序（删除、插入、替换操作）

选择 EDIT 模式；选择PROG；输入被编辑的 NC 程序名如“07”，按INSERT即可编辑；移动光标（按PAGE↑/PAGE↓翻页，按↓/↑移动光标或用搜索一个指定的代码的方法移动光标）；输入数据，用鼠标单击数字/字母键，数据被输入到输入域。CAN键用于删除输入域内的数据；自动生成程序段号输入，按OFFSET SET→[SETING]，如图 6-12 所示，在参数页面顺序号中输入“1”，所编程序自动生成程序段号（如：N10…N20…）。

删除、插入、替代：按DELTE键，删除光标所在的代码；按INSERT键，把输入区的内容插入到光标所在代码后面；按ALTER键，把输入区的内容替代光标所在的代码。

12）通过操作面板手工输入 NC 程序

选择 EDIT 模式；按PROG键，再按[DIR]进入程序页面；按7键输入“O7”程序名（输入的程序名不可以与已有程序名重复）；按EOB E→INSERT，开始程序输入按EOB E→INSERT换行后再继续输入。

13）从计算机输入一个程序

NC 程序可在计算机上建文本文件编写，文本文件（*.txt）后缀名必须改为 *.nc 或*.cnc。

选择 EDIT 模式，按PROG键切换到程序页面；新建程序名“Oxxxx”，按INSERT键进入编程页面；按打开计算机目录下的文本文件，程序显示在当前屏幕上。

14）输入零件原点参数

输入零件原点参数步骤如下。

（1）按 OFSET SET 键进入参数设定页面，如图 6-13 所示，按“［坐标系］”。

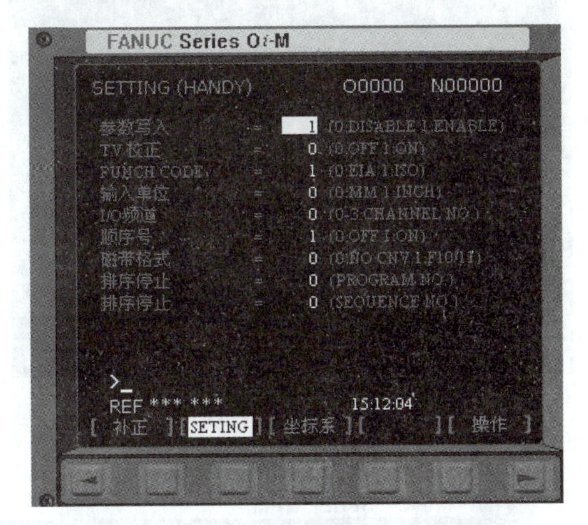

图 6-12　自动生成程序段号

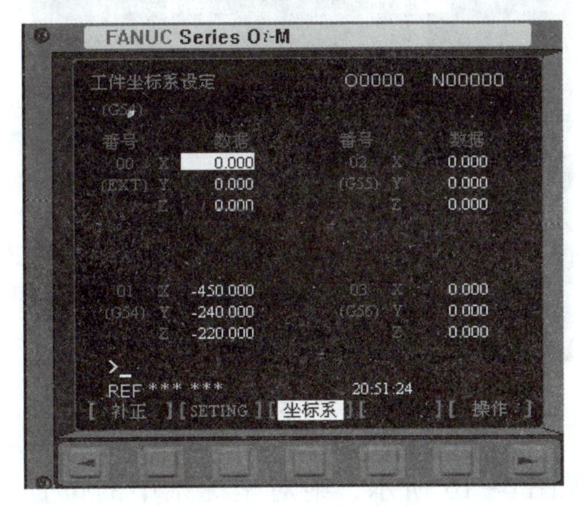

图 6-13　参数设定页面

（2）用 PAGE↓、↑PAGE 或 ↓、↑ 选择坐标系，输入地址字（X/Y/Z）和数值到输入域，方法参考“输入数据”操作。

（3）按 INPUT 键，把输入域中间的内容输入到所指定的位置。

15）输入刀具补偿参数

按 OFSET SET 键进入参数设定页面，如图 6-14 所示，按“［补正］”；用 PAGE↓ 和 ↑PAGE 键选择长度补偿、半径补偿；用 ↓ 和 ↑ 键选择补偿参数编号；输入补偿值到长度补偿 H 或半径补偿 D；按 INPUT 键，把输入的补偿值输入到所指定的位置。

16）位置显示

按 POS 键切换到位置显示页面。用 PAGE↓ 和 ↑PAGE 键或者软键切换。

17）MDI 手动数据输入

选择 MDI 模式；按 PROG 键，再按［MDI］→ EOB E 分程序段号“N10”，输入程序，如 G0X50；按 INSERT 键，“N10G0X50”程序被输入；按程序启动键。

18）镜像功能

按 OFSET SET →［SETING］→ PAGE↓，如图 6-15 所示；在参数页面中 MIRROR IMAGE X、MIRROR IMAGE Y、MIRROR IMAGE Z 分别表示 X 轴、Y 轴和 Z 轴镜像功能；如输入“1”镜像启动。

19）零件坐标系（绝对坐标系）位置

绝对坐标系：显示铣床在当前坐标系中的位置。相对坐标系：显示铣床坐标相对于前一位置的坐标。综合显示：同时显示铣床在以下坐标系中的位置。

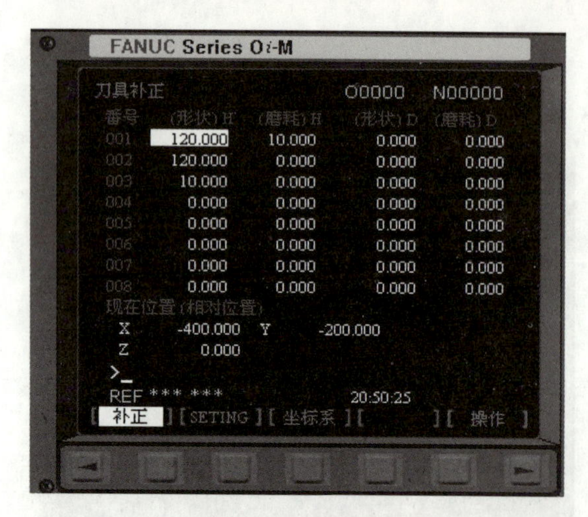

图 6-14 刀具补正页面

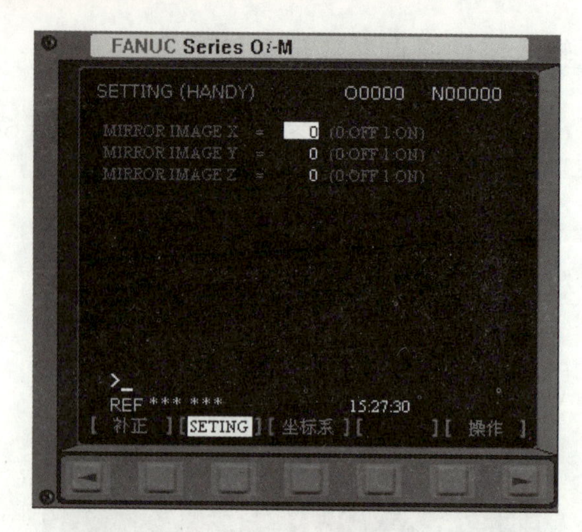

图 6-15 镜像功能

如图 6-16 所示，绝对坐标系中的位置（ABSOLUTE）、相对坐标系中的位置（RELATIVE）、铣床坐标系中的位置（MACHINE）、当前运动指令的剩余移动量（DISTANCE TO GO）。

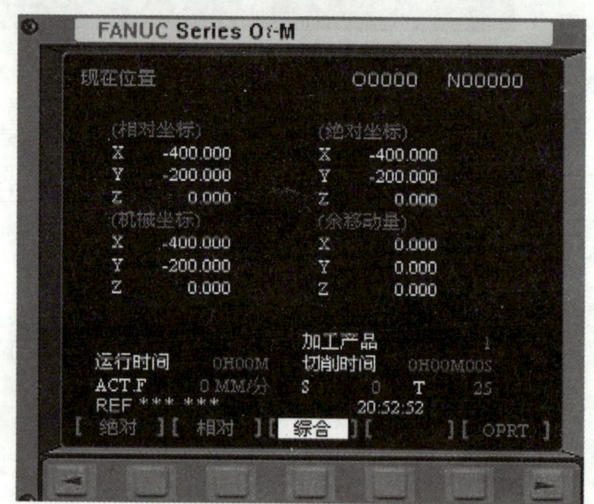

图 6-16 坐标系位置界面

三、数控铣床/加工中心操作流程

1. 开机、关机

1）开机步骤

打开强电开关→检查机床风扇、机床导轨油及气压是否正常→开启机床系统电源→（待机床登录系统后）旋开机床面板急停按钮→机床回参考点操作。

2）关机步骤

关闭机床连接外围设备（计算机）→按下机床面板急停按钮→关闭机床系统电源→关闭机床强电开关。

2. 装夹工件

工件的安装应当根据工件的定位基准的形状和位置合理选择装夹定位方式，选择简单实用但安全可靠的夹具。常用的平口台虎钳如图 6-17 所示。

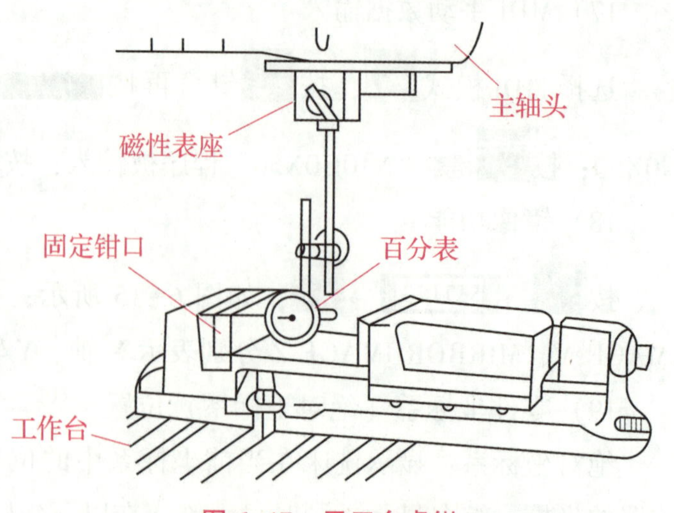

图 6-17 平口台虎钳

3. 安装刀具

刀具的安装如图 6-18 所示，常用的刀柄如图 6-19 所示。

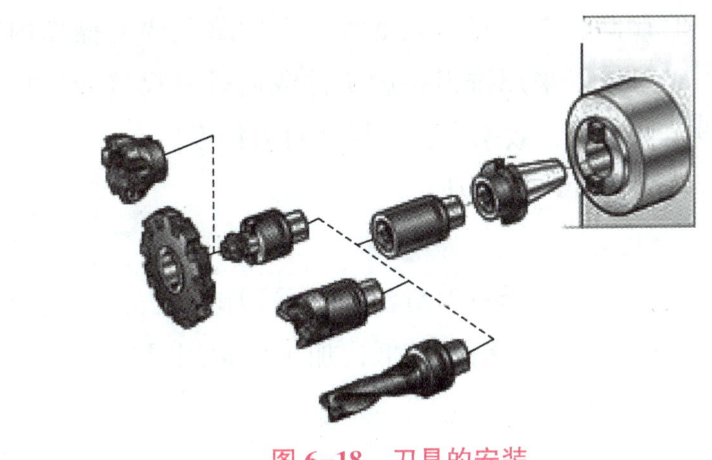

图 6-18　刀具的安装

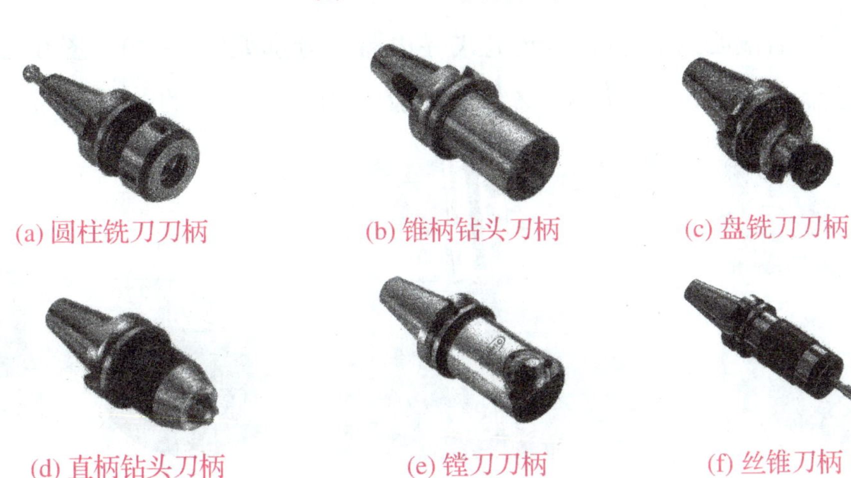

(a) 圆柱铣刀刀柄　(b) 锥柄钻头刀柄　(c) 盘铣刀刀柄

(d) 直柄钻头刀柄　(e) 镗刀刀柄　(f) 丝锥刀柄

图 6-19　常用的刀柄

4. 操作界面功能键

数控铣床/加工中心的工作方式以及铣床面板各操作键与数控仿真加工系统基本相同。应注意：数控铣床/加工中心急停按钮按下后应重新进行回参考点操作。

5. 传输程序

在实际加工过程中，机床与计算机加工程序之间的传输可通过特定的传输或加工软件来实现。

1）软件传输

打开系统传输软件→设置好传输参数→传送（注意：传输软件传输参数必须与铣床上的传输参数一一对应）；按机床“编辑”按钮→按机床“程序”按钮→输入程序名→单击软件“确定”按钮发送→机床开始接收。

2）在线加工

在线加工与一般程序传输方式类似，在线加工更为便捷。首先，选择 DNC 模式，连接的计算机打开发送软件；然后，选取数控文件（记事本文件）后，直接单击“发送”按钮；最后，按下机床“循环启动”按钮，即可执行接收程序，同时进行在线加工零件。

6. 对刀

对刀的目的是通过刀具或对刀工具确定工件坐标系与铣床坐标系之间的空间位置关系，

并将对刀数据输入到相应的存储位置。对刀是数控加工中最重要的操作内容，其准确性将直接影响零件的加工精度。对刀可以采用铣刀接触工件或通过塞尺接触工件，但精度较低。加工中常用寻边器和 Z 向设定器对刀，效率高，能保证对刀精度。

对刀操作分为 X、Y 向对刀和 Z 向对刀。

1）对刀方法

根据现有条件和加工精度要求选择对刀方法，可采用试切法、寻边器对刀、机内对刀仪对刀、自动对刀等。其中，试切法对刀精度较低，加工中常用寻边器和 Z 向设定器对刀，效率高，能保证对刀精度。

2）对刀工具

（1）寻边器，包括偏心式寻边器、光电式寻边器，分别如图 6–20、图 6–21 所示。

（2）Z 轴设定器，如图 6–22 所示。Z 轴设定器与刀具和工件的关系如图 6–23 所示。

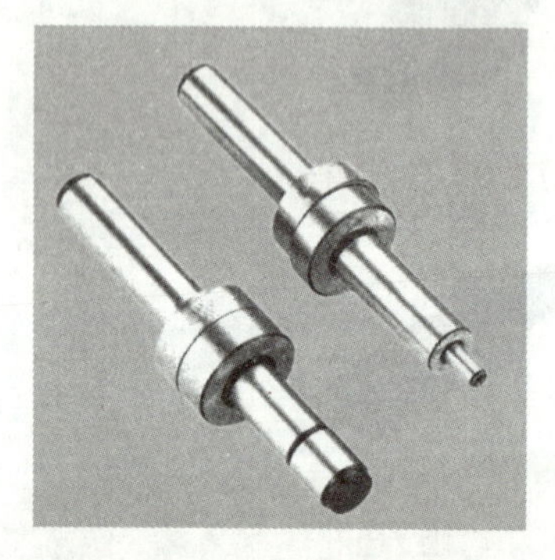

图 6–20　偏心式寻边器

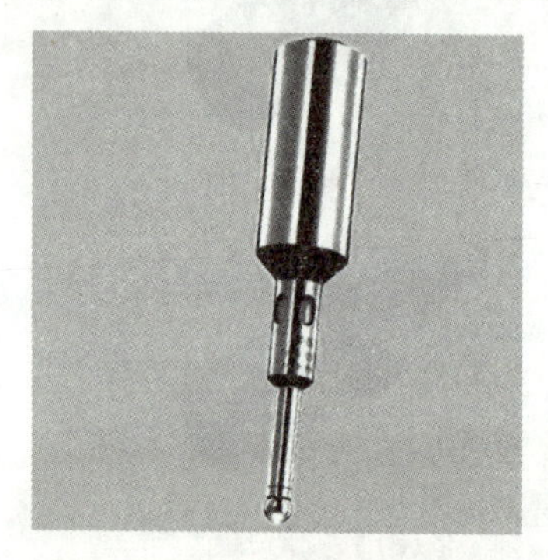

图 6–21　光电式寻边器

图 6–22　Z 轴设定器

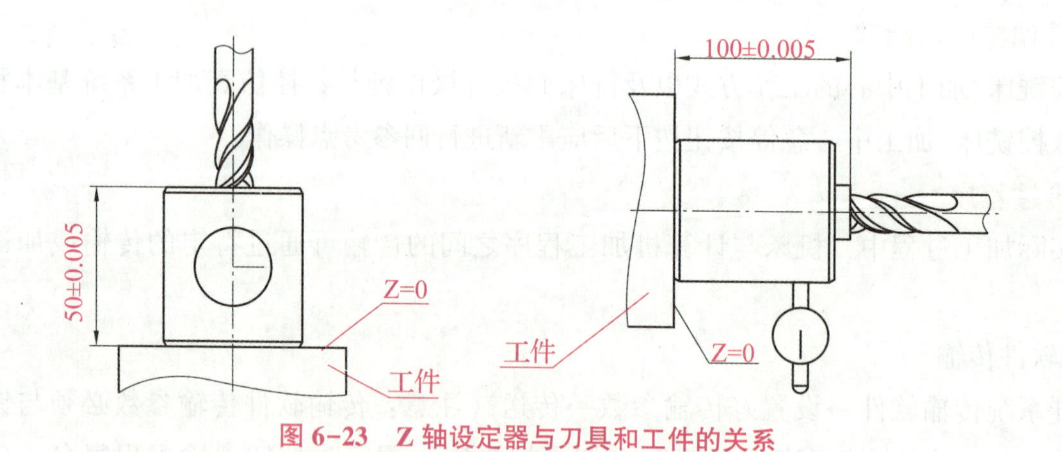

图 6–23　Z 轴设定器与刀具和工件的关系

四、质量控制

1. 测量

当零件粗加工完成后，利用测量量具对粗加工尺寸进行测量，并与粗加工后理论尺寸进行对比，找出两者的差距即为加工过程中刀具的磨损量。

2. 计算

磨耗补正 = 理论加工尺寸 – 实际测得尺寸。

3. 补正

在运行零件精加工程序时，将刀具的磨耗值输入到相应的半径补偿地址中，完成零件的整个加工。工具补正数据设置界面如图 6-24 所示。

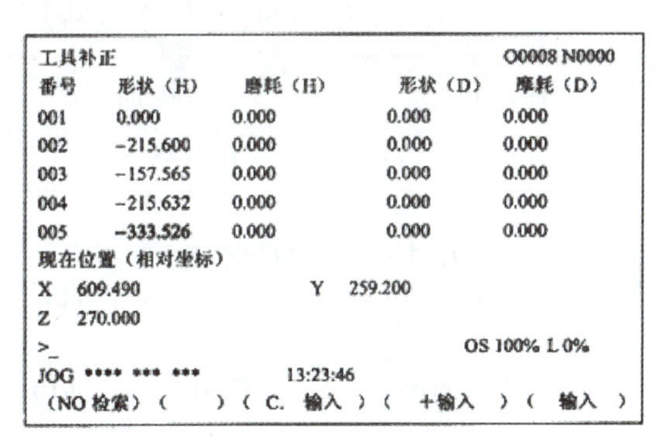

图 6-24　工具补正数据设置界面

6.3 任务实施

一、工艺过程

图 6-1 所示零件加工工艺过程如下。

（1）用已加工过的底面为定位基准，用通用台虎钳夹紧工件左右两侧面，台虎钳固定于铣床工作台上。

（2）工序顺序：

①加工凸台内槽轮廓及底面（粗、精铣）；

②加工外轮廓及底面（粗、精铣）。

本例加工用层切的办法，应用子程序功能，由于内外轮廓相通，同时深度相同，故内槽轮廓与外轮廓在一个子程序完成，但要设计好走刀路线。本例子程序走刀轨迹如图 6-25 所示（1→2→3→4→5→6→7→8→9→10→11→12→13→1），仿真加工结果如图 6-26 所示。

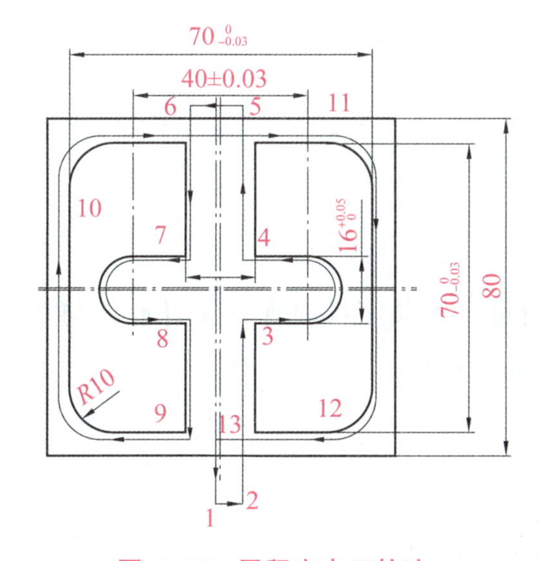

图 6-25　子程序走刀轨迹

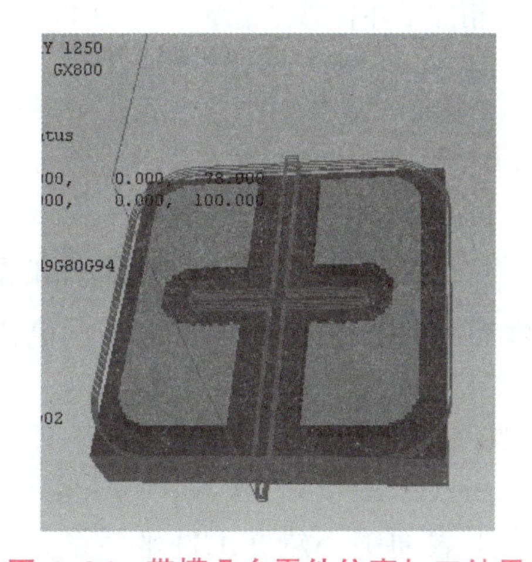

图 6-26　带槽凸台零件仿真加工结果

二、选择刀具与工艺参数

数控加工刀具卡如表 6-6 所示，数控加工工序卡如表 6-7 所示。

表 6-6 数控加工刀具卡

<table>
<tr><td colspan="2">单 位</td><td colspan="2" rowspan="2">数控加工刀具卡片</td><td>产品名称</td><td></td><td>零件图号</td><td></td></tr>
<tr><td colspan="2"></td><td>零件名称</td><td></td><td>程序编号</td><td></td></tr>
<tr><td rowspan="2">序号</td><td rowspan="2">刀具号</td><td rowspan="2">刀具名称</td><td colspan="2">参数</td><td colspan="2">补偿值</td><td rowspan="2">序号</td></tr>
<tr><td>直径</td><td>长度</td><td>半径</td><td>长度</td></tr>
<tr><td>1</td><td>T01</td><td>立铣刀</td><td>$\phi 12$</td><td></td><td>粗 D02 = 12.6
精 D01 = 12</td><td></td><td></td></tr>
<tr><td>2</td><td></td><td></td><td></td><td></td><td></td><td></td><td></td></tr>
<tr><td>3</td><td></td><td></td><td></td><td></td><td></td><td></td><td></td></tr>
</table>

表 6-7 数控加工工序卡

<table>
<tr><td>单 位</td><td colspan="2" rowspan="2">数控加工工序卡片</td><td>产品名称</td><td>零件名称</td><td>材 料</td><td>零件图号</td></tr>
<tr><td></td><td></td><td></td><td></td><td></td></tr>
<tr><td>工序号</td><td>程序编号</td><td>夹具名称</td><td>夹具编号</td><td>设备名称</td><td>编制</td><td>审核</td></tr>
<tr><td></td><td></td><td></td><td></td><td></td><td></td><td></td></tr>
<tr><td>工步号</td><td>工步内容</td><td>刀具号</td><td>刀具规格</td><td>主轴转速 S/ ($r \cdot min^{-1}$)</td><td>进给速度 F/ ($mm \cdot min^{-1}$)</td><td>背吃刀量 a_p/mm</td></tr>
<tr><td>1</td><td>粗加工内槽轮廓</td><td>T01</td><td>$\phi 12$ 立铣刀</td><td>1500</td><td>80</td><td></td></tr>
<tr><td>2</td><td>粗加工外轮廓</td><td>T01</td><td>$\phi 12$ 立铣刀</td><td>1500</td><td>80</td><td></td></tr>
<tr><td>3</td><td>精加工内槽轮廓与底面</td><td>T01</td><td>$\phi 12$ 立铣刀</td><td>2000</td><td>80</td><td></td></tr>
<tr><td>4</td><td>精加工外轮廓与底面</td><td>T01</td><td>$\phi 12$ 立铣刀</td><td>2000</td><td>80</td><td></td></tr>
</table>

三、装夹方案

用平口台虎钳装夹工件，校正工件的表面平行度，安装工件时保证工件底面与垫块接触良好，确保零件加工精度。工件上表面高出钳口 8 mm 左右。

四、编制程序

在工件上表面中心建立工件坐标系，安全高度为 10 mm。

加工程序如下：

```
O2700;                      主程序名
G54 G90 G40 G49 G80 G94;    程序初始化
G00 Z100;                   设置换刀点
```

X0 Y0;	
T01;	调用1号立铣刀
M03 S1500;	启动主轴
G00 X0 Y-50;	快速到下刀位置
Z10;	到安全高度
G01 Z0.1 F40 D02;	切削下刀到粗加工位置（底面留0.1 mm精加工余量），调2号刀补
M98 P42701;	调O2701子程序4次粗加工
G01 Z-3 D01;	到精加工位置，调1号刀补
M03 S2000;	变速准备精加工
M98 P2701;	调O2701子程序1次精加工
G01 Z10 F100;	抬刀
G00 Z100;	Z轴返回换刀点
X0 Y0;	X、Y轴返回换刀点
M05;	主轴停
M30;	程序结束返回
O2701;	子程序名
G91 G01 Z-1 F40;	增量下刀1 mm
G90 G41 G01 X8 F80;	建刀补（1→2）
G01 Y-8;	准备加工内轮廓（2→3）
X20;	（2→3）
G03 Y8 R8;	
G01 X8;	
Y50;	
X-8;	
Y8;	
X-20;	
G03 Y-8R8;	
G01 X-8;	
Y-35;	到达外轮廓加工位置
X-25;	
G02 X-35 Y-25 R10;	
G01 Y25;	
G02 X-25 Y35 R10;	
G01 X25;	
G02 X35 Y25 R10;	
G01 Y-25;	

```
G02 X25 Y-35 R10;
G01 X0;                        外轮廓加工结束（12→13）
G40 G01 Y-50;                  取消刀补（13→1）
M99;                           子程序结束并返回主程序
```

6.4 任务评价

1. 个人知识和技能评价

个人知识和技能评价表如表6-8所示。

表6-8 个人知识和技能评价表

评价项目	项目评价内容	分值	自我评价	小组评价	教师评价	得分
项目理论知识	①编程格式及走刀路线	5				
	②基础知识融会贯通	5				
	③零件图纸分析	5				
	④制订加工工艺	5				
	⑤加工技术文件的编制	5				
项目实操技能	①程序的输入	5				
	②图形模拟	10				
	③刀具、毛坯的装夹及对刀	5				
	④加工工件	5				
	⑤尺寸与粗糙度等的检验	5				
	⑥设备维护和保养	10				
安全文明生产	①正确开、关机床	5				
	②工具、量具的使用及放置	5				
	③机床维护和安全用电	5				
	④卫生保持及机床复位	5				
职业素质培养	①出勤情况	5				
	②车间纪律	5				
	③团队协作精神	5				
合计总分						

2. 小组学习实例评价

小组学习实例评价表如表6-9所示。

表 6–9 小组学习实例评价表

班级：__________ 小组编号：__________ 成绩：__________

评价项目	评价内容及评价分值			学员自评	同学互评	教师评分
分工合作	优秀（12~15 分）	良好（9~11 分）	继续努力（9 分以下）			
	小组成员分工明确，任务分配合理，有小组分工职责明细表	小组成员分工较明确，任务分配较合理，有小组分工职责明细表	小组成员分工不明确，任务分配不合理，无小组分工职责明细表			
获取与项目有关质量、市场、环保等内容的信息	优秀（12~15 分）	良好（9~11 分）	继续努力（9 分以下）			
	能使用适当的搜索引擎从网络等多种渠道获取信息，并合理地选择信息、使用信息	能从网络获取信息，并较合理地选择信息、使用信息	能从网络或其他渠道获取信息，但信息选择不正确，信息使用不恰当			
实操技能操作情况	优秀（16~20 分）	良好（12~15 分）	继续努力（12 分以下）			
	能按技能目标要求规范完成每项实操任务，能正确分析机床可能出现的报警信息，并对显示故障能迅速排除	能按技能目标要求规范完成每项实操任务，但仅能正确分析机床可能出现的部分报警信息，并对显示故障能迅速排除	能按技能目标要求完成每项实操任务，但规范性不够。不能正确分析机床可能出现的报警信息，不能迅速排除显示故障			
基本知识分析讨论	优秀（16~20 分）	良好（12~15 分）	继续努力（12 分以下）			
	讨论热烈，各抒己见，概念准确，原理思路清晰，理解透彻，逻辑性强，并有自己的见解	讨论没有间断，各抒己见分析有理有据，思路基本清晰	讨论能够展开，分析有间断，思路不清晰，理解不够透彻			
成果展示	优秀（24~30 分）	良好（18~23 分）	继续努力（18 分以下）			
	能很好地理解项目的任务要求，成果展示逻辑性强，熟练利用信息平台进行成果展示	能较好地理解项目的任务要求，成果展示逻辑性强，能较熟练利用信息平台进行成果展示	基本理解项目的任务要求，成果展示停留在书面和口头表达，不能熟练利用信息平台进行成果展示			
合计总分						

6.5 职业技能鉴定指导

1. 知识技能复习要点

（1）能读懂中等复杂程度的零件图。

（2）熟悉常用夹具的使用与刀具安装。

（3）能编制数控铣床/加工中心工艺文件。

（4）熟悉数控铣床/加工中心对刀。

（5）熟悉数控编程知识。

（6）熟悉刀具长度补偿、刀具半径补偿等刀具参数的设置。

（7）能编制数控铣床/加工中心程序。

（8）能应用数控仿真软件模拟及操作实际铣床加工零件。

（9）熟悉零件精度检验及测量。

（10）熟悉数控铣床/加工中心维护与保养。

2. 理论复习（模拟试题）

（1）莫氏锥柄一般用于(　　)的场合。

A. 定心要求比较高　　B. 要求能快速换刀

C. 定心要求不高　　D. 要求定心精度高和快速更换的场合

（2）在机床各坐标轴的终端设置有极限开关，由程序设置的极限称为(　　)。

A. 硬极限　　B. 软极限　　C. 安全行程　　D. 极限行程

（3）计算机中现代操作系统的两个基本特征是(　　)和资源共享。

A. 多道程序设计　　B. 中断处理

C. 程序的并发执行　　D. 实现分时与实时处理

（4）手工建立新的程序时，必须最先输入的是(　　)。

A. 程序段号　　B. 刀具号　　C. 程序名　　D. G 代码

（5）铣削方式按铣刀的切削速度方向与工件的相对运动方向不同可分为顺铣和(　　)。

A. 端铣　　B. 周铣　　C. 反铣　　D. 逆铣

（6）加工内轮廓时，通常不选用(　　)类刀具。

A. 立铣刀　　B. 钻头

C. 镗刀　　D. 牛鼻子刀（带 R 立铣刀）

（7）常用于曲面精加工的球头铣刀是(　　)。

A. 多刀片可转位球头刀　　B. 单刀片球头刀

C. 整体式球头刀　　D. 单刀片球头刀和整体式球头刀

(8) 游标卡尺结构中，沿着尺身可移动的部分叫(　　)。

A. 尺框　　B. 尺身　　C. 实例量爪　　D. 尺头

(9) 要求限制的自由度没有限制的定位方式称为过定位。(　　)

(10) 合理划分加工阶段，有利于合理利用设备并提高生产率。(　　)

3. 技能实训（真题）

(见任务 2~任务 5 职业技能鉴定指导)

任务 7

SIEMENS 系统数控铣削加工简介

知识目标

1. 了解 SIEMENS 系统编程特点；
2. 掌握 SIEMENS 系统编程指令（职业技能鉴定点）；
3. 掌握 SIEMENS 系统循环指令应用（职业技能鉴定点）；
4. 掌握制订加工工艺的方法（职业技能鉴定点）；
5. 掌握 SIEMENS 系统数控铣床加工仿真操作步骤。

技能目标

1. 能够分析零件加工工艺（职业技能鉴定点）；
2. 能够完成中等难度零件加工程序编制和调试（职业技能鉴定点）；
3. 会设置刀具补偿（职业技能鉴定点）；
4. 能够在仿真软件中加工零件。

素养目标

1. 培养勤于思考、刻苦钻研、勇于探索的良好作风；
2. 培养尊敬师长、团结友爱、关心集体高尚情操；
3. 培养自学能力，具有独立思考及解决实际问题的能力。

7.1 任务描述——加工凹槽

如图 7-1 所示，加工一个长度为 60 mm，宽度为 40 mm，圆角半径 8 mm，深度为 17.5 mm 的凹槽。由于使用的铣刀不能切削中心，因此要求加工凹槽中心（LCY82）。凹槽边的精加工的余量为 0.75 mm，深度为 0.5 mm，Z 轴上到参考平面的安全间隙为 0.5 mm。凹槽的中心点坐标为 X60Y40，最大进给量为 4 mm，加工分为粗加工和细加工，工件材料为 45 钢。

7.2 相关知识

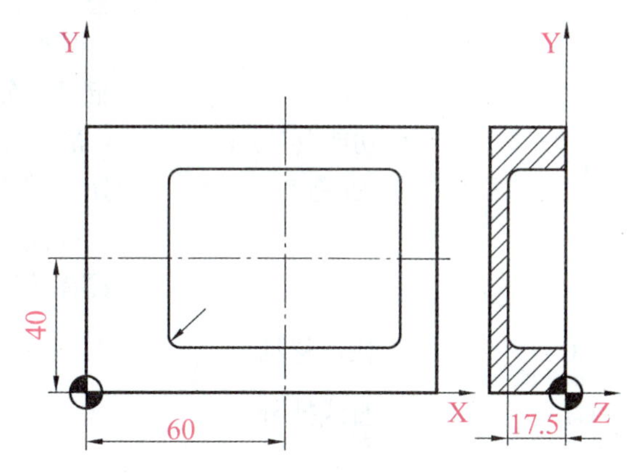

图 7-1　凹槽

一、数控程序结构格式

1. 程序名

每个程序均有一个程序名。在编制程序时可以按以下规则确定程序名：开始的两个符号必须是字母；其后的符号可以是字母、数字或下划线；最多为 8 个字符；不得使用分隔符；格式为 MPF，如 AABBCC12. MPF。

2. 程序结构

NC 程序由若干个程序段组成，每个程序段由若干个字组成，最后一个程序段为 M2（程序结束）。

3. 程序段结构

每一个程序段执行一个加工步骤，一个程序段中含有执行一个工序所需的全部数据。程序段由若干个字和段结束符“LF”（表示程序段结束，不可见）组成，在程序编写过程中进行换行时或按输入键时可以自动产生段结束符。程序段序号之前的“/”表示在运行中可以被跳跃过去的程序段，注释位于程序段最后，表示对程序段进行说明，用“”分开。

二、常用指令表

SIEMENS 系统常用指令表如表 7-1 所示。

表 7-1　SIEMENS 系统常用指令表

地址	含义	说明	编程
D	刀具刀补号	赋值：0~9 整数，不带符号，用于某个刀具 T…的补偿参数：D0 表示补偿值=0，一个刀具最多有 9 个 D 号	D…
F	进给率	赋值：0.001~99 999.999，刀具/工件的进给速度，对应 G94 或 G95，单位分别为 mm/min 或 mm/r	F…
F	停留时间（与 G4 一起可以设置）	赋值：0.001~99 999.999，停留时间，单位：s	G4 F…；单独运行

续表

地址	含义	说明	编程
G	G 功能（准备功能字）	赋值：已事先规定，G 功能按 G 功能组划分，一个程序段中只能有一个 G 功能组中的一个 G 功能指令。G 功能分为模态指令（直到被同组中其他功能替代）和非模态指令（以程序段方式有效）	G…
G0	快速移动	快速移动	G0 X… Y… Z…
G1	直线插补	（插补方式）模态有效	G1 X… Y… Z… F…
G2	顺时针圆弧插补		G2 X… Y… Z… I… K…；圆心和终点 G2 X… Y… CR=… F…；半径和终点
G3	逆时针圆弧插补		G3…；其他同 G2
G5	中间点圆弧插补		G5 X… Y… Z… IX=… JY=… KZ=… F…
G33	恒螺距的螺纹切削		S…M…；主轴转速，方向 G33Z…K…；在 Z 轴方向上带补偿夹具攻丝
G4	暂停时间	特殊运行，程序段方式有效	G4 F…或 G4 S…；自身程序段
G74	回参考点		G74 X… Y… Z…
G75	回固定点		G75 X… Y… Z…；自身程序段有效
G17 *	X/Y 平面	平面选择	G17…；所在平面的垂直轴为刀具长度补偿轴
G18	Z/X 平面	模态有效	
G19	Y/Z 平面	模态有效	
G40 *	刀具半径补偿方式的取消	刀具半径补偿模态有效	
G41	调用刀具半径补偿，刀具在程序左侧移动		
G42	调用刀具半径补偿，刀具在程序右侧移动		
G500	取消可设定零点偏置	可设定零点偏置模态有效	
G53	按程序取消可设定零点偏置	取消可设定零点偏置	

续表

地址	含义	说明	编程
G54	第一工件坐标系偏置		
G55	第二工件坐标系偏置		
G56	第三工件坐标系偏置		
G57	第四工件坐标系偏置		
G64	连续路径方式		
G70	英制尺寸	英制/公制尺寸模态有效	
G71 *	公制尺寸		
G90 *	绝对坐标	绝对坐标/相对坐标模态有效	
G91	相对坐标		
G94 *	进给率 F，单位：mm/min	进给/主轴模态有效	
G95	进给率 F，单位：mm/r		
I	插补参数	赋值：±0.001～99 999，X 轴尺寸，在 G2 和 G3 中为圆心坐标	参见 G2、G3
J	插补参数	赋值：±0.001～99 999，Y 轴尺寸，在 G2 和 G3 中为圆心坐标	参见 G2、G3
K	插补参数	赋值：±0.001～99 999，Z 轴尺寸，在 G2 和 G3 中为圆心坐标	参见 G2、G3
L	子程序名及子程序调用	赋值：7 位十进制整数，无符号。可以选择 L1～L9 999 999；子程序调用需要一个独立的程序段。注意：L0001 不等于 L1	L…；自身程序段
M	辅助功能	赋值：0～99 整数，无符号。用于进行开关操作，如“打开”冷却液，一个程序段中最多有 5 个 M 功能	M…
M0	程序停止	用 M0 停止程序的执行：按“启动”键加工继续执行。	
M1	程序有条件停止	与 M0 一样，但仅在“条件停（M1）有效”功能被软键或接口信号触发后才生效。	
M2	程序结束	在程序的最后一段被写入	
M3	主轴正转		
M4	主轴反转		
M5	主轴停		

续表

地址	含义	说明	编程
M6	更换刀具	在机床数据有效时用 M6 更换刀具，其他情况下直接用 T 指令进行。	
N	副程序段	赋值：0~99 999 999 整数，无符号。与程序段段号一起标识程段，N 位于程序段开头	如 N20
:	主程序段	赋值：0~99 999 999 整数，无符号。指明主程序段，用字符“:”取代副程序段的地址符“N”。主程序段中必须包含其加工所需的全部指令	如 20
P	子程序调用次数	赋值：1~9 999 整数，无符号。在同一程序段中多次调用子程序，如 N10 L871 P3；调用 3 次	如 L781 P …；自身程序段
R0~R249	计算参数	赋值：±0.000 000 1~99 999 999 或带指数±（10^{-300}~10^{300}）。R0 到 R99 可以自由使用，R100 到 R249 作为加工循环中传送参数	
RET	子程序结束	代替 M2 使用，保证路径连续运行	RET；自身程序段
S	主轴转速，在 G4 中表示暂停时间	赋值：0.001~99 999.999，主轴转速单位是 r/min，在 G4 中作为暂停时间	S…
T	刀具号	赋值：1~32 000 整数，无符号。可以用 T 指令直接更换刀具，可由 M6 进行。这可由机床参数设定	T…
X	坐标轴	赋值：±0.001 ~ 99 999.999，位移信息	X…
Y	坐标轴	赋值：±0.001 ~ 99 999.999，位移信息	Y…
Z	坐标轴	赋值：±0.001 ~ 99 999.999，位移信息	Z…
CHF	倒角，一般使用	赋值：0.001~99 999.999，在两个轮廓之间插入给定长度的倒角	N10 X…Y… CHF=N11 X…Y…
CR	圆弧插补半径	赋值：0.001~99 999.999，大于半圆的圆弧带负号“-”在 G2/G3 中确定圆弧	N10 X…Y… CR=N11 X…Y…
IX	中间点坐标	赋值：±0.001~99 999.999，X 轴尺寸，用于中间点圆弧插补 G5	参见 G5

续表

地址	含义	说明	编程
JY	中间点坐标	赋值：±0.001～99 999.999，Y 轴尺寸，用于中间点圆弧插补 G5	参见 G5
KZ	中间点坐标	赋值：±0.001～99 999.999，Z 轴尺寸，用于中间点圆弧插补 G5	参见 G5
LCYC…	加工循环	赋值：仅为给定值，调用加工循环时要求一个独立的程序段；事先给定的参数必须赋值	
LCYC82	钻削，端面锪孔	R101：返回平面（绝对） R102：安全距离 R103：参考平面（绝对） R104：最后钻深（绝对） R105：在此钻削深度停留时间	N10 R101=… R102=… N20 LCYC82；自身程序段
LCYC83	深孔钻削	R101：返回平面（绝对） R102：安全距离 R103：参考平面（绝对） R104：最后钻深（绝对） R105：在此钻削深度停留时间 R107：钻削进给率 R108：首钻进给率 R109：在起始点和排屑时停留时间 R110：首钻深度（绝对） R111：递减量 R127：加工方式，断屑=0，退刀排屑=1	N10 R101 = … R102 = … N20 LCYC83；自身程序段
LCYC840	带补偿夹具切削内螺纹	R101：返回平面（绝对） R102：安全距离 R103：参考平面（绝对） R104：最后钻深（绝对） R106：螺纹导程值 R126：攻螺纹时主轴旋转方向	N10 R101 = … R102 = … N20 LCYC840；自身程序段
LCYC84	不带补偿夹具切削内螺纹	R101：返回平面（绝对） R102：安全距离 R103：参考平面（绝对） R104：最后钻深（绝对） R105：在螺纹终点处的停留时间 R106：螺纹导程值 R112：攻螺纹速度 R113：退刀速度	N10 R101 = … R102 = … N20 LCYC84；自身程序段

续表

地址	含义	说明	编程
LCYC85	镗孔 1	R101：返回平面（绝对） R102：安全距离 R103：参考平面（绝对） R104：最后钻深 R105：停留时间 R107：钻削进给率 R108：退刀时进给率	N10 R101=…R102=… N20 LCYC84；自身程序段
LCYC60	线性孔排列	R115：钻孔或攻丝循环号值：82，83，84，840，85（相应于 LCYC…） R116：横坐标参考点 R117：纵坐标参考点 R118：第一孔到参考点的距离 R119：孔数 R120：平面中孔排列直线的角度 R121：孔间距离	N10 R115=… R116=… N20 LCYC60；自身程序段
LCYC75	铣凹槽和键槽	R101：返回平面（绝对） R102：安全距离 R103：参考平面（绝对） R104：凹槽深度（绝对） R116：凹槽圆心横坐标 R117：凹槽圆心纵坐标 R118：凹槽长度 R119：凹槽宽度 R120：拐角半径 R121：最大进刀深度 R122：深度进刀进给率 R123：表面加工的进给率 R124：平面加工的精加工余量 R125：深度加工的精加工余量 R126：铣削方向值，2 用于 G2，3 用于 G3 R127：铣削类型值，1 用于粗加工，2 用于精加工	N10 R101=… R102=… N20 LCYC75；自身程序段
GOTOB	向后跳转指令	与跳转标志符一起，表示跳转到所标志的程序段，跳转方向向前	N20 GOTOB MARKE 1
GOTOF	向前跳转指令	与跳转标志符一起，表示跳转到所标志的程序段，跳转方向向后	N20 GOTOF MARKE 2
RND	圆角	赋值：0.010~999.999，在两个轮廓之间以给定的半径插入过渡圆弧	N10 X… Y… RND=… N11 X… Y…

续表

地址	含义	说明	编程
SPOS	主轴定位	赋值：0.000～359.999 9，单位是度，主轴在给定位置停止（主轴必须作相应的设计）	SPOS=…

注：带 * 的功能在程序启动时生效（如果没有设置新的内容，指用于“铣削”时的系统变量）。

三、基本编程指令

1. G0——快速移动

编程格式：G00 X_ Y_ Z_;

功能：用于快速定位刀具，G0 为模态指令。

2. G1——线性插补

编程格式：G01 X_ Y_ Z_ F_;

功能：刀具以直线从起始点移动到目标位置，以地址 F 下编程的进给速度运行，G1 为模态指令。

3. G2/G3——圆弧插补

G2——顺时针方向；G3——逆时针方向。

编程格式：G2/G3 X_ Y_ I_ J_;　　圆心和终点

G2/G3 CR=_ X_ Y_;　　半径和终点

G2/G3 AR=_ I_ J_;　　张角和圆心

G2/G3 AR=_ X_ Y_;　　张角和终点

功能：刀具沿圆弧轮廓从起始点运行到终点。运行方向由 G 功能定义。

特别提示

只有用圆心和终点定义的程序段才可以编程整圆。在用半径定义的圆弧中，CR=…的符号用于选择正确的圆弧。使用同样的起始点、终点、半径和相同的方向，可以编程两个不同的圆弧。CR=-…中的负号说明圆弧段大于半圆；否则，圆弧段小于或等于半圆，如图 7-2 所示。

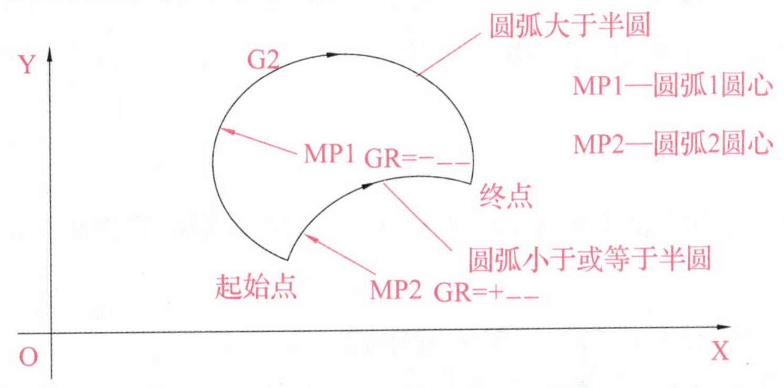

图 7-2　使用 CR=的符号选择正确的圆弧

【实例 7-1】终点和张角的定义、圆心和张角的定义编程

（1）终点和张角的定义编程如图 7-3 所示，程序如下：

N5 G90 X30 Y40 N10;　　　　圆弧的起始点

N10 G2 X50 Y40 AR=105;　　　　终点和张角

（2）圆心和张角的定义编程如图 7-4 所示，程序如下：

N5 G90 X30 Y40 N10;　　　　圆弧的起始点

N10 G2 I10 J-7 AR=105;　　　　圆心和张角

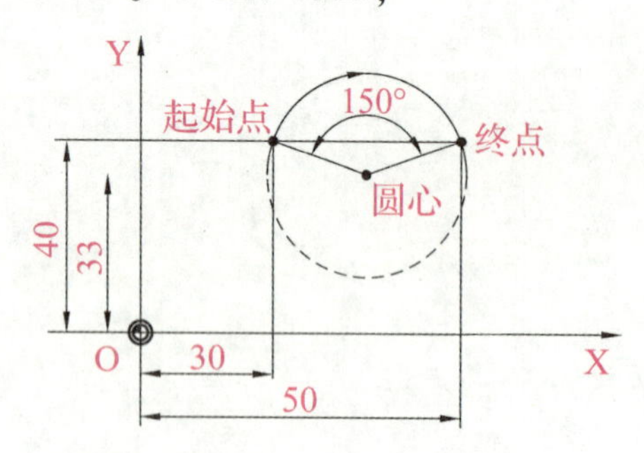

图 7-3　终点和张角的定义编程

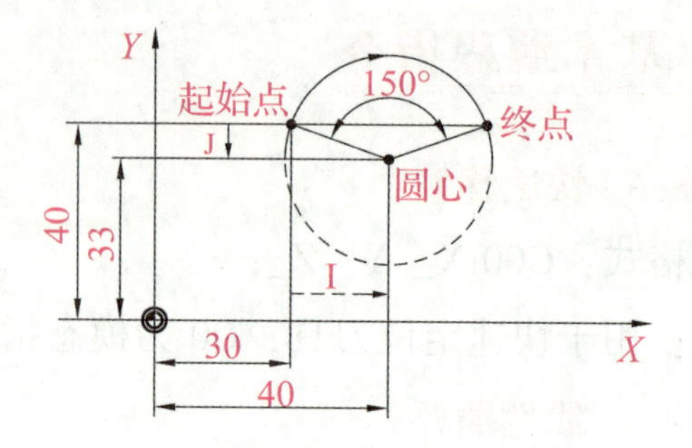

图 7-4　圆心和张角的定义编程

4. G5——通过中间点进行圆弧插补

编程格式：G5 X_ Y_ IX=_ JY=_ F_;

式中：X、Y——终点坐标；

IX、JY——中间点坐标。

功能：如果不知道圆弧的圆心、半径或张角，但已知圆弧轮廓上 3 个点的坐标，则可以使用 G5 功能。通过起始点和终点之间的中间点位置确定圆弧的方向。G5 为模态指令。G90 或 G91 指令对终点和中间点有效。

例如：

N5 G90 X30 Y40;　　　　圆弧起始点坐标（X30 Y40）

N10 G5 X50 Y40 IX=40 JY=45;　　终点坐标（X50 Y40）和中间点坐标（IX=40 JY=45）

5. G54~G59，G500，G53，G153——可设定的零点偏置

G54~G59——第一可设定零点偏置~第六可设定零点偏置；G500——取消可设定零点偏置，模态有效；G53/G153——取消可设定零点偏置，程序段方式有效。

功能：可设定的零点偏置给出工件零点在机床坐标系中的位置。当工件装夹到机床上后求出偏移量，并通过操作面板输入到规定的数据区。程序可以通过选择相应的 G 功能 G54~G59 调用。

6. G17~G19——平面选择

功能：确定一个两坐标轴的坐标平面。G17/G18/G19 分别确定 XY 坐标平面/XZ 坐标平面/YZ 坐标平面。

7. G90/G91、AC/IC——绝对和增量位置数据

G90——绝对尺寸；G91——增量尺寸；AC——绝对尺寸；IC——相对尺寸。

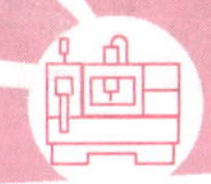

编程格式：X=AC（…）；　　某轴以绝对尺寸输入，程序段方式

X=IC（…）；　　某轴以相对尺寸输入，程序段方式

功能：G90 和 G91 指令分别对应着绝对位置数据输入和增量位置数据输入。其中，G90 表示坐标系中目标点的坐标尺寸，G91 表示待运行的位移量。也可以在程序段中通过 AC/IC 以绝对尺寸/相对尺寸方式进行设定。

编程举例：

```
N10 G90 X20 Z90;              绝对尺寸
N20 X75 Z=IC (-32);           X 仍然是绝对尺寸，Z 是增量尺寸
 ⋮
N180 G91 X40 Z20;             转换为增量尺寸
N190 X-12 Z=AC (17);          X 仍然是增量尺寸，Z 是绝对尺寸
```

8. G40/G41/G42——刀具半径补偿

编程格式：G41 G00/G01 X_ Y_；　　刀具在工件轮廓左边（沿着进给方向）刀补有效

G42 G00/G01 X_ Y_；　　刀具在工件轮廓右边（沿着进给方向）刀补有效

G40 G00/G01 X_ Y_；　　取消刀尖半径补偿

功能：刀具在所选择的平面 G17 到 G19 平面中带刀具半径补偿工作。刀具必须有相应的 D 号才能有效。刀尖半径补偿通过 G41/G42 生效。控制器自动计算出当前刀具运行所产生的与编程轮廓等距离的刀具轨迹。

9. G74——回参考点

功能：用 G74 指令实现 NC 程序中回参考点功能，每个轴的方向和速度存储在机床数据中。G74 需要一独立程序段，并按程序段方式有效。

10. G70/G71——英制尺寸/公制尺寸

G70——英制尺寸；G71——公制尺寸。

功能：英制或公制转换。

11. G9/G60/G64——准确定位/连续路径加工

G9——准确定位、模态有效；G60——准确定位、模态有效；G64——连续路径加工；G601——精准确定位窗口；G602——粗准确定位窗口。

功能：针对程序段转换时不同的性能要求，802S/c 提供一组 G 功能用于进行最佳匹配的选择。例如，有时要求坐标轴快速定位，有时要求按轮廓编程对几个程序段进行连续路径加工。

特别提示

①G60 或 G9 功能生效时，当到达定位精度后，移动轴的进给速度减小到 0，指令 G9 仅对自身程序段有效，而 G60 准确定位一直有效，直到被 G64 取代为止。

②如果一个程序段的轴位移结束并开始执行下一个程序段，则可以设定下一个模态有效的 G 功能。G601 精准确定位窗口：当所有的坐标轴都到达“精准确定位窗口”（机床数据中设定值）后，开始进行程序段转换。

G602 粗准确定位窗口：当所有的坐标轴都到达“粗准确定位窗口”（机床数据中设定值）后，开始进行程序段转换。

在执行多次定位过程时，“准确定位窗口”如何选择将对加工运行总时间影响很大。精确调整需要较多时间。

编程应用如下：

N5 G602;	粗准确定位窗口
N10 G0 G60 X…;	准确定位，模态方式
N20 X… Y…;	G60 继续有效
⋮	
N50 G1 G601 …;	精准确定位窗口
N80 G64 X…;	转换到连续路径方式
⋮	
N100 G0 G9 X…;	准确定位，单程序段有效
N111 …;	仍为连续路径方式

③连续路径加工 G64

连续路径加工方式的目的就是在一个程序段到下一个程序段 G64 转换过程中避免进给停顿，使其尽可能以相同的轨迹速度（切线过渡）转换到下一个程序段，并以可预见的速度过渡执行下一个程序段的功能。在有拐角的轨迹过渡时（非切线过渡）有时必须降低速度，从而保证程序段转换时不发生突然变化，或者加速度的改变受到限制（如果 SOFT 有效）。

N10 G64 G1 X… F…;	连续路径加工
N20 Y…;	继续
⋮	
N180 G60…;	转换到准确定位

12. G25/G26——主轴转速极限

编程格式：G25 S_;　　　　主轴转速下限，单位 r/min

　　　　　G26 S_;　　　　主轴转速上限，单位 r/min

功能：通过在程序中写入 G25 或 G26 指令和地址 S 下的转速，可以限制特定情况下主轴的极限值范围。与此同时，原来设定数据中的数据被覆盖。G25 或 G26 指令均要求一独立的程序段。原先设置的转速 S 保持存储状态，主轴转速的最高极限值在机床参数中设定。通过面

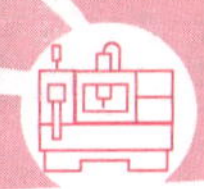

板操作可以激活用于其他极限情况的设定参数。

13. M 代码

M0——程序停止，用 M0 停止程序的执行，按“启动”键加工继续执行；M1——程序有条件停止，与 M0 一样，但仅在出现专门信号后才生效；M2——程序结束；M3——主轴顺时针旋转；M4——主轴逆时针旋转；M5——主轴停；M8——冷却开；M9——冷却关。

14. T——刀具

编程格式：T_；刀具号 1~32。T0——没有刀具。

功能：选择刀具。

15. D——刀具补偿号

编程格式：D_；刀具补偿号 1~9。D0——没有补偿值有效。

功能：指定刀具补偿值。

16. S——主轴转速

编程格式：M3 S_;　　　　主轴正转

M4 S_;　　　　主轴反转

M5;　　　　主轴停止

功能：当机床具有受控主轴时，主轴的转速可以编程在地址 S 下，单位：r/min。旋转方向和主轴运动起始点和终点通过 M 指令规定。

四、SIEMENS 系统铣削加工循环指令

1. LCYC82——钻削/沉孔加工

调用格式：LCYC82;

功能：刀具以编程的主轴转速和进给速度钻孔，到达最后钻深后，可实现孔底停留，退刀时以快速退刀。

参数说明如表 7-2 所示。

表 7-2　LCYC82 参数说明

参数	含义	说明
R101	返回平面（绝对坐标）	返回平面确定循环结束之后钻削轴的抬刀位置
R102	安全高度（无正负号）	安全高度为相对参考平面刀具的抬刀安全距离，其方向由循环自动确定
R103	参考平面（绝对坐标）	参考平面就是图纸中所标明的钻削起始点所在的平面
R104	最后钻深（绝对坐标）	确定钻削深度，它取决于工件零点
R105	在最后钻削深度停留时间	在最后钻削深度停留时间（s）

特别提示

①循环开始之前的位置是调用程序中最后所回的钻削位置。

②循环的时序过程：用G0回到参考平面加安全距离处→按照调用程序中设置的进给率以G1进行钻削，直至最终钻削深度→执行此深度停留时间→以G0退刀，回到返回平面。

【实例7-2】使用LCYC82循环加工孔

1. 任务描述

使用LCYC82循环，程序在XY平面X24Y15位置加工深度为27 mm的孔，在孔底停留2 s，钻孔坐标轴方向安全距离为4 mm。循环结束后刀具处于X24 Y15 Z110。

2. 编写程序

程序如下：

N10 G0 G17 G90 M3 S500 F500 T2 D1;	规定参数值
N20 X24 Y15;	回到钻孔位
N30 R101=110 R102=4 R103=102 R104=75;	设定参数
N35 R105=2;	设定参数
N40 LCYC82;	调用循环
N50 M2;	程序结束

2. LCYC60——线性孔排列钻削

调用格式：LCYC60;

功能：用此循环加工线性排列的钻孔或螺纹孔，钻孔及螺纹孔的类型由一个参数确定。加工线性排列孔如图7-5所示，孔加工循环类型用参数R115指定。LCY60参数的使用如图7-6所示，参数说明如表7-3所示。

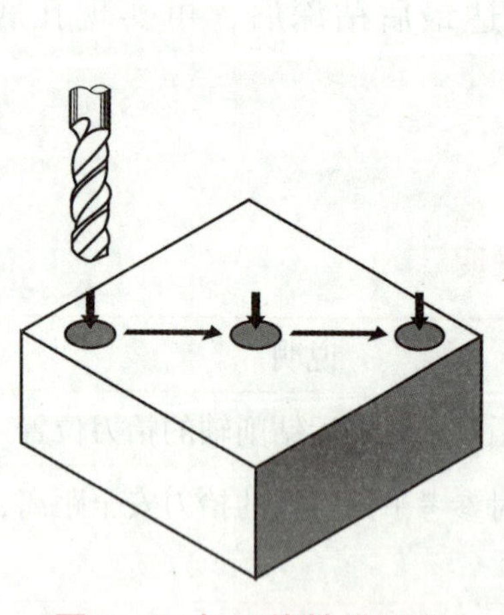

图7-5　加工线性排列孔

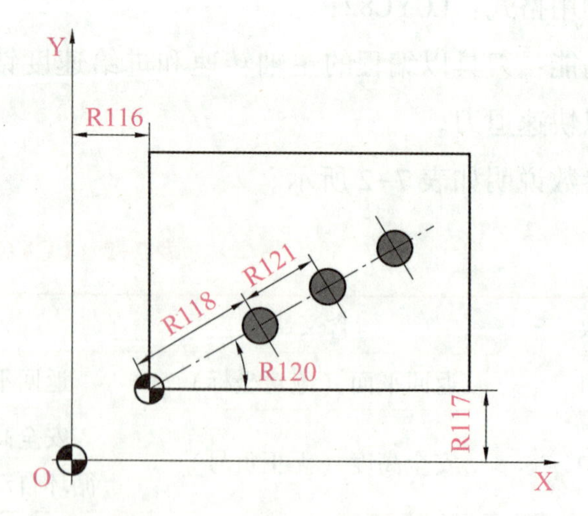

图7-6　LCYC60参数的使用

表 7-3　LCYC60 参数说明

参数	含义	说明
R115	钻孔或攻螺纹循环号数值：82（LCYC82），83（LCYC83），84（LCYC84）840（LCYC840），85（LCYC85）	选择待加工的钻孔、攻螺纹所需调用的钻孔循环号、攻螺纹循环号
R116	横坐标参考点	在孔排列直线上确定一个点作为参考点，用来确定两个孔之间的距离。从该点出发，定义到第一个钻孔的距离（R118）
R117	纵坐标参考点	
R118	第一孔到参考点的距离	确定第一个钻孔到参考点的距离
R119	孔数	确定孔的个数
R120	平面中孔排列直线的角度	确定直线与横坐标之间的角度
R121	孔间距离	确定两个孔之间的距离

特别提示

时序过程：出发点位置任意，但需保证从该位置出发可以无碰撞地回到第一个钻孔位。循环执行时首先回到第一个钻孔位，并按照 R115 参数所确定的循环加工孔，然后快速回到其他钻削位，按照所设定的参数进行下面的加工过程。

3. LCYC61——圆弧孔排列

调用格式：LCYC61；

功能：用此循环可以加工圆弧状排列的孔和螺纹，参数说明如表 7-4 所示。

表 7-4　LCY61 参数说明

参数	含义	说明
R115	钻孔或攻螺纹循环号数值：82（LCYC82），83（LCYC83），84（LCYC84）840（LCYC840），85（LCYC85）	参见 LCYC60
R116	圆弧圆心横坐标（绝对值）	加工平面中圆弧孔位置通过圆心坐标（参数 R116/R117）和半径（R118）定义。在此，半径值只能为正
R117	圆弧圆心纵坐标（绝对值）	
R118	圆弧半径	
R119	孔数	参见 LCYC60

续表

参数	含义	说明
R120	起始角，数值范围：-180°<R120<180°	这些参数确定圆弧上钻孔的排列位置，其中参数R120给出横坐标正方向与第一个钻孔之间的夹角，R121规定孔与孔之间的夹角。如果R121＝0，则在循环内部将这些孔均匀地分布在圆弧上，从而根据钻孔数计算出孔与孔之间的夹角。
R121	角度增量	

特别提示

时序过程：位置任意，但需保证从该位置出发可以无碰撞地回到第一个钻孔位。循环执行时首先回到第一个钻孔位，并按R115参数所确定的循环加工孔，然后快速回到其他钻削位，按照所设定的参数进行下面的加工过程。

【实例7-3】使用循环LCYC82加工孔

1. 任务描述

使用循环LCYC82加工4个深度为30 mm的孔。圆通过XY平面上圆心坐标X70Y60和半径42 mm确定，起始角为33°，Z轴上安全距离为2 mm，主轴转速和方向以及进给率在调用循环中确定。

2. 编写程序

程序如下：

```
N10 G0 G17 G90 F500 S400 M3 T3 D1;                  确定工艺参数
N20 X50 Y45 Z5;                                     回到出发点
N30 R101=5 R102=2 R103=0 R104=-30 R105=1;           定义钻削循环参数
N40 R115=82 R116=70 R117=60 R118=42 R119=4;         定义圆弧孔排列循环
N50 R120=33 R121=0;                                 定义圆弧孔排列循环
N60 LCYC61;                                         调用圆弧孔循环
N70 M2;                                             程序结束
```

4. LCYC83——深孔钻削

调用格式：LCYC83；

功能：深孔钻削循环加工深孔，通过分步钻入达到最后的钻深，钻深的最大值事先规定。钻削可以在每步到钻深后，通过提出钻头到其参考平面加安全距离处达到排屑目的；也可以每次上提1 mm以便断屑。

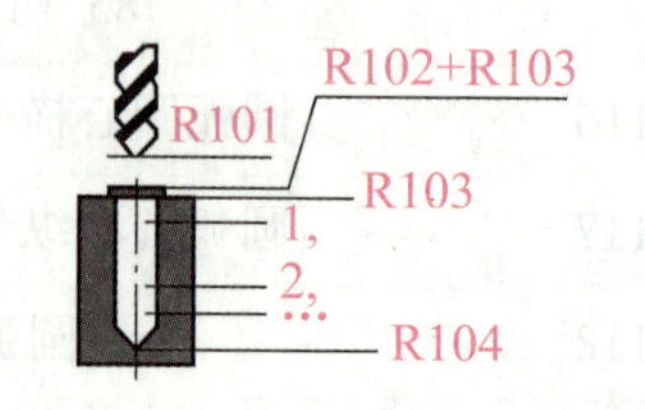

图7-7 LCYC83参数的使用

LCYC83参数的使用如图7-7所示，参数说明如表7-5所示。

表 7-5 LCYC83 参数说明

参数	含义	说明
R101	返回平面（绝对坐标）	返回，平面确定循环结束后抬刀位置，用于移动到下一个位置继续进行钻孔
R102	安全距离，无符号	安全距离只是对参考平面而言的，循环可以自动确定安全距离的方向
R103	参考平面（绝对坐标）	参考平面就是图纸中所标明的钻削起始点，通常设为 Z 轴坐标零点
R104	最后钻深（绝对坐标）	最后钻深以绝对值设置，与循环调用之前的状态 G90 或 G91 无关
R105	在钻削深度停留时间（断屑）	设置此深度处的停留时间（s）
R107	钻削进给率	通过这两个参数设置第一次钻深及其后钻削的进给率
R108	首钻进给率	
R109	在起始点和排屑时停留时间	可以设置起始点停留时间。只有在“排屑”方式下才执行在起始点处的停留时间
R110	首钻深度（绝对坐标）	确定第一次钻削行程的深度
R111	递减量，无符号	确定每刀切削量的大小，从而保证以后的钻削量小于当前的钻削量。第二次钻削量如果大于所设置的递减量，则第二次钻削量应等于第一次钻削量减去递减量；否则，第二次钻削量就等于递减量。当最后的剩余量大于两倍的递减量时，则在此之前的最后钻削量应等于递减量，所剩下的最后剩余量平分为最终两次钻削行程。如果第一次钻削量的值与总的钻削深度量相矛盾，则显示报警号 61107“第一次钻深错误定义”，从而不执行循环
R127	加工方式：断屑 =0 排屑 =1	值 0：钻头在到达每次钻削深度后上提 1 mm 空转，用于断屑。 值 1：每次钻深后钻头返回到参考平面加安全距离，以便排屑

特别提示

①必须在调用程序中规定主轴转速和方向。在调用循环之前钻头必须已经处于钻削开始位置。在调用循环之前必须选取钻头的刀具补偿值。循环开始之前的位置是调用程序中最后所回的钻削位置。

②循环的时序过程：用 G0 回到参考平面加安全距离处→用 G1 执行第一次钻深，进给率是调用循环之前所设置的进给率，执行钻深停留时间。

在断屑时：用 G1 按调用程序中所设置的进给率从当前钻深上提 1 mm，以便断屑。

在排屑时：用 G0 返回到参考平面加安全距离处，以便排屑，执行起始点停留时间（参数 R109），然后用 G0 返回上次钻深，但留出一个前置量（此量的大小由循环内部计算所得）→

用 G1 按所设置的进给率执行下一次钻深切削，重复此过程，直到最终钻削深度→用 G0 返回到返回平面。

【实例 7-4】线性钻孔

1. 任务描述

完成图 7-8 所示线性钻孔程序编写。

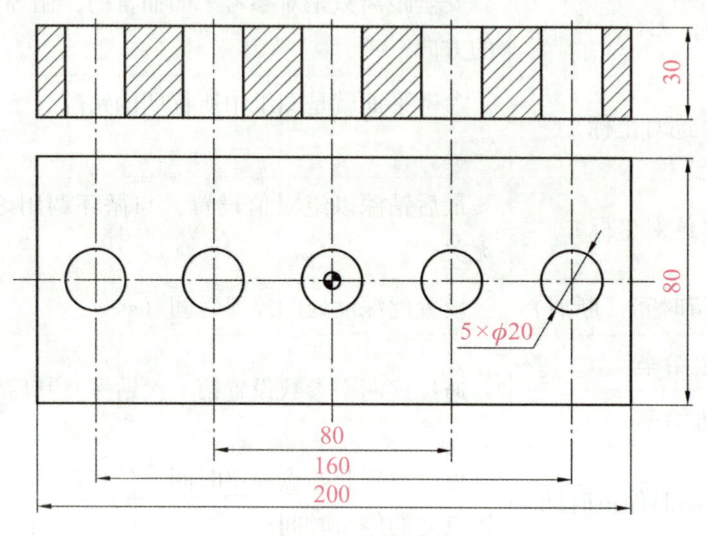

图 7-8 线性钻孔

2. 编写程序

程序如下：

```
XCXXK04. MPF
G54 G90 G0;                                        工件坐标系选择
T1D1;                                              刀具长度补偿
Z50;
M3 S600;
M8;
X-80 Y0;
R101=50 R102=10 R103=0  R104=-36;                  定义钻孔循环参数
R105=0  R107=200  R108=100 R109=0;
R110=-5 R111=2     R127=0;
LCYC83;                                            呼叫钻孔循环
R115=83  R116=0 R117=0 R118=-80;                   定义线性孔排列参数
R119=5 R120=0    R121=40;
LCYC60;                                            线性孔排列钻孔循环
G0 Z50;
M5;
M9;
M2;
```

3. LCYC84——不带补偿夹具螺纹切削

调用格式：LCYC84；

功能：刀具以设置的主轴转速和方向钻削，直至给定的螺纹深度。与 LCYC840 相比，此循环运行更快更精确。尽管如此，加工时仍应使用补偿夹具。钻削轴的进给率由主轴转速导出。在循环中旋转方向自动转换，退刀可以另一个速度进行。

参数说明如表 7-6 所示。

表 7-6　LCYC84 参数说明

参数	含义	说明
R101	返回平面（绝对坐标）	参见 LCYC82
R102	安全距离	
R103	参考平面（绝对坐标）	
R104	最后钻深（绝对坐标）	
R105	在螺纹终点处的停留时间	
R106	螺纹导程，范围：0.001～2000.000 mm，-0.001～-2000.000 mm	用此数值设定螺纹间的距离，数值前的符号表示加工螺纹时主轴的旋转方向。正号表示右转（同 M3），负号表示左转（同 M4）
R112	攻螺纹速度	规定攻螺纹时的主轴转速
R113	退刀速度	在此参数下可以设置退刀时的主轴转速。如果此值设为 0，则刀具以 R112 下所设置的主轴转速退刀

特别提示

①循环开始之前的位置是调用程序中最后所回的钻削位置。

②循环的时序过程：用 G0 回到参考平面加安全距离处→在 0°时主轴停止，主轴转换为坐标轴运行→用 G331 和 R112 下设置的转速加工螺纹，旋转方向由螺距（R106）的符号可以确定→用 G332 指令和 R113 下设置的转速退刀至参考平面处→用 G0 退回到返回平面，取消主轴坐标轴运行。

【实例 7-5】不带补偿夹具螺纹切削

任务描述：在 XY 平面 X30Y35 处进行不带补偿夹具的攻丝，钻削轴为 Z 轴。没有设置停留时间。负螺距编程，即主轴左转。

程序如下：

```
N10 G0 G90 G17 T4 D4;                               规定一些参数值
N20 X30 Y35 Z40;                                    回到钻孔位
N30 R101=40 R102=2 R103=36 R104=6 R105=0;           设定参数
N40 R106=-0.5 R112=100 R113=500;                    设定参数
```

```
N50 LCYC84;                                  调用循环
N60 M2;                                      程序结束
```

6. LCYC85——镗孔

调用格式：LCYC85；

功能：刀具以给定的主轴转速和进给速度镗孔，直至最终深度。如果到达最终深度，可以设置一个停留时间。进刀及退刀运行分别按照相应参数下设置的进给率进行。

参数说明如表 7-7 所示。

表 7-7　LCYC85 参数说明

参数	含义	说明
R101	返回平面（绝对坐标）	参见 LCYC82
R102	安全距离	
R103	参考平面（绝对坐标）	
R104	最后钻深（绝对值）	
R105	在此钻削深度处的停留时间	
R107	钻削进给率	确定镗孔时的进给率大小
R108	退刀时进给率	确定退刀时的进给率大小

特别提示

①循环开始之前的位置是调用程序中最后所回的镗孔位置。

②循环的时序过程：用 G0 回到参考平面加安全距离处→用 G1 以 R107 参数设置的进给率加工到最终镗孔深度→执行最终深度的停留时间→用 G1 以 R107 参数设置的退刀进给率返回到参考平面加安全距离处。

【实例 7-6】镗孔

任务描述：在 ZX 平面 Z70 X50 处调用循环 LCYC85，Y 轴为镗孔轴。没有设置停留时间。

程序如下：

```
N10 G0 G90 G18 F1000 S500 M3 T1 D1;          规定一些参数值
N20 Z70 X50 Y105;                            回到钻孔位
N30 R101=105 R102=2 R103=102 R104=77;        设定参数
N35 R105=0 R107=200 R108=400;                设定参数
N40 LCYC85;                                  调用循环
N50 M2;                                      程序结束
```

7. LCYC75——矩形槽/键槽和圆形凹槽铣削循环

调用格式：LCYC75；

功能：利用此循环，通过设定相应的参数可以铣削一个与轴平行的矩形槽、键槽或者一个圆形凹槽。铣削循环加工分为粗加工和精加工，铣削循环如图 7-9 所示。通过参数设定凹槽长度=凹槽宽度=两倍的圆角半径，可以铣削一个直径为凹槽长度或凹槽宽度的圆形凹槽。如果凹槽长度=两倍凹槽宽度=两倍的圆角半径，则可以铣削一个键槽。加工时总是在第 3 轴方向从中心处开始进刀，这样在有导向孔的情况下就可以使用不能切中心孔的铣刀。LCYC75 参数的使用如图 7-10 所示，参数说明如表 7-8 所示。

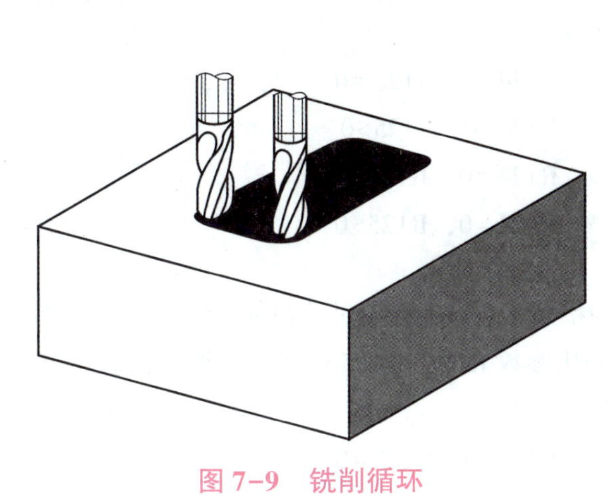

图 7-9 铣削循环

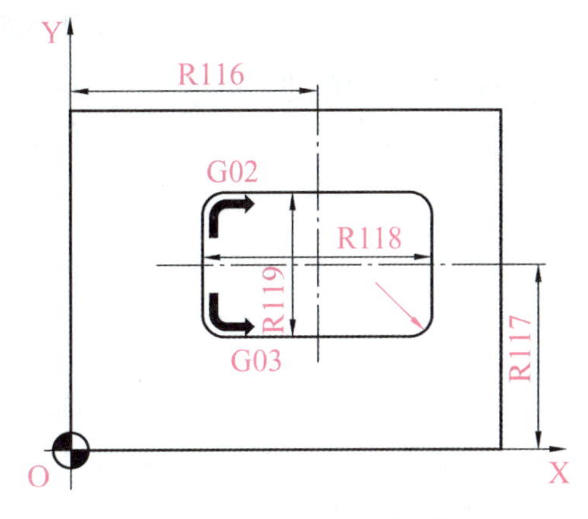

图 7-10 LCYC75 参数的使用

参数说明如表 7-8 所示。

表 7-8 LCYC82 参数说明

参数	含义	说明
R101	返回平面（绝对坐标）	参见 LCYC82
R102	安全距离	
R103	参考平面（绝对坐标）	
R104	凹槽深度（绝对坐标）	在此参数下设置参考面和凹槽槽底之间的距离（深度）
R116	凹槽圆心 X 坐标	用参数 R116 和 R117 确定凹槽中心点的横坐标和纵坐标
R117	凹槽圆心 Y 坐标	
R118	凹槽长度	用参数 R118 和 R119 确定平面上凹槽的形状。如果铣刀半径 R120 大于设置的角度半径，则所加工的凹槽圆角半径等于铣刀半径。如果刀具半径超过凹槽长度或宽度的一半，则循环中断，并发出报警“铣刀半径太大”。如果铣削一个圆形槽（R118=R119=R120），则拐角半径（R120）的值就是圆形槽的直径
R119	凹槽宽度	
R120	拐角半径	
R121	最大进刀深度	用此参数确定最大的进刀深度。循环运行时以同样的尺寸进刀。利用参数 R121 和 R104 循环计算出一个进刀量，其大小为（0.5~1）最大进刀深度之间。如果 R121=0，则立即以凹槽深度进刀。进刀从提前一个安全距离的参考平面处开始

续表

参数	含义	说明
R122	深度进刀进给率	进刀时的进给率，方向垂直于加工平面
R123	表面加工的进给率	用此参数确定平面上粗加工和精加工的进给率
R124	表面加工的精加工余量	设置粗加工时留出的轮廓精加工余量。在精加工时（R127=2），根据参数 R124 和 R125 选择“仅加工轮廓”，或者“同时加工轮廓和深度”。 仅加工轮廓：R124>0，R125=0 轮廓和深度：R124>0，R125>0 R124=0，R125=0 R124=0，R125>0
R125	深度加工的精加工余量	参数给定的精加工余量在深度进给粗加工时起作用。精加工时（R127=2）利用参数 R124 和 125 选择“仅加工轮廓”或“同时加工轮廓和深度”。 仅加工轮廓：R124>0，R125=0 轮廓和深度：R124>0，R125>0 R124=0，R125=0 R124=0，R125>0
R126	铣削方向：G2 或 G3 数值范围：2(G2)，3(G3)	用此参数规定加工方向
R127	铣削类型： 1——粗加工 2——精加工	此参数确定加工方式。 1——粗加工，按照给定的参数加工凹槽至精加工余量。 2——精加工，进行精加工的前提条件是：凹槽的粗加工过程已经结束，接下去对精加工余量进行加工。在此要求留出的精加工余量小于刀具直径

特别提示

时序过程：出发点位置任意，但需保证从该位置出发可以无碰撞地回到返回平面的凹槽中心点。

①粗加工 R127=1。

用 G0 回到返回平面的凹槽中心点，然后再同样以 G0 回到参考平面加安全距离处。凹槽的加工分为以下几个步骤：以 R122 确定的进给率和调用循环之前的主轴转速进刀到下一次加工的凹槽中心点处→按照 R123 确定的进给率和调用循环之前的主轴转速在轮廓和深度方向进行铣削，直至最后精加工余量。如果铣刀直径大于凹槽/键槽宽度减去精加工余量，或者铣刀半径等于凹槽/键槽宽度，请降低精加工余量，通过摆动运动加工一个溜槽→加工方向由 R126 参数给定的值确定→在凹槽加工结束之后，刀具回到返回平面的凹槽中心点，循环过程结束。

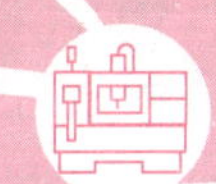

②精加工 R127＝2。

如果要求分多次进刀，则只有最后一次进刀到达最后深度凹槽中心点（R122）。为了缩短返回的空行程，在此之前的所有进刀均快速返回，并根据凹槽和键槽的大小无须回到凹槽中心点才开始加工。通过参数 R124 和 R125 选择“仅进行轮廓加工”或者“同时加工轮廓和工件”，平面加工以 R123 参数设定的值进行，深度进给则以 R122 设定的参数值运行→加工方向由参数 R126 设定的参数值确定→凹槽加工结束之后，刀具回到返回平面的凹槽中心点，循环过程结束。

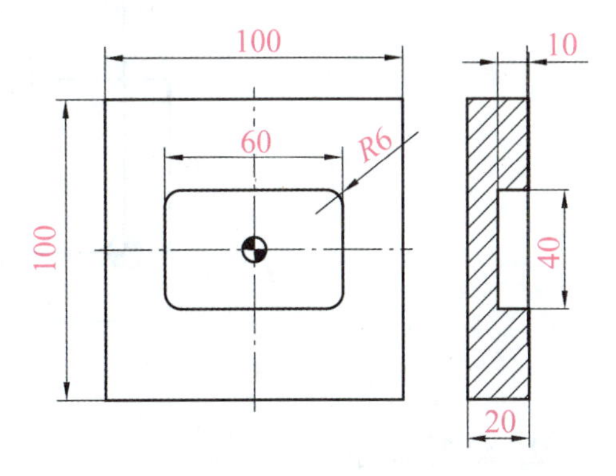

图 7-11　槽循环加工程序应用

【实例 7-7】槽循环加工程序应用

1. 任务描述

应用槽循环加工指令完成图 7-11 所示的凹槽加工程序的编写。

2. 编写程序

程序如下：

```
G56 G90 G0;                                  工件坐标系选择
T1D1;                                        刀具补偿（刀具半径为 5 mm）
M6;
G0 Z50;
M3 S1200;
M8;
R101=50 R102=2  R103=0  R104=-10;            定义铣槽循环参数
R116=0 R117=0 R118=60 R119=40;
R120=6 R121=3 R122=200 R123=500;
R124=0  R125=0 R126=3  R127=1;
LCYC75;                                      调用铣槽循环
G0 Z50;
M5 M9;
M2;
```

【实例 7-8】圆形槽铣削

1. 任务描述

如图 7-12 所示，加工 YZ 平面上的一个圆形凹槽，中心点坐标为 Z50X50，凹槽深 20 mm，深度方向进给轴为 X 轴，没有给出精加工余量，也就是说使用粗加工加工此凹槽。使用的铣刀带端面齿，可以铣削中心。

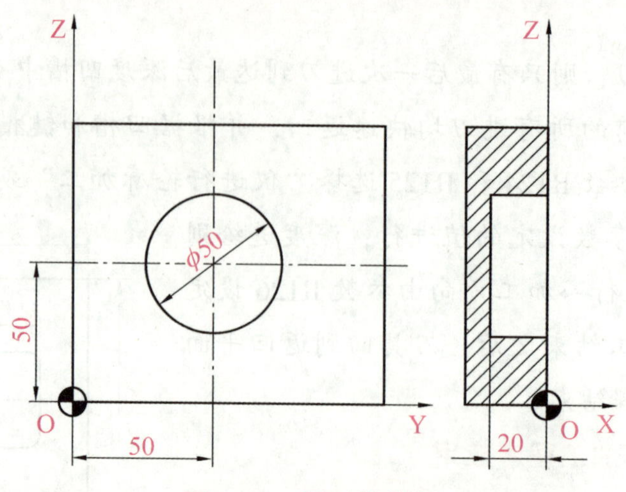

图 7-12 圆形槽铣削

2. 编写程序

程序如下：

```
N10 G0 G19 G90 S200 M3 T1 D1;                     设定工艺参数
N20 Z60 X40 Y5;                                   回到起始位
N30 R101=4 R102=2 R103=0 R104=-20;                设定凹槽铣削循环参数
    R116=50 R117=50;
N40 R118=50 R119=50 R120=50;
    R121=4 R122=100;
N50 R123=200 R124=0 R125=0;
    R126=0 R127=1;
N60 LCYC75;                                       调用循环
N70 M2;                                           循环结束
```

【实例 7-9】键槽铣削

1. 任务描述

如图 7-13 所示，加工 YZ 平面上的 4 个槽，相互间成 90° 角，起始角为 45°。在调用程序中，坐标系已经作了旋转和移动。键槽的尺寸如下：长度为 30 mm，宽度为 15 mm，深度为 23 mm。安全间隙为 1 mm，铣削方向为 G2 设定，深度进给最大 6 mm。键槽用粗加工（精加工余量为 0）加工，铣刀带断面齿，可以铣削中心。

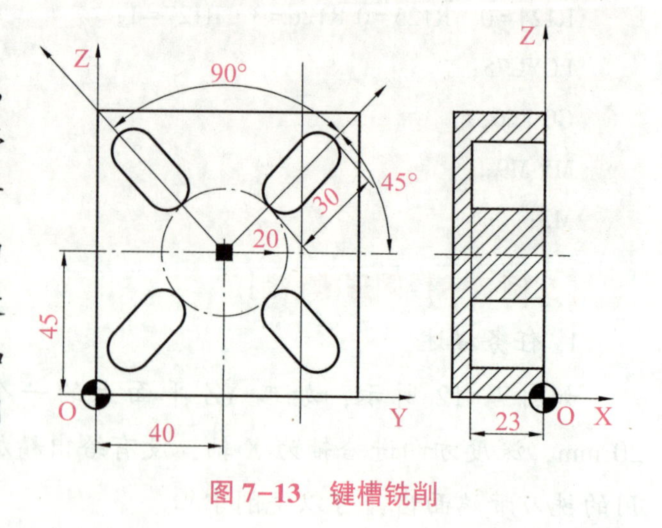

图 7-13 键槽铣削

2. 编写程序

程序如下：

```
N10 G0 G19 G90 T10 D1 S400 M3;              设定工艺参数
N20 Y20 Z50 X5;                             回到起始位
N30 R101=5 R102=1 R103=0;                   设定铣削循环参数
    R104=-23 R116=35 R117=0;
N40 R118=30 R119=15 R120=15;
    R121=6 R122=200;
N50 R123=300 R124=0 R125=0;
    R126=2 R127=1;
N60 G158 Y40 Z45;                           建立坐标系 Z1-Y1，移动到 Z45Y40
N70 G259 RP L45;                            旋转坐标系 45°
N80 LCYC75;                                 调用循环，铣削第一个槽
N90 G259 RPL90;                             继续旋转 Z1-Y1 坐标系 90°
N100 LCYC75;                                调用循环，铣削第二个槽
N110 G259 RPL90;                            继续旋转 Z1-Y1 坐标系 90°
N120 LCYC75;                                铣削第三个槽
N130 G259 RPL90;                            继续旋转 Z1-Y1 坐标系 90°
N140 LCYC75;                                铣削第四个槽
N150 G259 RPL45;                            恢复到原坐标系，角度为 0
N160 G158 Y-40 Z-45;                        返回移动部分
N170 Y20 Z50 X5;                            回到出发位置
N180 M2;                                    程序结束
```

7.3 任务实施

一、工艺过程

图 7-1 所示零件加工工艺过程如下：

（1）钻凹槽中心孔；

（2）粗铣内轮廓；

（3）精铣内轮廓。

二、选择刀具与工艺参数

数控加工刀具卡如表 7-9 所示，数控加工工序卡如表 7-10 所示。

表 7-9　数控加工刀具卡

单　位		数控加工刀具卡片		产品名称		零件图号	
				零件名称		程序编号	
序号	刀具号	刀具名称	参数		补偿值		备注
			直径	长度	半径	长度	
1	T1	中心钻	$\phi 6$				
2	T2	立铣刀	$\phi 12$				
3	T3	立铣刀	$\phi 12$				

表 7-10　数控加工工序卡

单　位	数控加工工序卡片		产品名称	零件名称	材　料	零件图号
工序号	程序编号	夹具名称	夹具编号	设备名称	编制	审核
工步号	工步内容	刀具号	刀具规格	主轴转速 $S/$ $(\mathrm{r \cdot min^{-1}})$	进给速度 $F/$ $(\mathrm{mm \cdot min^{-1}})$	背吃刀量 a_p/mm
1	钻凹槽中心孔	T1	$\phi 6$ 中心钻	300	100	
2	粗铣内轮廓	T2	$\phi 12$ 立铣刀	1500	80	
3	精铣内槽轮廓与底面	T3	$\phi 12$ 立铣刀			

三、装夹方案

用平口台虎钳装夹工件，校正工件的表面平行度，安装工件时保证工件底面与垫块接触良好，确保零件加工精度。工件上表面高出钳口 8 mm 左右。

四、编制程序

加工程序如下：

```
ACXX321. MPF;                          程序名
N10 G0 G17 G90 F100 S300 M3 T1 D1;     确定工艺参数
N20 X60 Y40 Z5;                        回到钻削位置
N30 R101=5 R102=2 R103=9;              设定钻削循环参数
    R104=-17. 5 R105=2;
N40 LCYC82;                            调用钻削循环
N50 T2 D2;                             更换刀具
```

```
N60 M3 S600 F200;                        粗加工切削用量参数
N70 R116=60  R117=40 R118=60;            设定凹槽铣削循环粗加工参数
    R119=40  R120=8;
N80 R121=4 R122=120 R123=300;            与钻削循环相比较 R101~R104 参数不变
    R124=0.75 R125=0.5;
N90 R126=2 R127=1;
N100 LCYC75;                             调用粗加工循环
N110 T3D3;                               更换刀具
N120 M3 S1000 F150;                      精加工切削用量参数
N130 R127=2;                             凹槽铣削循环精加工设定参数（其他参数不变）
N140 LCYC75;                             调用精加工循环
N150 M2;                                 程序结束
```

7.4 任务评价

1. 个人知识和技能评价

个人知识和技能评价表如表 7-11 所示。

表 7-11　个人知识和技能评价表

评价项目	项目评价内容	分值	自我评价	小组评价	教师评价	得分
项目理论知识	①编程格式及走刀路线	5				
	②基础知识融会贯通	10				
	③零件图纸分析	10				
	④制订加工工艺	10				
	⑤加工技术文件的编制	5				
项目仿真加工技能	①程序的输入	10				
	②图形模拟	10				
	③刀具、毛坯的选择及对刀	10				
	④仿真加工工件	5				
	⑤尺寸等的精度仿真检验	5				
职业素质培养	①出勤情况	5				
	②纪律	5				
	③团队协作精神	10				
合计总分						

2. 小组学习实例评价

小组学习实例评价表如表 7-12 所示。

表 7-12 小组学习实例评价表

班级：________ 小组编号：________ 成绩：________

评价项目	评价内容及评价分值			学员自评	同学互评	教师评分
分工合作	优秀（12~15 分）	良好（9~11 分）	继续努力（9 分以下）			
	小组成员分工明确，任务分配合理，有小组分工职责明细表	小组成员分工较明确，任务分配较合理，有小组分工职责明细表	小组成员分工不明确，任务分配不合理，无小组分工职责明细表			
获取与项目有关质量、市场、环保等内容的信息	优秀（12~15 分）	良好（9~11 分）	继续努力（9 分以下）			
	能使用适当的搜索引擎从网络等多种渠道获取信息，并合理地选择信息、使用信息	能从网络获取信息，并较合理地选择信息、使用信息	能从网络或其他渠道获取信息，但信息选择不正确，信息使用不恰当			
数控仿真加工技能操作情况	优秀（16~20 分）	良好（12~15 分）	继续努力（12 分以下）			
	能按技能目标要求规范完成每项实操任务，能正确分析机床可能出现的报警信息，并对显示故障能迅速排除	能按技能目标要求规范完成每项实操任务，但仅能正确分析机床可能出现的部分报警信息，并对显示故障能迅速排除	能按技能目标要求完成每项实操任务，但规范性不够。不能正确分析机床可能出现的报警信息，不能迅速排除显示故障			
基本知识分析讨论	优秀（16~20 分）	良好（12~15 分）	继续努力（12 分以下）			
	讨论热烈，各抒己见，概念准确，原理思路清晰，理解透彻，逻辑性强，并有自己的见解	讨论没有间断，各抒己见分析有理有据，思路基本清晰	讨论能够展开，分析有间断，思路不清晰，理解不够透彻			
成果展示	优秀（24~30 分）	良好（18~23 分）	继续努力（18 分以下）			
	能很好地理解项目的任务要求，成果展示逻辑性强，熟练利用信息平台进行成果展示	能较好地理解项目的任务要求，成果展示逻辑性强，能较熟练利用信息平台进行成果展示	基本理解项目的任务要求，成果展示停留在书面和口头表达，不能熟练利用信息平台进行成果展示			
合计总分						

7.5 技能实训

编写图 7-14 所示零件的数控铣削加工程序，加工出该零件，并完成刀具卡（见表 7-13）、工序卡片（见表 7-14）的填写。

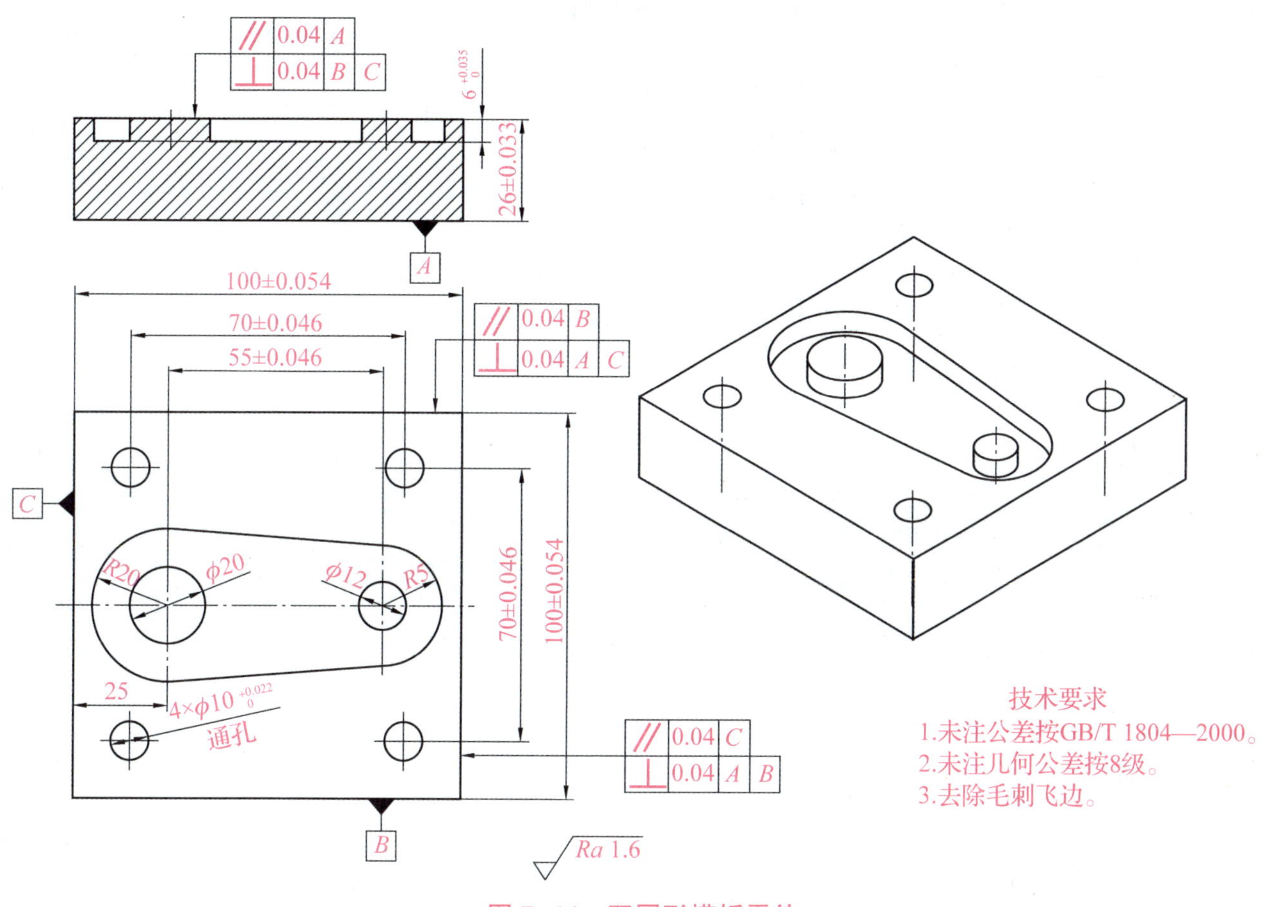

图 7-14　双圆形模板零件

表 7-13　数控加工刀具卡

单　位		数控加工刀具卡片		产品名称		零件图号	
				零件名称		程序编号	
序号	刀具号	刀具名称	参数		补偿值		备注
			直径	长度	半径	长度	
1	T01						
2	T02						
3	T03						
4	T04						

表 7-14 数控加工工序卡

单 位	数控加工工序卡片		产品名称	零件名称	材 料	零件图号
工序号	程序编号	夹具名称	夹具编号	设备名称	编制	审核
工步号	工步内容	刀具号	刀具规格	主轴转速 $S/(\mathrm{r\cdot min^{-1}})$	进给速度 $F/(\mathrm{mm\cdot min^{-1}})$	背吃刀量 a_p/mm
1		T01				
2		T02				
3		T03				
4		T04				
5		T05				

任务8

数控铣削加工轮廓孔板

知识目标

1. 掌握数控铣床/加工中心相关加工工艺知识（职业技能鉴定点）；
2. 掌握制订刀具卡和工序卡的方法（职业技能鉴定点）；
3. 熟练掌握数控铣削加工编程指令（职业技能鉴定点）；
4. 熟悉中级数控铣床/加工中心国家职业技能标准（职业技能鉴定点）。

技能目标

1. 熟练装夹刀具和工件（职业技能鉴定点）；
2. 熟练应用游标卡尺、外径千分尺等量具测量工件（职业技能鉴定点）；
3. 能分析数控铣床/加工中心加工工艺（职业技能鉴定点）；
4. 掌握测量和控制质量能力（职业技能鉴定点）；
5. 掌握编制和调试加工程序能力（职业技能鉴定点）；
6. 掌握中级数控铣床/加工中心操作技能（职业技能鉴定点）；
7. 养成安全文明生产的好习惯（职业技能鉴定点）；
8. 能设置刀具补偿（职业技能鉴定点）。

素养目标

1. 培养严谨、细心、全面、追求高效的品质；
2. 培养团队精神、沟通协调能力；
3. 培养踏实肯干、勇于创新的工作态度。

8.1 任务描述——加工轮廓孔板

轮廓孔板零件如图 8-1 所示，按单件生产安排其数控铣削工艺，编写出加工程序（底面、四方轮廓已加工）。毛坯尺寸为 82 mm×82 mm×14 mm，上下两平面的平行度要求为 0.04 mm，工件材料 45 钢，表面粗糙度 *Ra* 3.2 μm。考核要求与评分标准如表 8-1、表 8-2 所示。

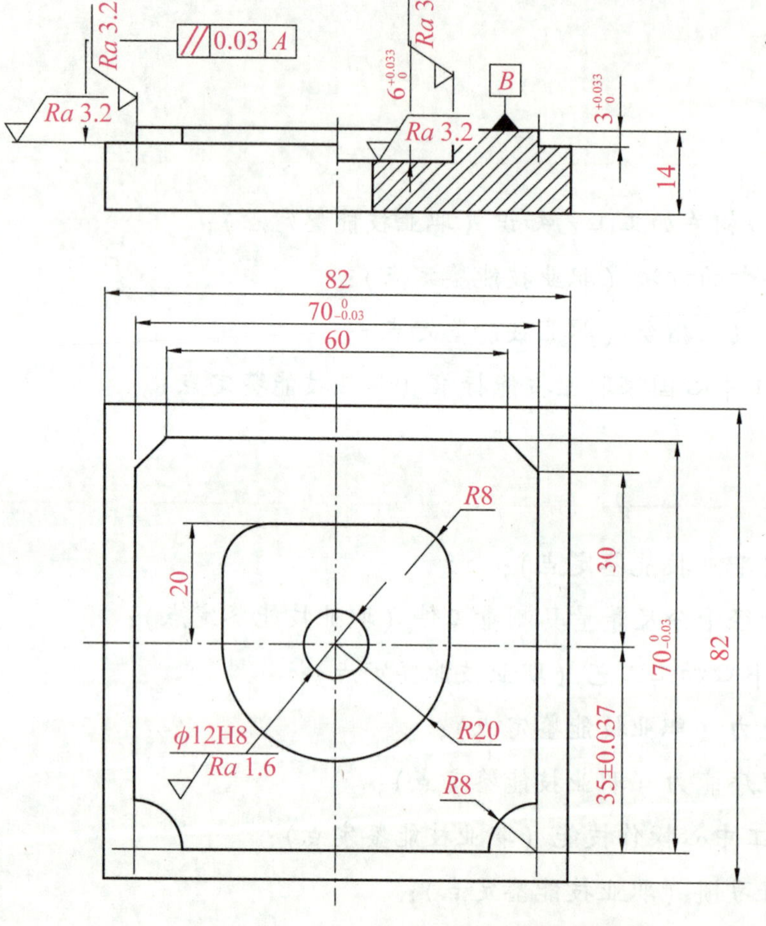

图 8-1 轮廓孔板零件

表 8-1 考核要求

工作单位		名　称	多边体
姓　名		材料规格	铝 82 ×82 ×14
准考证号		刀具	T01——φ10 立铣刀
工　　时	3 h（含编程）		T02——φ11.8 麻花钻
考试时间	点　至　点		T03——φ12H7 铰刀

表 8-2　评分标准

工作单位			姓　名		总分	
准考证号			考件号			
序号	检测内容	配分	评分标准	检测结果	得分	备注
1	两处 $70_{-0.03}^{0}$	8	超差 0.01 扣 1 分			
2	孔距 35±0.037	6	超差 0.012 扣 2 分			
3	凸台高 $3_{0}^{+0.033}$	6	超差 0.011 扣 1 分			
4	凹槽 $6_{0}^{+0.033}$	6	超差 0.011 扣 2 分			
5	平行度 0.03	6	超差 0.01 扣 1 分			
6	ϕ12H8	8	超差 0.01 扣 1 分			
7	60、30、20	6	每错一处扣 1 分			
8	4 处 *R*8	12	每错一处扣 2 分			
9	*R*20	4	错误不得分			
10	*Ra* 1.6	6	错误不得分			
11	4 处 *Ra* 3.2	12	每错一处扣 3 分			
12	加工程序正确合理	10	程序错误不得分			
13	基本操作	5	依据操作熟练度给分			
14	安全文明生产	5	违章视情节扣分			
监考人员签字			评卷人签字			

相关知识

一、中级数控铣工国家职业标准

1. 基本要求

1）职业道德

（1）职业道德基本知识。

（2）职业守则。

①遵守国家法律、法规和有关规定。

②具有高度的责任心、爱岗敬业、团结合作。

③严格执行相关标准、工作程序与规范、工艺文件和安全操作规程。

④学习新知识新技能、勇于开拓和创新。

⑤爱护设备、系统及工具、夹具、量具。

⑥着装整洁，符合规定；保持工作环境清洁有序，文明生产。

2）基础知识

（1）基础理论知识：

①机械制图；

②工程材料及金属热处理知识；

③机电控制知识；

④计算机基础知识；

⑤专业英语基础。

（2）机械加工基础知识：

①机械原理；

②常用设备知识（分类、用途、基本结构及维护保养方法）；

③常用金属切削刀具知识；

④典型零件加工工艺；

⑤设备润滑和切削的使用方法；

⑥工具、夹具、量具的使用与维护知识；

⑦铣工、镗工基本操作知识。

（3）安全文明生产与环境保护知识：

①安全操作与劳动保护知识；

②文明生产知识；

③环境保护知识。

（4）质量管理知识：

①企业的质量方针；

②岗位质量要求；

③岗位质量保证措施与责任。

（5）相关法律、法规知识：

①劳动法的相关知识；

②环境保护法的相关知识；

③知识产权保护法的相关知识。

2. 工作要求

中级数控铣工国家职业标准的工作要求如表 8-3 所示。

表 8-3　中级数控铣工国家职业标准的工作要求

职业功能	工作内容	技能要求	相关知识
1. 加工准备	（1）读图与绘图	①能读懂中等复杂程度（如凸轮、壳体、板状、支架）的零件图。 ②能绘制有沟槽、台阶、斜面、曲面的简单零件图。 ③能读懂分度头尾架、弹簧夹头套筒、可转位铣刀结构等简单机构装配图	①复杂零件的表达方法。 ②简单零件图的画法。 ③零件三视图、局部视图和剖视图的画法
	（2）制订加工工艺	①能读懂复杂零件的铣削加工工艺文件。 ②能编制由直线、圆弧等构成的二维轮廓零件的铣削加工工艺文件	①数控加工工艺知识。 ②数控加工工艺文件的制订方法
	（3）零件定位与装夹	①能使用铣削加工常用夹具（如压板、台虎钳、平口钳等）装夹零件。 ②能够选择定位基准，并找正零件	①常用夹具的使用方法。 ②定位与夹紧的原理和方法。 ③零件找正的方法
	（4）刀具准备	①能够根据数控加工工艺文件选择、安装和调整数控铣床常用刀具。 ②能根据数控铣床特性、零件材料、加工精度、工作效率等选择刀具和刀具几何参数，并确定数控加工需要的切削参数和切削用量。 ③能够利用数控铣床的功能，借助通用量具或对刀仪测量刀具的半径及长度。 ④能选择、安装和使用刀柄。 ⑤能够刃磨常用刀具	①金属切削与刀具磨损知识。 ②数控铣床常用刀具的种类、结构、材料和特点。 ③数控铣床、零件材料、加工精度和工作效率对刀具的要求。 ④刀具长度补偿、刀具半径补偿等刀具参数的设置知识。 ⑤刀柄的分类和使用方法。 ⑥刀具刃磨的方法
2. 数控编程	（1）手工编程	①能编制由直线、圆弧组成的二维轮廓数控加工程序。 ②能够运用固定循环、子程序进行零件的加工程序编制	①数控编程知识。 ②直线插补和圆弧插补的原理。 ③节点的计算方法
	（2）计算机辅助编程	①能够使用计算机辅助设计与制造软件绘制简单零件图。 ②能够利用计算机辅助设计与制造软件完成简单平面轮廓的铣削程序	①计算机辅助设计与制造软件的使用方法。 ②平面轮廓的绘图与加工代码生成方法
3. 数控铣床操作	（1）操作面板	①能够按照操作规程启动及停止铣床。 ②能使用操作面板上的常用功能键（如回零、手动、MDI、修调等）	①数控铣床操作说明书。 ②数控铣床操作面板的使用方法

续表

职业功能	工作内容	技能要求	相关知识
3. 数控铣床操作	(2) 程序输入与编辑	①能够通过各种途径（如 DNC、网络）输入加工程序。 ②能够通过操作面板输入和编辑加工程序	①数控加工程序的输入方法。 ②数控加工程序的编辑方法
	(3) 对刀	①能进行对刀并确定相关坐标系。 ②能设置刀具参数	①对刀的方法。 ②坐标系的知识。 ③建立刀具参数表或文件的方法
	(4) 程序调试与运行	能够进行程序检验、单步执行、空运行并完成零件试切	程序调试的方法
	(5) 参数设置	能够通过操作面板输入有关参数	数控系统中相关参数的输入方法
4. 零件加工	(1) 平面加工	能够运用数控加工程序进行平面、垂直面、斜面、阶梯面等的铣削加工，并达到如下要求： ①尺寸公差等级达 IT7 级； ②几何公差等级达 IT8 级； ③表面粗糙度达 *Ra* 3.2 μm	①平面铣削的基本知识。 ②刀具端刃的切削特点
	(2) 轮廓加工	能够运用数控加工程序进行由直线、圆弧组成的平面轮廓铣削加工，并达到如下要求： ①尺寸公差等级达 IT8 级； ②几何公差等级达 IT8 级； ③表面粗糙度达 *Ra* 3.2 μm	①平面轮廓铣削的基本知识。 ②刀具侧刃的切削特点
	(3) 曲面加工	能够运用数控加工程序进行圆锥面、圆柱面等简单曲面的铣削加工，并达到如下要求： ①尺寸公差等级达 IT8 级； ②几何公差等级达 IT8 级； ③表面粗糙度达 *Ra* 3.2 μm	①曲面铣削的基本知识。 ②球头刀具的切削特点
	(4) 孔类加工	能够运用数控加工程序进行孔加工，并达到如下要求： ①尺寸公差等级达 IT7 级； ②几何公差等级达 IT8 级； ③表面粗糙度达 *Ra* 3.2 μm	麻花钻、扩孔钻、丝锥、镗刀及铰刀的加工方法

续表

职业功能	工作内容	技能要求	相关知识
4. 零件加工	(5) 槽类加工	能够运用数控加工程序进行槽、键槽的加工，并达到如下要求： ①尺寸公差等级达 IT8 级； ②几何公差等级达 IT8 级； ③表面粗糙度达 Ra 3.2 μm	槽、键槽的加工方法
	(6) 精度检验	能够使用常用量具进行零件的精度检验	①常用量具的使用方法。 ②零件精度检验及测量方法
5. 维护与故障诊断	(1) 铣床日常维护	能够根据说明书完成数控铣床的定期及不定期维护保养，包括机械、电、气、液压、数控系统检查和日常保养等	①数控铣床说明书。 ②数控铣床日常保养方法。 ③数控铣床操作规程。 ④数控系统（进口、国产数控系统）说明书
	(2) 铣床故障诊断	①能读懂数控系统的报警信息。 ②能发现数控铣床的一般故障	①数控系统的报警信息。 ②铣床的故障诊断方法
	(3) 铣床精度检查	能进行铣床水平的检查	①水平仪的使用方法。 ②铣床垫铁的调整方法

3. 中级数控铣工国家职业标准考试理论知识与技能操作配分占比

1）理论知识配分占比

中级数控铣工国家职业标准考试理论知识配分占比如表 8-4 所示。

表 8-4　中级数控铣工国家职业标准理论知识配分占比

项　目		中级/%	高级/%	技师/%	高级技师/%
基本要求	职业道德	5	5	5	5
	基础知识	20	20	15	15
相关知识	加工准备	15	15	25	—
	数控编程	20	20	10	—
	数控铣床操作	5	5	5	—
	零件加工	30	30	20	15
	数控铣床维护与精度检验	5	5	10	10
	培训与管理	—	—	10	15
	工艺分析与设计	—	—	—	40
合　计		100	100	100	100

2）技能操作配分占比

中级数控铣工国家职业标准技能操作配分占比如表 8-5 所示。

表 8-5 中级数控铣工国家职业标准技能操作配分占比

项目		中级/%	高级/%	技师/%	高级技师/%
技能要求	加工准备	10	10	10	—
	数控编程	30	30	30	—
	数控铣床操作	5	5	5	—
	零件加工	50	50	45	45
	数控铣床维护与精度检验	5	5	5	10
	培训与管理	—	—	5	10
	工艺分析与设计	—	—	—	35
合计		100	100	100	100

二、中级加工中心操作工国家职业标准

1. 基本要求

1）职业道德

加工中心操作工应具有良好的思想道德和业务素质。

（1）爱岗敬业，忠于职守。

（2）努力钻研业务，刻苦学习，勤于思考，善于观察。

（3）具有工作细心、一丝不苟、踏踏实实的良好工作作风。

（4）严格按照操作规程进行工作，树立安全第一的思想，确保人身及设备安全。

（5）团结同志，互相帮助，积极协同工作。

（6）着装整洁、爱护设备、保持工作环境的清洁有序，做到文明生产。

2）基础知识

（1）数控应用技术基础：

①数控机床工作原理（组成结构、插补原理、控制原理、伺服系统）；

②编程方法（常用指令代码、编程格式、子程序、固定循环）。

（2）安全卫生、文明生产：

①安全操作规程；

②事故防范、应变措施及记录；

③环境保护（车间粉尘、噪声、强光、有害气体的防范）。

2. 工作要求

中级加工中心中级操作工国家职业标准工作要求如表 8-6 所示。

表 8-6 中级加工中心中级操作工国家职业标准工作要求

职业功能	工作内容	技能要求	相关知识
1. 工艺准备	（1）读图	①能够读懂机械制图中的各种线型和标注尺寸。 ②能够读懂标准件和常用件的表示法。 ③能够读懂一般零件的三视图、局部视图和剖视图。 ④能够读懂零件的材料、加工部位、尺寸公差及技术要求	①机械制图国家标准。 ②标准件和常用件的规定画法。 ③零件三视图、局部视图和剖视图的表达方法。 ④公差配合的基本概念。 ⑤形状、位置公差与表面粗糙度的基本概念。 ⑥金属材料的性质
	（2）编制简单加工工艺	①能够制订简单的加工工艺。 ②能够合理选择切削用量	①加工工艺的基本概念。 ②钻、铣、扩、铰、镗、攻螺纹等工艺特点。 ③切削用量的选择原则。 ④加工余量的选择方法
	（3）工件的定位和装夹	①能够正确使用台虎钳、压板等通用夹具。 ②能够正确选择工件的定位基准。 ③能够用量表找正工件。 ④能够正确夹紧工件	①定位夹紧原理。 ②台虎钳、压板等通用夹具的调整及使用方法。 ③量表的使用方法
	（4）刀具准备	①能够依据加工工艺卡选取刀具。 ②能够在主轴或刀库上正确装卸刀具。 ③能够用刀具预调仪或在机内测量刀具的半径及长度。 ④能够准确输入刀具有关参数	①刀具的种类及用途。 ②刀具系统的种类及结构。 ③刀具预调仪的使用方法。 ④自动换刀装置及刀库的使用方法。 ⑤刀具长度补偿值、半径补偿值及刀号等参数的输入方法
2. 编制程序	（1）编制孔类加工程序	①能够手工编制钻、扩、铰（镗）等孔类加工程序。 ②能够使用固定循环及子程序	①常用数控指令（G 代码、M 代码）的含义。 ②S 指令、T 指令和 F 指令的含义。 ③数控指令的结构与格式。 ④固定循环指令的含义。 ⑤子程序的嵌套
	（2）编制二维轮廓程序	①能够手工编制平面铣削程序。 ②能够手工编制含直线插补、圆弧插补二维轮廓的加工程序	①几何图形中直线与直线、直线与圆弧、圆弧与圆弧交点的计算方法。 ②刀具半径补偿的作用

续表

职业功能	工作内容	技能要求	相关知识
3. 基本操作及日常维护	(1) 基本操作	①能够按照操作规程启动及停止机床。 ②正确使用操作面板上的各种功能键。 ③能够通过操作面板手动输入加工程序及有关参数。 ④能够通过纸带阅读机、磁带机及计算机等输入加工程序。 ⑤能够进行程序的编辑、修改。 ⑥能够设定工件坐标系。 ⑦能够正确调入调出所选刀具。 ⑧能够正确进行机内对刀。 ⑨能够进行程序单步运行、空运行。 ⑩能够进行加工程序试切削并做出正确判断。 ⑪能够正确使用交换工作台	①加工中心机床操作手册。 ②操作面板的使用方法。 ③各种输入装置的使用方法。 ④机床坐标系与工件坐标系的含义及其关系。 ⑤相对坐标系、绝对坐标的含义。 ⑥找正器（寻边器）的使用方法。 ⑦机内对刀方法。 ⑧程序试运行的操作方法
	(2) 日常维护	①能够做到加工前电、气、液、开关等的常规检查。 ②能够做到加工完毕后，清理机床及周围环境	①加工中心操作规程。 ②日常保养的内容加工中心机床操作手册
4. 工件加工	(1) 孔加工	能够对单孔进行钻、扩、铰切削加工。	麻花钻、扩孔钻及铰刀的功用
	(2) 平面铣削	能够铣削平面、垂直面、斜面、阶梯面等，尺寸公差等级达 IT9 级，表面粗糙度达 *Ra* 6.3 μm	①铣刀的种类及功用。 ②加工精度的影响因素。 ③常用金属材料的切削性能
	(3) 平面内、外轮廓铣削	能够铣削二维直线、圆弧轮廓的工件，且尺寸公差等级达 IT9 级，表面粗糙度达 *Ra* 6.3 μm	①直线与圆弧进刀与退刀轨迹设计。 ②加工精度的控制
	(4) 运行给定程序	能够检查及运行给定的三维加工程序	①三维坐标的概念。 ②程序检查方法

续表

职业功能	工作内容	技能要求	相关知识
5. 精度检验	(1) 内、外径检验	①能够使用游标卡尺测量工件内、外径。 ②能够使用内径百（千）分表测量工件内径。 ③能够使用外径千分尺测量工件外径	①游标卡尺的使用方法。 ②内径百（千）分表的使用方法。 ③外径千分尺的使用方法
	(2) 长度检验	①能够使用游标卡尺测量工件长度。 ②能够使用外径千分尺测量工件长度	①游标卡尺的使用方法。 ②外径千分尺的使用方法
	(3) 深（高）度检验	能够使用游标卡尺或深（高）度尺测量深（高）度	①深度尺的使用方法。 ②高度尺的使用方法
	(4) 角度检验	能够使用角度尺检验工件角度	角度尺的使用方法
	(5) 机内检测	能够利用机床的位置显示功能自检工件的有关尺寸	机床坐标的位置显示功能

3. 中级加工中心国家职业标准考试理论知识与技能操作配分占比

1）理论知识配分占比

中级加工中心国家职业标准考试理论知识配分占比如表 8-7 所示。

表 8-7 中级加工中心国家职业标准理论考试理论知识配分占比

项目		中级/%	高级/%	技师/%
基本要求	职业道德	5	5	5
	基础知识	25	15	10
相关知识	工艺准备	20	25	25
	编制程序	20	25	20
	机床操作及维护	5	5	10
	工件加工	15	15	10
	精度检验	10	10	10
	培训指导	—	—	5
	管理工作	—	—	5
总计		100	100	100

2）技能操作配分占比

中级加工中心国家职业标准考试技能操作配分占比如表 8-8 所示。

表 8-8 中级加工中心国家职业标准考试技能操作配分占比

项目		中级	高级	技师
技能要求	工艺准备	10	10	10
	编制程序	15	20	25
	机床操作及维护	10	5	—
	工件加工	60	60	60
	精度检验	5	5	5
总计		100	100	100

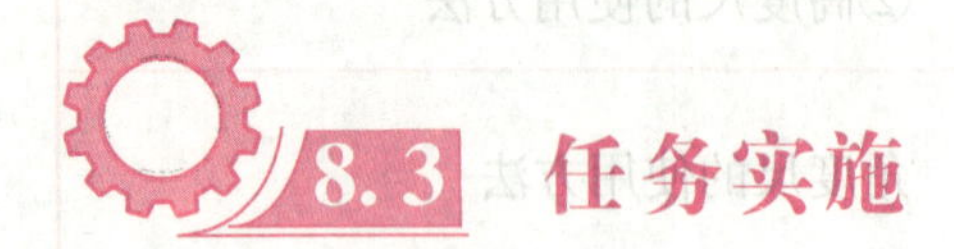

8.3 任务实施

一、工艺过程

图 8-1 所示零件加工工艺过程如下。

（1）先进行孔粗精加工，同时为内轮廓铣刀下刀提供方便。

（2）外轮廓采取层切的办法完成深度加工，深度不留精加工余量。外轮廓采用刀补办法进行粗精加工，加工余量保留 0.3 mm。

（3）内轮廓均采取层切的办法完成深度加工，深度不留精加工余量。内轮廓采用刀补办法进行粗精加工，加工余量保留 0.3 mm。

二、刀具与工艺参数选择

数控加工刀具卡如表 8-9 所示、数控加工工序卡如表 8-10 所示。

表 8-9 数控加工刀具卡

<table>
<tr><td colspan="2">单位</td><td colspan="2" rowspan="2">数控加工
刀具卡片</td><td>产品名称</td><td></td><td>零件图号</td><td></td></tr>
<tr><td colspan="2"></td><td>零件名称</td><td></td><td>程序编号</td><td></td></tr>
<tr><td rowspan="2">序号</td><td rowspan="2">刀具号</td><td rowspan="2">刀具名称</td><td colspan="2">参数</td><td colspan="2">补偿值</td><td rowspan="2">备注</td></tr>
<tr><td>直径</td><td>长度</td><td>半径</td><td>长度</td></tr>
<tr><td>1</td><td>T01</td><td>立铣刀</td><td>ϕ10</td><td></td><td>D01＝10（精）
D02＝10.6（粗）</td><td></td><td></td></tr>
<tr><td>2</td><td>T02</td><td>麻花钻</td><td>ϕ11.8</td><td></td><td></td><td></td><td></td></tr>
<tr><td>3</td><td>T03</td><td>铰刀</td><td>ϕ12H7</td><td></td><td></td><td></td><td></td></tr>
</table>

表 8-10　数控加工工序卡

单　位	数控加工工序卡片		产品名称	零件名称	材　料	零件图号
工序号	程序编号	夹具名称	夹具编号	设备名称	编制	审核
工步号	工步内容	刀具号	刀具规格/mm	主轴转速 S/(r · min^{-1})	进给速度 F/(mm · min^{-1})	背吃刀量 a_p/mm
1	钻孔	T01	ϕ11.8	1000	30	4.9
2	铰孔	T02	ϕ12H7	1000	30	0.1
3	粗精加工外轮廓	T03	ϕ10	2000/2500	80	
4	粗精加工内轮廓	T03	ϕ10	2000/2500	80	

三、装夹工件

用平口台虎钳装夹工件，工件上表面高出钳口 10 mm 左右。工件安装必须地面垫实、夹紧，校正固定钳口的平行度以及工件上表面的平行度，确保几何公差要求。

四、编制程序

在工件中心建立工件坐标系，Z 轴原点设在工件上表面。

加工程序如下，仿真加工与实际加工结果如图 8-2 所示。

```
O0060;                              主程序名
G54 G90 G00 Z50;                    程序初始化设置起始点
X0 Y0;
M03 S1500;                          启动主轴
M19;                                主轴准停
G91 G28 Z0;                         基于当前位置 Z 轴返回参考点
G28 X0 Y0 T01;                      基于当前位置 X、Y 轴返回参考点，选 1 号刀
M06;                                换 1 号麻花钻
G90 G54 G29 X0 Y0;                  从参考点返回到 X0 Y0 处
G29 Z50;                            从参考点返回到 Z50 处
M03 S1000 M08;                      启动主轴，打开切削液
G98 G83 X0 Y0 Z-20 R10 Q2 F30;      钻孔循环，结束孔返回起始点
G80;                                取消钻孔循环
M19;                                主轴准停，准备换 2 号铰刀
```

```
G91 G28 Z0;
G28 X0 Y0 T02;
M06;
G90 G29 X0 Y0;
G29 Z50;
M03 S1000 M08;
G98 G83 X0 Y0 Z-20 R10 Q3 F30;        铰孔循环
G80 M09;                              取消循环，关闭切削液
M19;                                  主轴准停，准备换3号立铣刀
G28 G91 Z0;
G28 X0 Y0 T03;
M06;
G90 G29 X0 Y0;
G29 Z50;
M03 S2000 M08;                        启动主轴，打开切削液
G00 X-41 Y-41 D02;                    快速到外轮廓加工位置，调2号刀补
Z10;                                  快速到安全高度
G01 Z0 F40;                           切削到外轮廓粗加工位置
M98 P30061;                           调用O0061子程序3次粗加工外轮廓
G01 Z-2 F60 D01;                      到外轮廓精加工位置，调1号刀补
M03 S2500;
M98 P0061;                            调用O0061子程序1次精加工外轮廓
G01 Z10 F100;                         抬刀
G00 X0 Y0 D02;                        快速到内轮廓加工位置，调用2号刀补
G01 Z0 F40;                           切削下刀到工件表面
M03 S2000;
M98 P60062;                           调用O0062子程序6次粗加工内轮廓
G01 Z-5 F40 D01;                      到内轮廓精加工位置，调1号刀补
M03 S2500;
M98 P0062;                            调用O0062子程序1次精加工内轮廓
G01 Z10 F100;                         抬刀
G00 Z50 M09;                          快速回到起始点
M05;                                  主轴停
M30;                                  程序结束并返回

O0061;                                外轮廓子程序名
```

```
G91 G01 Z-1 F40;              增量下刀 1 mm
G90 G42 G01 Y-36 F80;         建刀补
X36;                          去除边角余料
Y36;
X-36;
Y-35;
X27;                          开始加工工件轮廓
G02 X35 Y-27 R8;
G01 Y30;
X30 Y35;
X-30;
X-35 Y30;
Y-27;
G02 X-27 Y-35 R8;
G01 Y-41;
G40 G01 X-41;                 取消刀补
M99;                          子程序结束并返回主程序
```

```
O0062;                        内轮廓子程序名
G91 G01 Z-1 F40;              增量下刀 1 mm
G90 G42 G01 X15 F80;          建刀补，去除内部余料
G02 X15 Y0I-15 J0;
G40 G01 X0;                   取消刀补
G42 G01 X12 Y8;               建刀补，准备加工内部轮廓
G02 X20 Y0 R8;
G02 X-20 R20;
G01 Y12;
G02 X-12 Y20 R8;
G01 X12;
G02 X20 Y12 R8;
G01 Y0;
G02 X12 Y-8 R8;
G40 G01 X0 Y0;                取消刀补
M99;                          子程序结束并返回主程序
```

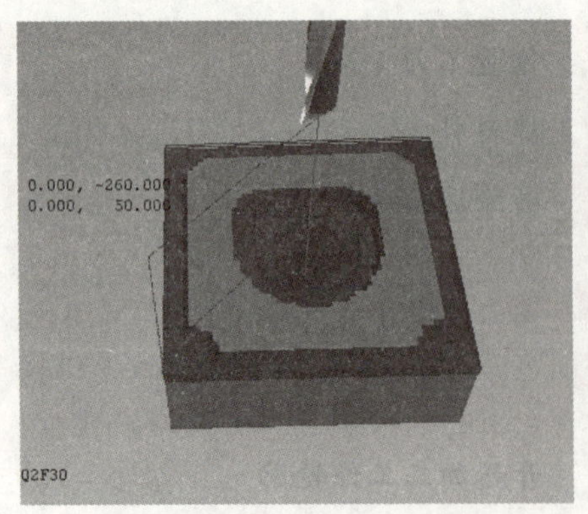

图 8-2 轮廓孔板仿真加工与实际加工结果

8.4 任务评价

1. 个人知识和技能评价

个人知识和技能评价表如表 8-11 所示。

表 8-11 个人知识和技能评价表

评价项目	项目评价内容	分值	自我评价	小组评价	教师评价	得分
项目理论知识	①编程格式及走刀路线	5				
	②基础知识融会贯通	5				
	③零件图纸分析	5				
	④制订加工工艺	5				
	⑤加工技术文件的编制	5				
项目实操技能	①程序的输入	5				
	②图形模拟	10				
	③刀具、毛坯的装夹及对刀	5				
	④加工工件	5				
	⑤尺寸与粗糙度等的检验	5				
	⑥设备维护和保养	10				
安全文明生产	①正确开、关机床	5				
	②工具、量具的使用及放置	5				
	③机床维护和安全用电	5				
	④卫生保持及机床复位	5				

续表

评价项目	项目评价内容	分值	自我评价	小组评价	教师评价	得分
职业素质培养	①出勤情况	5				
	②车间纪律	5				
	③团队协作精神	5				
合计总分						

2. 小组学习实例评价

小组学习实例评价表如表 8-12 所示。

表 8-12　小组学习实例评价表

班级：＿＿＿＿＿＿　　小组编号：＿＿＿＿＿＿　　成绩：＿＿＿＿＿＿

评价项目	评价内容及评价分值			学员自评	同学互评	教师评分
分工合作	优秀（12~15 分）	良好（9~11 分）	继续努力（9 分以下）			
	小组成员分工明确，任务分配合理，有小组分工职责明细表	小组成员分工较明确，任务分配较合理，有小组分工职责明细表	小组成员分工不明确，任务分配不合理，无小组分工职责明细表			
获取与项目有关质量、市场、环保等内容的信息	优秀（12~15 分）	良好（9~11 分）	继续努力（9 分以下）			
	能使用适当的搜索引擎从网络等多种渠道获取信息，并合理地选择信息、使用信息	能从网络获取信息，并较合理地选择信息、使用信息	能从网络或其他渠道获取信息，但信息选择不正确，信息使用不恰当			
实操技能操作情况	优秀（16~20 分）	良好（12~15 分）	继续努力（12 分以下）			
	能按技能目标要求规范完成每项实操任务，能正确分析机床可能出现的报警信息，并对显示故障能迅速排除	能按技能目标要求规范完成每项实操任务，但仅能正确分析机床可能出现的部分报警信息，并对显示故障能迅速排除	能按技能目标要求完成每项实操任务，但规范性不够。不能正确分析机床可能出现的报警信息，不能迅速排除显示故障			

续表

<table>
<tr><td>评价项目</td><td colspan="3">评价内容及评价分值</td><td>学员自评</td><td>同学互评</td><td>教师评分</td></tr>
<tr><td rowspan="2">基本知识分析讨论</td><td>优秀（16~20 分）</td><td>良好（12~15 分）</td><td>继续努力（12 分以下）</td><td rowspan="2"></td><td rowspan="2"></td><td rowspan="2"></td></tr>
<tr><td>讨论热烈，各抒己见，概念准确，原理思路清晰，理解透彻，逻辑性强，并有自已的见解</td><td>讨论没有间断，各抒己见分析有理有据，思路基本清晰</td><td>讨论能够展开，分析有间断，思路不清晰，理解不够透彻</td></tr>
<tr><td rowspan="2">成果展示</td><td>优秀（24~30 分）</td><td>良好（18~23 分）</td><td>继续努力（18 分以下）</td><td rowspan="2"></td><td rowspan="2"></td><td rowspan="2"></td></tr>
<tr><td>能很好地理解项目的任务要求，成果展示逻辑性强，熟练利用信息平台进行成果展示</td><td>能较好地理解项目的任务要求，成果展示逻辑性强，能较熟练利用信息平台进行成果展示</td><td>基本理解项目的任务要求，成果展示停留在书面和口头表达，不能熟练利用信息平台进行成果展示</td></tr>
<tr><td>合计总分</td><td colspan="6"></td></tr>
</table>

8.5 职业技能鉴定指导

1. 知识技能复习要点

（1）能读懂中等复杂程度的零件图。

（2）熟悉常用铣床夹具的使用方法。

（3）能编制简单零件的铣削加工工艺文件。

（4）熟悉数控铣床/加工中心的零件材料、加工精度和工作效率对刀具的要求，熟悉常见铣刀安装方法。

（5）熟悉数控铣削编程知识与方法。

（6）熟悉刀具长度补偿、刀具半径补偿等刀具参数的设置。

（7）熟悉数控仿真软件模拟加工零件方法。

（8）熟悉零件精度检验及测量方法。

（9）熟悉数控铣床/加工中心国家职业技能鉴定标准。

2. 理论复习（模拟试题）

（1）对于立式铣床来说，工作台往左方向移动朝接近刀具，则刀具移动方向为坐标轴的(　　)。

A. 负向　　B. 正向　　C. 不能确定　　D. 编程者自定

（2）在绘制直线时，可以使用以下(　　)快捷输入方式。

A. C　　　　B. L　　　　C. PIN　　　　D. E

（3）在 FANUC 系统中孔加工循环，(　　)到零件表面的距离可以任意设定在一个安全的高度上。

A. 初始平面　　　　B. R 点平面　　　　C. 孔底平面　　　　D. 零件表面

（4）下列孔与基准轴配合，组成间隙配合的孔是(　　)。

A. 孔的上偏差为正值，下偏差为负值　　　　B. 孔的上偏差为 0，下偏差为负值

C. 孔的上、下偏差均为正值　　　　D. 孔的上、下偏差均为负值

（5）数控机床的急停按钮按下后的机床状态是(　　)。

A. 整台机床全部断电　　　　B. 数控装置断电

C. 伺服系统断电　　　　D. PLC 断电

（6）可以用来加工圆柱凸轮的机床类型是(　　)。

A. 车床　　　　B. 刨床　　　　C. 钻床　　　　D. 铣床

（7）铣削 T 型槽时，下述方法中顺序正确的是(　　)。1 表示用立铣刀铣直角槽，2 表示用盘形铣刀铣 T 形槽，3 表示用角度铣刀铣 T 形槽倒角。

A. 1-3-2　　　　B. 3-2-1　　　　C. 2-3-1　　　　D. 1-2-3

（8）妥善保管车床附件，保持车床整洁、完好是数控车床的操作规程之一。　　(　　)

（9）编程在 MDI 方式中不能进行半径补偿。　　(　　)

（10）加工宽度尺寸大的台阶和沟槽，一般采用盘形铣刀。　　(　　)

3. 技能实训（真题）

见任务 4 职业技能鉴定指导。

任务9

数控铣削加工凸台底板

知识目标

1. 掌握外形和内槽的加工工艺（职业技能鉴定点）；
2. 掌握制订刀具卡和工序卡的方法（职业技能鉴定点）；
3. 熟练装夹刀具和工件（职业技能鉴定点）；
4. 熟练应用游标卡尺、外径千分尺测量工件（职业技能鉴定点）；
5. 熟练掌握数控铣削相关加工编程指令（职业技能鉴定点）；
6. 熟悉中级数控铣床/加工中心国家职业技能标准（职业技能鉴定点）；

技能目标

1. 能够分析数控铣床/加工中心加工工艺（职业技能鉴定点）；
2. 掌握外形和槽尺寸测量和控制质量能力（职业技能鉴定点）；
3. 掌握外形和型腔加工程序编制和调试方法（职业技能鉴定点）；
4. 掌握中级数控铣床/加工中心操作技能（职业技能鉴定点）；
5. 养成安全文明生产的好习惯（职业技能鉴定点）；
6. 能设置刀具补偿（职业技能鉴定点）。

素养目标

1. 培养学生严谨、细心、一丝不苟的学习态度；
2. 培养学生自主学习能力；
3. 培养学生团结友爱、团队合作精神；
4. 培养学生善于思考、踏实肯干、勇于创新的工作态度。

9.1 任务描述——加工凸台底板

凸台底板形状如图 9-1 所示，零件毛坯尺寸为 80 mm×80 mm×20 mm；六面已加工过，粗糙度 Ra=1.6μm，零件材料为硬铝，按单件生产安排其数控加工工艺，编写出加工程序。

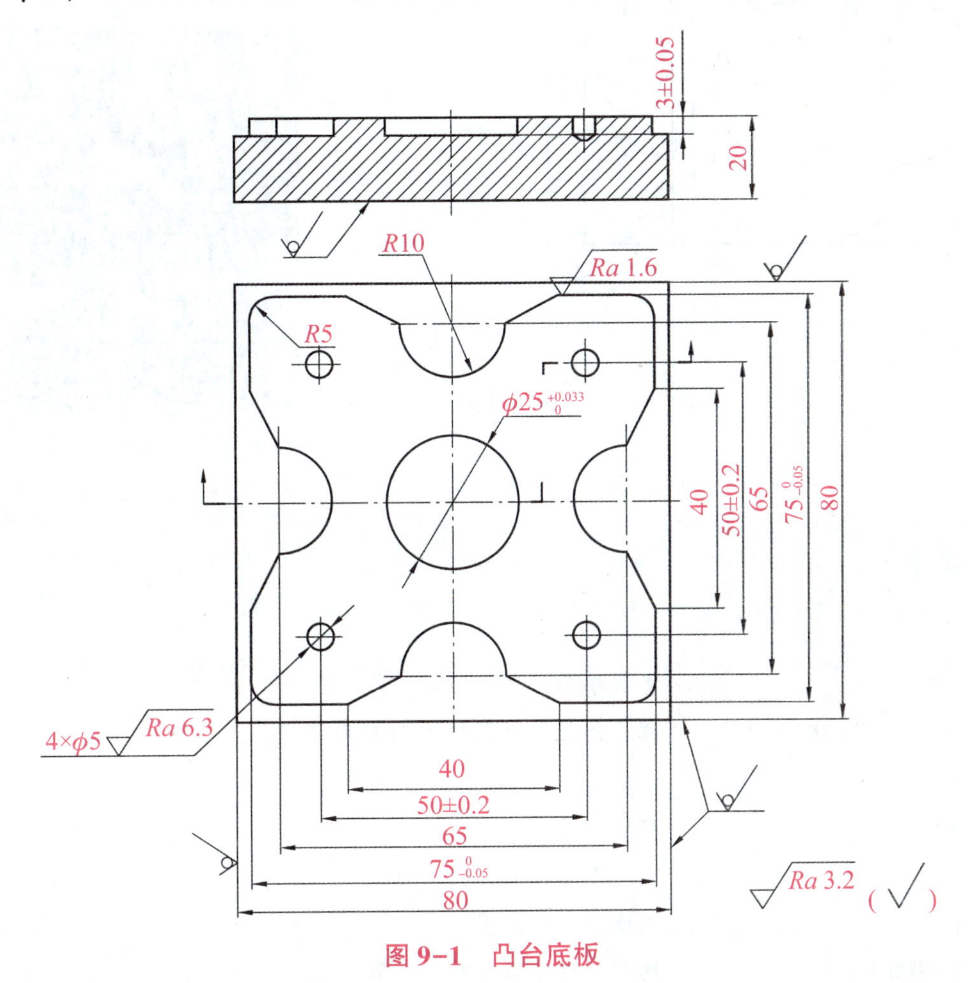

图 9-1　凸台底板

【实例 9-1】

1. 任务描述

圆角凸台形状如图 9-2 所示，零件毛坯尺寸为 80 mm×80 mm×20 mm；六面已加工过，粗糙度 Ra=1.6μm，零件材料为硬铝，按单件生产安排其数控加工工艺，编写出加工程序。

2. 分析工艺

（1）用平口台虎钳安装，保证精度。

（2）内外轮廓采取层切的办法，内外轮廓用子程序编写，底面保留 0.2 mm 精加工余量。同时内外轮廓应用不同刀补功能实现粗精加工分开，轮廓精加工余量 0.3 mm。刀具参数选择如下：T01 为 ϕ12 mm 立铣刀，粗加工应用 D02=ϕ12.6 mm 刀补，精加工应用 D01=ϕ12 mm 刀补。

（3）凸台仿真加工结果如图 9-3 所示。

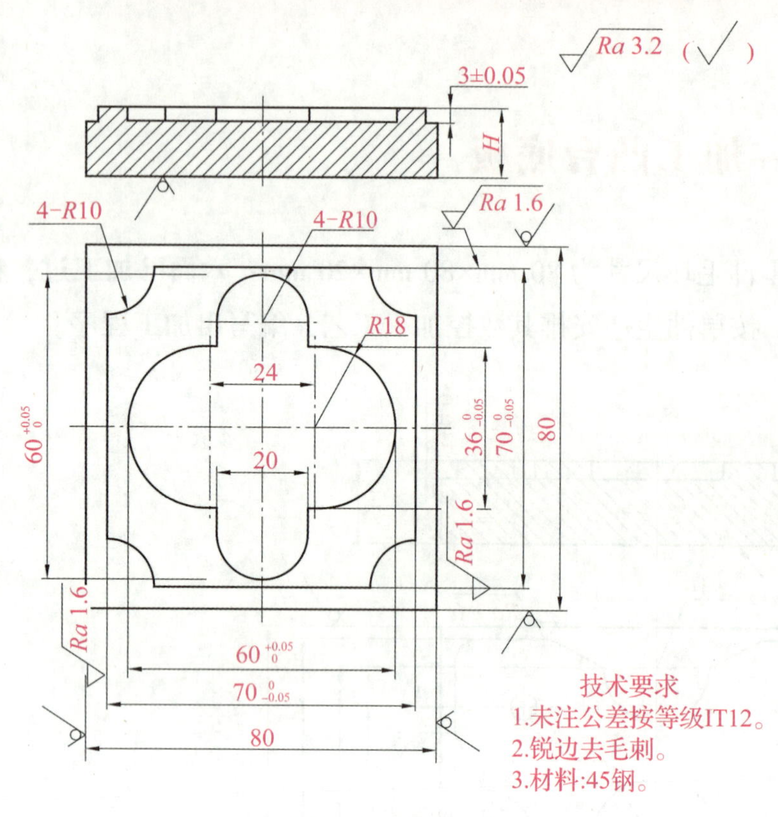

图 9-2 圆弧凸台

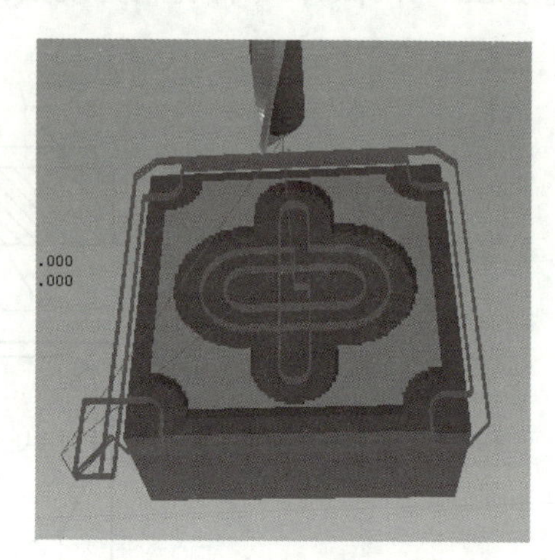

图 9-3 凸台仿真加工结果

3. 编写程序

程序如下：

O8800;	主程序名
G54 G90 G40 G49 G00 Z50;	程序初始化设置铣床换刀点
X0 Y0;	
M03 S2000;	启动主轴
T01 M08;	应用 1 号刀具，打开切削液
G00 Z10;	快速到安全高度
G01 Z0. 2 F100 D02;	切削到内轮廓粗加工位置，调 2 号刀补
M98 P68801;	调用 O8801 子程序 6 次粗加工内轮廓，底面留 0. 2 mm 精加工余量
G01 Z-2. 5 F60 D01;	到内轮廓精加工位置，调 1 号刀补
M03 S2500;	变速准备精加工
M98 P8801;	调用 O8801 子程序 1 次精加工内轮廓
G00 Z10;	快速抬刀
X-50 Y-50;	到外轮廓加工位置
G01 Z0. 2 F100 D02;	切削到外轮廓粗加工位置，调 2 号刀补
M03 S2000;	变速准备粗加工
M98 P68802;	调用 O8802 子程序 6 次粗加工内轮廓，底面留 0. 2 mm 精加工余量
G01 Z-2. 5 F60 D01;	到外轮廓精加工位置，调 1 号刀补
M03 S2500;	变速准备精加工

```
M98 P8802;                调用O8802子程序1次精加工外轮廓
G00 Z10 M09;              快速抬刀，关闭切削液
X0 Y0 Z50;                快速返回
M05;                      主轴停
M30;                      程序结束返回

O8801;                    内轮廓子程序名
G91 G01 Z-0.5 F100;       增量下刀0.5 mm
G90 G41 G01 Y12;          建刀补去除内部余料
X-12;
G03 Y-12 R12;
G01 X12;
G03 Y12 R12;
G01 X0;
G40 G01 Y0;               取消刀补

G41 G01 Y18;              建刀补加工内部轮廓
X-12;
G03 Y-18 R18;
G01 X12;
G03 Y18 R18;
G01 X10;
Y23;
G03 X-10 R10;
G01 Y-23;
G03 X10 R10;
G01 Y0;
G40 G01 X0;               取消刀补
M99;                      子程序结束并返回主程序

O8802;                    外轮廓子程序名
G91 G01 Z-0.5 F100;       内轮廓子程序名
G90 G41 G01 X-38;         建刀补去除周边余料
G01 Y36;
X-36 Y38;
X36;
X38 Y36;
Y-36;
```

```
X36 Y-38;
X-36;
X-38 Y-36;
G40 G01 X-50 Y-50;                    取消刀补

G41 G01 X-35;                         建刀补加工外部轮廓
Y25;
G03 X-25 Y35 R10;
G01 X25;
G03 X35 Y25 R10
G01 Y-25;
G03 X25 Y-35 R10;
G01 X-25;
G03 X-35 Y-25 R10;
G01X-50;
G40 G01 Y-50;                         取消刀补
M99;                                  子程序结束并返回主程序
```

9.2 任务实施

一、工艺过程

工艺过程如下：

1）加工内外轮廓

（1）用平口台虎钳装夹工件，工件上表面高出钳口 12 mm 左右，用百分表找正。

（2）安装寻边器，确定工件零点为坯料上表面的中心，设定零点偏置。

（3）安装 ϕ12 mm 立铣刀并对刀，选择程序，应用子程序及不同刀具半径补偿粗精加工内外轮廓。

2）粗、精铣 75 mm×75 mm 及 4 个 *R*5 mm 圆角

（1）调头装夹，钳口夹持 9 mm 左右，用百分表找正。

（2）安装寻边器，确定工件零点为坯料上表面的中心，设定零点偏置。

（3）安装 ϕ20 mm 立铣刀并对刀，选择程序，粗、精铣 75 mm×75 mm 及 4 个 *R*5 mm 圆角至要求尺寸。

3）钻孔

（1）手工更换 ϕ5 mm 麻花钻。

（2）重新对刀。

（3）应用钻孔循环加工 4 个小孔。

二、选择刀具与工艺参数

数控加工刀具卡如表 9-1 所示，数控加工工序卡如表 9-2 所示。

表 9-1　数控加工刀具卡

<table>
<tr><td colspan="2">单　位</td><td colspan="2" rowspan="2">数控加工
刀具卡片</td><td>产品名称</td><td></td><td>零件图号</td><td></td></tr>
<tr><td colspan="2"></td><td>零件名称</td><td></td><td>程序编号</td><td></td></tr>
<tr><td rowspan="2">序号</td><td rowspan="2">刀具号</td><td rowspan="2">刀具名称</td><td colspan="2">参数</td><td colspan="2">补偿值</td><td rowspan="2">备注</td></tr>
<tr><td>直径</td><td>长度</td><td>半径</td><td>长度</td></tr>
<tr><td>1</td><td>T01</td><td>立铣刀</td><td>$\phi12$</td><td></td><td>6</td><td></td><td></td></tr>
<tr><td>2</td><td>T02</td><td>麻花钻</td><td>$\phi5$</td><td></td><td>6. 3</td><td></td><td></td></tr>
</table>

表 9-2　数控加工工序卡

<table>
<tr><td>单　位</td><td colspan="2" rowspan="2">数控加工工序卡片</td><td>产品名称</td><td>零件名称</td><td>材　料</td><td>零件图号</td></tr>
<tr><td></td><td></td><td></td><td></td><td></td></tr>
<tr><td>工序号</td><td>程序编号</td><td>夹具名称</td><td>夹具编号</td><td>设备名称</td><td>编制</td><td>审核</td></tr>
<tr><td></td><td></td><td></td><td></td><td></td><td></td><td></td></tr>
<tr><td>工步号</td><td>工步内容</td><td>刀具号</td><td>刀具规格</td><td>主轴转速 $S/$
$(\mathrm{r\cdot min^{-1}})$</td><td>进给速度 $F/$
$(\mathrm{mm\cdot min^{-1}})$</td><td>背吃刀量
a_p/mm</td></tr>
<tr><td>1</td><td>粗精加工内圆轮廓</td><td>T01</td><td>$\phi12$ 立铣刀</td><td>1500</td><td>20/15</td><td></td></tr>
<tr><td>2</td><td>粗精加工外轮廓</td><td>T01</td><td>$\phi12$ 立铣刀</td><td>2000</td><td>20/15</td><td></td></tr>
<tr><td>3</td><td>钻孔</td><td>T02</td><td>$\phi5$ 麻花钻</td><td>1000</td><td>20</td><td></td></tr>
</table>

三、装夹工件

用平口台虎钳装夹工件，由于工件需掉头加工，在安装工件时必须底面垫实、夹紧，校正固定钳口的平行度以及工件上表面的平行度，确保几何公差要求。

四、编制程序

在工件中心建立工件坐标系，Z 轴原点设在工件上表面。实际加工结果如图 9-4 所示。

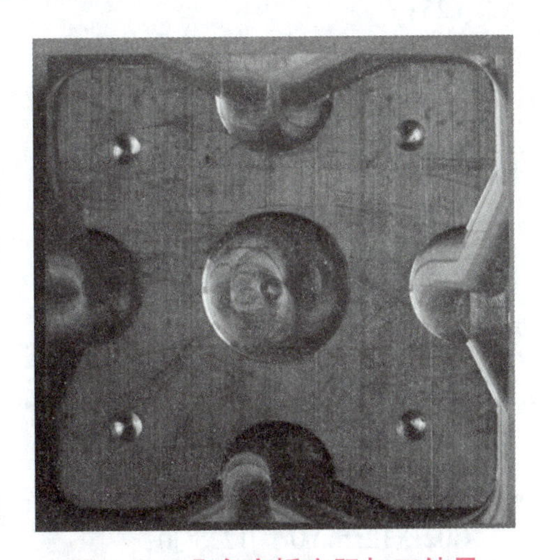

图 9-4　凸台底板实际加工结果

主程序如下：

```
O0080;                                    主程序名
G54 G90 G94 G40 G49 G00 Z100;             程序初始化
G00 X0 Y0;
M03 S1000;                                启动主轴
T01;                                      使用1号刀
G00 Z5;                                   快速到安全高度
G01 Z0 F20 D02;                           切削下刀，调用2号刀补
M98 P60081;                               调用子程序6次粗加工内圆轮廓
G01 Z-2.5 F20;                            到精加工位置
M03 S2000 F15 D01;                        变速，调用1号刀补
M98 P0081;                                调用子程序1次精加工内圆轮廓
G00 Z5;                                   快速到安全高度
X-50 Y-50;                                定位
G01 Z0 F20 D02;                           切削下刀，调用2号刀补
M98 P60082;                               用子程序6次粗加工外轮廓
G01 Z-2.5 F20;                            到精加工位置
M03 S2000 F15 D01;                        变速，调用1号刀补
M98 P0082;                                调用子程序1次精加工外轮廓
G00 Z5;                                   快速到安全高度
X0 Y0 Z100;                               快速返回
M05;                                      主轴停
M00;                                      程序暂停
T02;                                      手工换2号刀
M03 S1000;                                启动主轴
G00 Z20;                                  快速到起始点
G99 G83 X-25 Y-25 Z-5 R10 Q2 F50;         钻孔循环，结束后返回R点
X25;
Y25;
G98 X-25;                                 钻孔，结束后返回起始点
G00 G80 X0 Y0 Z100;                       取消循环，快速返回
M05;                                      主轴停
M30;                                      程序结束并返回
```

子程序如下：

```
O0081;                                    内圆轮廓子程序名
G91 G01 Z-0.5 F20;                        增量下刀0.5 mm
G90 G42 G01 X2.5 Y10;                     建刀补
G02 X12.5 Y0 R10;                         圆弧切入
G02 X12.5 Y0 I-12.5 J0;                   切内圆轮廓
G02 X2.5 Y-10 R10;                        圆弧切出
```

```
G40 G01 X0 Y0;                     取消刀补
M99;                               子程序结束并返回主程序

O0082;                             外轮廓子程序名
G91 G01 Z-0.5 F20;                 增量下刀 0.5 mm
G90 G41 G01 X-37.5;                建刀补
Y-20;
X-32.5Y-10;
G03 Y10 R10;
G01 X-37.5 Y20;
Y32.5;
G02 X-32.5 Y37.5 R5;
G01 X-20;
X-10 Y32.5;
G03 X10 R10;
G01 X20 Y37.5;
X32.5;
G02 X37.5 Y32.5 R5;
G01 Y20;
X32.5Y10;
G03 Y-10 R10;
G01 X37.5 Y-20;
Y-32.5;
G02 X32.5 Y-37.5 R5;
G01 X20;
X10 Y-32.5;
G03 X-10 R10;
G01 X-20 Y-37.5;
X-32.5;
G02 X-37.5 Y-32.5 R5;
G01 Y0;
G40 X-50 Y-50;                     取消刀补
M99;                               子程序结束并返回主程序
```

9.3 任务评价

1. 个人知识和技能评价

个人知识和技能评价表如表 9-3 所示。

表 9-3 个人知识和技能评价表

评价项目	项目评价内容	分值	自我评价	小组评价	教师评价	得分
项目理论知识	①编程格式及走刀路线	5				
	②基础知识融会贯通	5				
	③零件图纸分析	5				
	④制订加工工艺	5				
	⑤加工技术文件的编制	5				
项目实操技能	①程序的输入	5				
	②图形模拟	10				
	③刀具、毛坯的装夹及对刀	5				
	④加工工件	5				
	⑤尺寸与粗糙度等的检验	5				
	⑥设备维护和保养	10				
安全文明生产	①正确开、关机床	5				
	②工具、量具的使用及放置	5				
	③机床维护和安全用电	5				
	④卫生保持及机床复位	5				
职业素质培养	①出勤情况	5				
	②车间纪律	5				
	③团队协作精神	5				
合计总分						

2. 小组学习实例评价

小组学习实例评价表如表 9-4 所示。

表 9-4 小组学习实例评价表

班级：________ 小组编号：________ 成绩：________

评价项目	评价内容及评价分值			学员自评	同学互评	教师评分
分工合作	优秀（12~15 分）	良好（9~11 分）	继续努力（9 分以下）			
	小组成员分工明确，任务分配合理，有小组分工职责明细表	小组成员分工较明确，任务分配较合理，有小组分工职责明细表	小组成员分工不明确，任务分配不合理，无小组分工职责明细表			

续表

评价项目	评价内容及评价分值			学员自评	同学互评	教师评分
获取与项目有关质量、市场、环保等内容的信息	优秀（12~15 分）	良好（9~11 分）	继续努力（9 分以下）			
	能使用适当的搜索引擎从网络等多种渠道获取信息，并合理地选择信息、使用信息	能从网络获取信息，并较合理地选择信息、使用信息	能从网络或其他渠道获取信息，但信息选择不正确，信息使用不恰当			
实操技能操作情况	优秀（16~20 分）	良好（12~15 分）	继续努力（12 分以下）			
	能按技能目标要求规范完成每项实操任务，能正确分析机床可能出现的报警信息，并对显示故障能迅速排除	能按技能目标要求规范完成每项实操任务，但仅能正确分析机床可能出现的部分报警信息，并对显示故障能迅速排除	能按技能目标要求完成每项实操任务，但规范性不够。不能正确分析机床可能出现的报警信息，不能迅速排除显示故障			
基本知识分析讨论	优秀（16~20 分）	良好（12~15 分）	继续努力（12 分以下）			
	讨论热烈，各抒己见，概念准确，原理思路清晰，理解透彻，逻辑性强，并有自己的见解	讨论没有间断，各抒己见分析有理有据，思路基本清晰	讨论能够展开，分析有间断，思路不清晰，理解不够透彻			
成果展示	优秀（24~30 分）	良好（18~23 分）	继续努力（18 分以下）			
	能很好地理解项目的任务要求，成果展示逻辑性强，熟练利用信息平台进行成果展示	能较好地理解项目的任务要求，成果展示逻辑性强，能较熟练利用信息平台进行成果展示	基本理解项目的任务要求，成果展示停留在书面和口头表达，不能熟练利用信息平台进行成果展示			
合计总分						

9.4 职业技能鉴定指导

1. 知识技能复习要点

（1）能读懂中等复杂程度（如凸台、板状）的零件图。

（2）能编制由直线、圆弧等构成的二维轮廓零件的铣削加工工艺文件。

（3）能使用铣削加工常用夹具（如压板、台虎钳、平口钳等）装夹零件。

（4）能够根据数控加工工艺文件选择、安装和调整数控铣床常用刀具。

（5）熟悉数控铣削编程知识与方法。

（6）熟悉数控铣床/加工中心结构与操作面板。

（7）能进行对刀并确定相关坐标系。

（8）会输入设置刀具补偿参数，能运行调试程序。

（9）能应用数控铣床/加工中心加工零件。

（10）能应用量具检测零件。

（11）熟悉数控铣床/加工中心文明操作规程与机床维护保养方法。

（12）熟悉数控铣床/加工中心国家职业标准。

2. 理论复习（模拟试题）

（1）夹紧力的方向应尽量(　　)于主切削力。

A. 平行同向　　B. 平行反向　　C. 垂直　　D. 倾斜指向

（2）在铣削铸铁等脆性材料时，一般(　　)。

A. 加以冷却为主的切削液　　B. 加以润滑为主的切削液

C. 不加切削液　　D. 加煤油

（3）在极坐标编程、半径补偿和(　　)的程序段中，须用 G17、G18、G19 指令来选择平面。

A. 同参考点　　B. 圆弧插补　　C. 固定循环　　D. 子程序

（4）为了保证镗杆和刀体有足够的刚性，加工孔径在 30～120 mm 范围内时，镗杆直径一般为孔径的(　　)倍较为合适。

A. 1　　B. 0.8　　C. 0.5　　D. 0.3

（5）用(　　)的压力把两个量块的测量面相推合，就可牢固地黏合成一体。

A. 一般　　B. 较大　　C. 很大　　D. 较小

（6）工件加工完毕后，应将各坐标轴停在(　　)位置

A. 中间　　B. 上端　　C. 下端　　D. 前端或后端

（7）硬质合金的特点是耐热性差，切削效率低，强度、韧性高。(　　)

（8）铰孔能提高孔的形状精度但不能提高位置精度。(　　)

（9）机床断电或出现过报警时应重新回零。(　　)

（10）加工中心开机前必须对机床进行日常点检，并对机床进行空运行预热。(　　)

3. 技能实训（真题）

见任务 4 职业技能鉴定指导。

任务10

数控铣削加工带槽圆形凸台

知识目标

1. 掌握凸台相关加工工艺知识与编程指令（职业技能鉴定点）；
2. 掌握制订刀具卡和工序卡的方法（职业技能鉴定点）；
3. 熟悉中级数控铣床/加工中心国家职业技能标准（职业技能鉴定点）。

技能目标

1. 熟练装夹刀具和工件（职业技能鉴定点）；
2. 熟练应用游标卡尺、外径千分尺等量具测量工件（职业技能鉴定点）；
3. 能分析数控铣床/加工中心加工工艺（职业技能鉴定点）；
4. 掌握凸台测量和控制质量能力（职业技能鉴定点）；
5. 掌握编制和调试加工程序能力（职业技能鉴定点）；
6. 掌握中级数控铣床/加工中心操作技能，养成安全文明生产的好习惯（职业技能鉴定点）；
7. 能设置刀具补偿（职业技能鉴定点）。

素养目标

1. 培养严谨、细心、全面、追求高效、精益求精的职业素质，强化产品质量意识；
2. 培养一定的计划、决策、组织、实施和总结的能力；
3. 培养踏实肯干、勇于创新的工作态度。

10.1 任务描述——加工带槽圆形凸台

带槽圆形凸台如图10-1所示，零件毛坯尺寸为80 mm×80 mm×19.8 mm，六面已加工过，

表面粗糙度 *Ra* 3.2 μm，零件材料为硬铝，按单件生产安排其数控加工工艺，请编写出加工程序。图 10-2 为仿真加工结果。

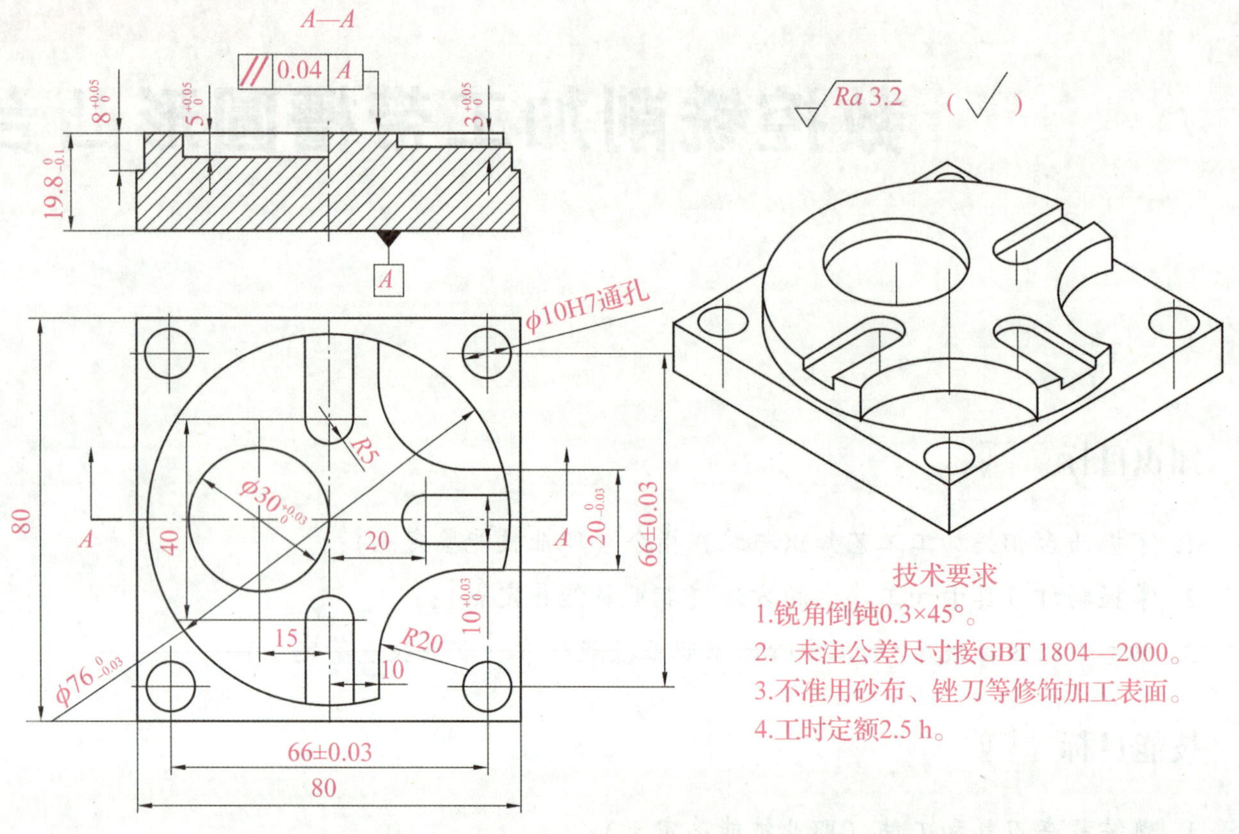

图 10-1　带槽圆形凸台

【实例 10-1】

1. 注意事项

(1) 本试卷依据 2018 年颁布的《铣工国家职业技能标准》命制。

(2) 请根据试题考核要求，完成考试内容。

(3) 请服从考评人员指挥，保证考核安全顺利进行。

2. 数控铣工中级操作工技能考核准备通知单

1) 任务描述：加工凸台底板

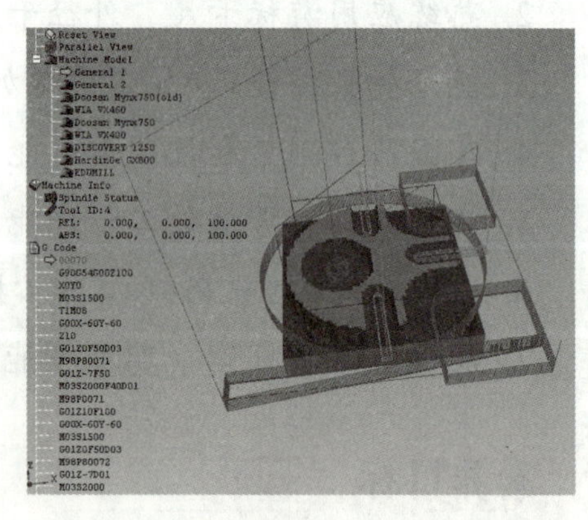

图 10-2　带槽圆形凸台仿真加工结果

(1) 本题分值：100 分。

(2) 考核时间：180 min。

(3) 考核形式：操作。

(4) 具体考核要求：根据如图 10-3 所示凸台底板零件图完成加工。

(5) 否定项说明：

①出现危及考生或他人安全的状况将终止考试，如果原因是考试操作失误所致，考生该题成绩记 0 分。

②因考生操作失误所致，导致设备故障且当场无法排除将终止考试，考生该题记 0 分。

③因刀具、工具损坏而无法继续应终止考试。

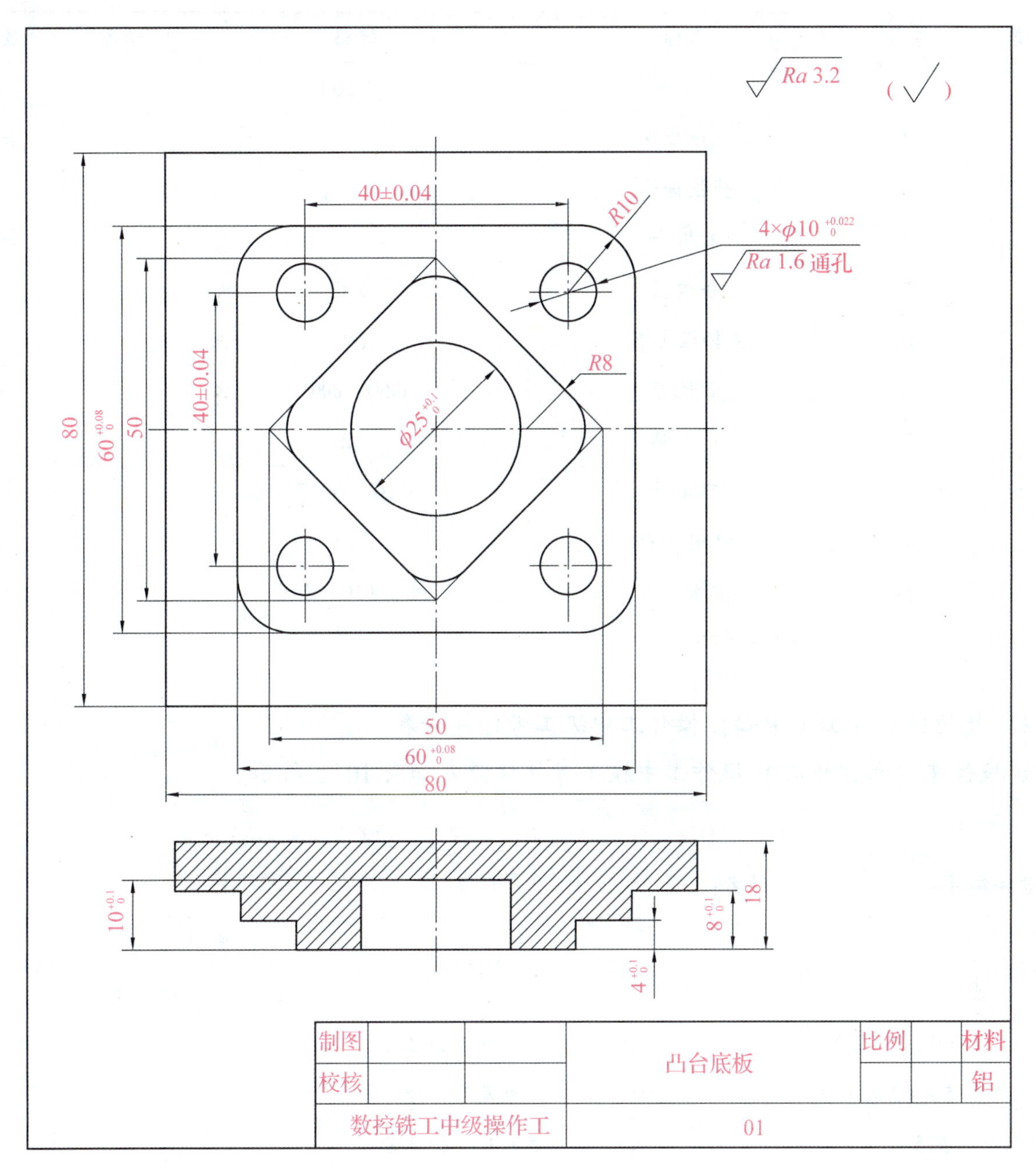

图 10-3　凸台底板

2）工具、量具、刀具及准备清单

工具、量具、刀具及准备清单如表 10-1 所示。

表 10-1　工具、量具、刀具及准备清单

种类	序号	名称	规格	精度	数量
量具	1	游标卡尺	0~150	0.02	1
	2	百分表及表座	0~10	0.01	1
	3	深度游标卡尺	0~150	0.02	1
	4	内径千分尺	5~25	0.01	1

续表

种类	序号	名称	规格	精度	数量
工具	1	平口钳	QH160		1
	2	平行垫铁			若干
	3	塑胶锤子			1
	4	呆扳手			若干
	5	寻边器	$\phi10$		1
	6	Z轴设定器	50		1
刀具	1	面铣刀	$\phi60$、$\phi80$		各1
	2	中心钻	A2		1
	3	麻花钻	$\phi10$、$\phi9.7$		各1
	4	机用铰刀	$\phi10$		1
	5	键槽铣刀	$\phi8$、$\phi10$、$\phi16$		各1
毛坯尺寸	80×80×20		材料	铝	

3）数控铣床（加工中心）操作工中级工考件评分表

数控铣床（加工中心）操作工中级工考件评分表如表10-2所示。

表10-2 数控铣床（加工中心）操作工中级工考件评分表

考件编号：＿＿＿＿＿ 姓名：＿＿＿＿＿ 准考证号：＿＿＿＿＿ 单位：＿＿＿＿＿

考核项目	考核要求	配分	评分标准	检测结果		扣分	得分
				尺寸精度	粗糙度		
轮廓	$60^{+0.08}_{0}$（2处）	10	超差0.1扣2分				
	50（2处）	4	超差不得分				
	$\phi25^{+0.1}_{0}$	4	超差0.1扣2分				
	$R8$（4处）	8	超差不得分				
	$R10$（4处）	8	超差不得分				
孔	$4\times\phi10^{+0.022}_{0}$	12	超差0.01扣2分				
孔距	（40±0.04）（2处）	8	超差0.1扣2分				
深度	$10^{+0.1}_{0}$	6	超差0.1扣2分				
	$8^{+0.1}_{0}$	6	超差0.1扣2分				
	$4^{+0.1}_{0}$	6	超差0.1扣2分				
表面粗糙度	Ra 1.6 μm（4处）	12	升高一级扣2分				
	Ra3.2 μm（3处）	6	升高一级扣2分				

续表

考核项目	考核要求	配分	评分标准	检测结果		扣分	得分
				尺寸精度	粗糙度		
工艺	切削加工工艺制订正确	5	工艺不合理扣 2 分				
程序	程序正确简单明确规范	5	程序不正确不得分				
规范操作	数控机床规范操作的有关规定		违反规定扣总分 1~5 分				
安全文明生产	安全文明生产的有关规定		违反规定扣总分 1~50 分				
备注	每处尺寸超差≥1，酌情扣考件总分 5~10；未注公差按 GB/T 1804—2000						

3. 任务实施

1）工艺分析

凸台类零件主要的加工内容包括：铣削台阶外轮廓、平底孔、钻孔和铰孔等。按照加工顺序确定的基本原则，本任务零件外轮廓的加工采用先粗后精的方法加工，如果是单件加工可以只编写精加工程序，粗加工通过修改刀具半径补偿的方法设置精加工余量；如果是批量生产应直接编写粗、精加工程序，以便提高加工效率；为了防止加工表面时使铝屑掉入已加工的孔内划伤已铰好的孔壁，将孔加工安排在表面加工之后。根据被加工孔的精度要求安排钻孔（含钻中心孔）及铰孔加工工艺。具体加工顺序如下。

（1）粗、精铣毛坯料上表面。粗铣余量根据毛坯情况由程序控制，留精铣余量 0.5 mm。

（2）粗精铣外轮廓和 $\phi25^{+0.1}_{0}$ mm 内轮廓。

（3）钻 $4\times\phi10^{+0.022}_{0}$ mm 中心孔。

（4）钻 $4\times\phi10^{+0.022}_{0}$ mm 孔。

（5）铰 $4\times\phi10^{+0.022}_{0}$ mm 孔。

2）刀具与工艺参数选择

根据零件图所示零件的加工部位，粗、精铣上表面，选择镶片硬质合金面铣刀一把，直径为 60 mm；铣削台阶外轮廓和 $\phi25^{+0.1}_{0}$ mm 内轮廓，选择 $\phi16$ mm 键槽铣刀；钻中心孔，选择中心钻 A；粗加工 $4\times\phi10^{+0.022}_{0}$ mm 孔，选择 $\phi9.7$ mm 麻花钻；精加工 $4\times\phi10^{+0.022}_{0}$ mm 孔，选择 $\phi10$H8 机用铰刀。

由零件图可知，该零件材料为铝，因此，在粗加工时的深度除留精加工余量外，可以一刀切完；精加工时，切削速度可以提高，但垂直下刀进给量应小，综合考虑数控机床性能、刀具和工艺特征，查阅相关手册资料，确定具体刀具参数和切削用量参数表，如表 10-3 所示。

表 10-3 刀具参数和切削用量参数表

序号	工序内容	刀具号	刀具规格	转速/（r·min^{-1}）	进给速度/（mm·min^{-1}）
1	粗、精铣坯料上表面	T01	ϕ60 面铣刀	500/800	100/80
2	粗、精铣外轮廓、内轮廓	T02	ϕ16 键槽铣刀	800/1200	100
3	钻中心孔	T03	A2 中心钻	1000	100
4	钻 4×$\phi10^{+0.022}_{0}$的底孔	T04	ϕ9.7 麻花钻	800	100
5	铰 4×$\phi10^{+0.022}_{0}$的孔	T05	ϕ10H8 机用铰刀	1200	100

3）装夹工件

采用平口钳装夹工件。平口钳安装在工作台上，用百分表校正钳口。工件装夹在平口钳上并用平行垫铁垫起（注意：为了防止钳口受力不均，工件应安装在钳口的中间部位），使工件伸出钳口约 12 mm，X、Y 方向用寻边器对刀，Z 方向用 Z 轴设定器对刀。

4）编制程序

选择上表面中心为工件坐标系 X、Y 原点，工件的上表面为工件坐标系的 Z=1 面。外轮廓的铣削通过修改刀具半径补偿进行粗、精加工；机床选用 FANUC Oi-M，加工程序如下：

```
O0001;
(粗铣坯料上表面程序)
N0010 G21 G17 G40 G49 G80;        设定机床初始状态
N0020 M03 S500 M08;               主轴顺时针旋转，主轴转速为 500 r/min，切削液开
N0030 G90 G54 G00 X-80.0 Y20.0;   绝对编程、建立工件坐标系、刀具快速移动到 X-80.0
                                  Y20.0 处
N0040 G43 Z4.0 H01;               调用 1 号刀具长度补偿，刀具移动到 Z4.0 处
N0050 G01 Z0.5 F100;              刀具直线进给到工件上 0.5 mm 处，进给速度为 100 mm/min
N0060 X80.0;                      直线进给到 X80.0 处
N0070 G00 Z4.0;                   刀具快速抬起到 5 mm 处
N0080     X-80.0 Y-20.0;          刀具快速移动到 X-80.0 Y-20.0 处
N0090     G01 Z0.5;               刀具直线进给到工件上 0.5 mm 处
N0100     X80.0;                  直线进给到 X80.0 处
N0110 G00 Z4.0;                   刀具快速抬起到 5 mm 处
N0120 G00 X-80.0 Y-20.0;          刀具快速移动到 X-80.0 Y-20.0 处
(精铣坯料上表面程序)
N0130 M03 S800;                   主轴顺时针方向旋转，主轴转速 800 r/min，工件表面精
                                  加工
N0140 G01 Z0.0 F80;               刀具直线进给到工件表面上，进给速度为 80 mm/min
N0150 X80.0;                      直线进给到 X80.0 处
```

N0160 G00 Z4. 0；	刀具快速抬起到 5 mm 处
N0170 X-80. 0 Y-20. 0；	刀具快速移动到 X-80. 0 Y-20. 0 处
N0180 G01 Z0. 0；	刀具直线进给到工件上 0. 0 mm 处
N0190 X80. 0；	直线进给到 X80. 0 处
N0200 G00 Z200. 0；	刀具快速抬起到 200 mm 处
N0210 M05 M09 M00；	主轴停止，程序暂停，关切削液，安装 T2 刀具
（粗、精铣外轮廓、内轮廓程序）	
N0220 G90 G54 G00 X-60. 0 Y-60. 0；	绝对编程、建立工件坐标系、刀具快速移动到 X-60. 0 Y-60. 0 处
N0230 M03 S500 M08；	主轴顺时针旋转，主轴转速为 500 r/min，切削液开
N0240 G43 G00 Z4. 0 H02；	调用 2 号刀具长度补偿，刀具移动到 Z4. 0 处
N0250 G42 G00 Y-30. 04 D02；	通过修改刀具半径补偿进行粗精加工
N0260 Z-10. 05；	铣削深度可根据刀具、机床及所加工材料分层加工
N0270 G01 X-30. 04 F100；	铣 60×60 四方台阶轮廓
N0280 X30. 04 R10. 0；	铣轮廓边并倒角
N0290 Y30. 04，R10. 0；	
N0300 X-30. 04，R10. 0；	
N0310 Y-30. 04，R10. 0；	
N0320 X0. 0；	铣菱形台阶轮廓
N0330 Z-4. 05；	Z 方向进刀至 Z-4. 05 处
N0340 Y-24. 0 F100；	刀具移动到 X0. 0 Y-24. 0 处
N0350 X24. 0 Y0，R8. 0；	铣菱形轮廓边并倒角
N0360 X0. 0 Y24. 0，R8. 0；	
N0370 X-24. 0 Y0. 0，R8. 0；	
N0380 X0. 0 Y-24. 0，R8. 0；	
N0390 X24. 0 Y0. 0；	
N0400 G01 Z4. 0 F500；	刀具抬刀至 Z4. 0 处
N0410 G40 G00 X0. 0 Y0. 0；	刀具移动至工件原点
N0420 G01 Z-10. 05 F50；	下刀，铣中间圆形凹槽
N0430 G01 X12. 525 F100；	
N0440 G02 I-12. 525；	
N0450 G01 X0. 0 Y0. 0；	
N0460 G00 Z150. 0；	
N0470 M05 M09 M00；	主轴停止，切削液关，程序暂停
（钻中心孔程序）	
N0480 G90 G54 G00 X-20. 0 Y-20. 0；	绝对编程，建立工件坐标系，刀具快速移动到 X-20. 0 Y-20. 0 处
N0490 S1000 M03 M08；	主轴转速 1000 r/min，主轴正转，切削液开
N0500 G43 H03 G00 Z4. 0；	

```
N0510 G99 G81 Z-7.0 R2.0 F100;          定点钻孔循环
N0520 Y20.0;
N0530 X20.0;
N0540 G98 Y-20.0;
N0550 G80 G00 Z150.0;                   取消固定循环，刀具快速抬刀至Z150.0处
N0560 M05 M09 M00;                      主轴停止，程序暂停，安装T4刀具
(钻孔程序)
N0570 G90 G54 G00 X-20.0 Y-20.0;        绝对编程，建立工件坐标系，刀具快速移动到X-20.0
                                        Y-20.0处
N0580 S800 M03 M08;
N0590 G43 H03 G00 Z4.0;
N0600 G99 G83 Z-24.0 R4.0 Q5 F100;      钻孔循环
N0610 Y20.0;
N0620 X20.0;
N0630 G98 Y-20.0;
N0640 G80 G00 Z150;
N0650 M05 M09 M00;                      主轴停止，程序暂停，安装T5刀具
(铰孔程序)
N0660 G90 G54 G00 X-20.0 Y-20.0;        绝对编程，建立工件坐标系，刀具快速移动到X-20.0
                                        Y-20.0处
N0670 S1200 M03 M08;
N0680 G43 H03 G00 Z4.0;
N0690 G99 G85 Z-23.0 R4.0 F100;         铰孔循环
N0700 Y20.0;
N0710 X20.0;
N0720 G98 Y-20.0;
N0730 G80 G00 Z150.0;                   取消固定循环
N0740 M05;
N0750 M30;                              程序结束
```

加工中心程序：

```
O0002;
(粗铣坯料上表面程序)
N0010 G21 G17 G40 G49 G80;              设定机床初始状态
N0020 G28 Z0;                           刀具自动返回参考点
N0030 M06 T01;                          换T01号刀
N0040 G90 G54 G00 X-80.0 Y20.0 T02;     绝对编程、建立工件坐标系、刀具快速移动到X-80.0
                                        Y20.0处，换T02
N0050 M03 S500 M08;                     主轴顺时针旋转，主轴转速为500 r/min，切削液开
```

N0060 G43 Z4.0 H01;	调用 1 号刀具长度补偿，刀具移动到 Z4.0 处
N0070 G01 Z0.5 F100;	刀具直线进给到工件上 0.5 mm 处，进给速度为 100 mm/min
N0080 X80.0;	直线进给到 X80.0 处
N0090 G00 Z4.0;	刀具快速抬起到 5 mm 处
N0100 X-80.0 Y-20.0;	刀具快速移动到 X-80.0 Y-20.0 处
N0110 G01 Z0.5;	刀具直线进给到工件上 0.5 mm 处
N0120 X80.0;	直线进给到 X80.0 处
N0130 G00 Z4.0;	刀具快速抬起到 5 mm 处
N0140 G00 X-80.0 Y-20.0;	刀具快速移动到 X-80.0 Y-20.0 处
(精铣坯料上表面程序)	
N0150 M03 S800;	主轴顺时针方向旋转，主轴转速 800 r/min，工件表面精加工
N0160 G01 Z0.0 F80;	刀具直线进给到工件表面上，进给速度为 80 mm/min
N0170 X80.0;	直线进给到 X80.0 处
N0180 G00 Z4.0;	刀具快速抬起到 5 mm 处
N0190 X-80.0 Y-20.0;	刀具快速移动到 X-80.0 Y-20.0 处
N0200 G01 Z0.0;	刀具直线进给到工件上 0.0 mm 处
N0210 X80.0;	直线进给到 X80.0 处
N0220 G00 Z200.0;	刀具快速抬起到 200 mm 处
N0230 G28 Z0 M06;	自动返回参考点，并换 2 号刀
(粗、精铣外轮廓、内轮廓程序)	
N0240 G90 G54 G00 X-60.0 Y-60.0 T03;	绝对编程、建立工件坐标系、刀具快速移动到 X-60.0 Y-60.0 处，选 T03
N0250 M03 S500;	主轴顺时针旋转，主轴转速为 500 r/min
N0260 G43 G00 Z4.0 H02;	调用 2 号刀具长度补偿，刀具移动到 Z4.0 处
N0270 G42 G00 Y-30.04 D02;	通过修改刀具半径补偿进行粗精加工
N0280 Z-10.05;	铣削深度可根据刀具、机床及所加工材料分层加工
N0290 G01 X-30.04 F100;	铣 60×60 四方台阶轮廓
N0300 X30.04 R10.0;	铣轮廓边并倒角
N0310 Y30.04, R10.0;	
N0320 X-30.04, R10.0;	
N0330 Y-30.04, R10.0;	
N0340 X0.0;	铣菱形台阶轮廓
N0350 Z-4.05;	Z 方向进刀至 Z-4.05 处
N0360 Y-24.0 F100;	刀具移动到 X0.0 Y-24.0 处
N0370 X24.0 Y0, R8.0;	铣菱形轮廓边并倒角
N0380 X0.0 Y24.0, R8.0;	
N0390 X-24.0 Y0.0, R8.0;	
N0400 X0.0 Y-24.0, R8.0;	

```
N0410 X24.0 Y0.0;
N0420 G01 Z4.0 F500;                    刀具抬刀至Z4.0处
N0430 G40 G00 X0.0 Y0.0;                刀具移动至工件原点
N0440 G01 Z-10.05 F50;                  下刀，铣中间圆形凹槽
N0450 G01 X12.525 F100;
N0460 G02 I-12.525;
N0470 G01 X0.0 Y0.0;
N0480 G00 Z150.0;
N0490 G28 Z0 M06;                       刀具自动返回参考点，并换3号刀
(钻中心孔程序)
N0500 G90 G54 G00 X-20.0 Y-20.0 T04;    绝对编程，建立工件坐标系，刀具快速移动到X-20.0
                                        Y-20.0处
N0510 S1000 M03 M08;                    主轴转速1000 r/min，主轴正转，切削液开

N0520 G43 H03 G00 Z4.0;
N0530 G99 G81 Z-7.0 R2.0 F100;          定点钻孔循环
N0540 Y20.0;
N0550 X20.0;
N0560 G98 Y-20.0;
N0570 G80 G00 Z150.0;                   取消固定循环，刀具快速抬刀至Z150.0处
N0580 G28 Z0 M06;                       刀具自动返回参考点，并换4号刀
(钻孔程序)
N0590 G90 G54 G00 X-20.0 Y-20.0 T05;    绝对编程，建立工件坐标系，刀具快速移动到X-20.0
                                        Y-20.0处，选T05
N0600 S800 M03 M08;

N0610 G43 H03 G00 Z4.0;
N0620 G99 G83 Z-24.0 R4.0 Q5 F100;      钻孔循环
N0630 Y20.0;
N0640 X20.0;
N0650 G98 Y-20.0;
N0660 G80 G00 Z150;
N0670 G28 Z0 M06;                       刀具自动返回参考点，并换5号刀
(铰孔程序)
N0680 G90 G54 G00 X-20.0 Y-20.0;        绝对编程，建立工件坐标系，刀具快速移动到X-20.0
                                        Y-20.0处
N0690 S1200 M03;
N0700 G43 H03 G00 Z4.0;
N0710 G99 G85 Z-23.0 R4.0 F100;         铰孔循环
```

```
N0720 Y20.0;
N0730 X20.0;
N0740 G98 Y-20.0;
N0750 G80 G00 Z150.0;                 取消固定循环
N0760 M05;
N0770 M30;                            程序结束
```

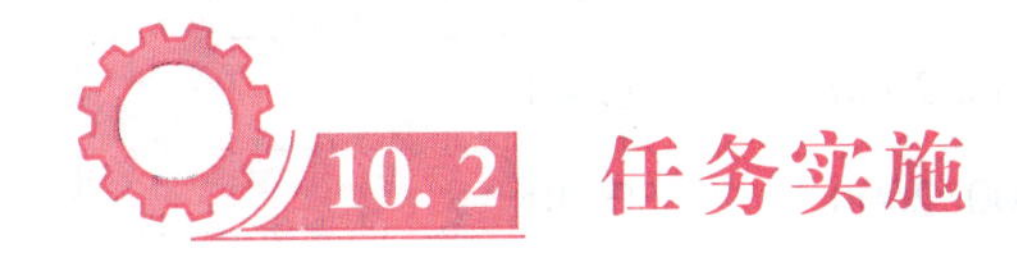

10.2 任务实施

一、工艺过程

图 10-1 所示零件加工工艺过程如下：

（1）用平口台虎钳安装，保证精度；

（2）内外轮廓采取调用子程序层切的办法，底面不保留精加工余量。同时，内外轮廓应用不同刀补功能实现粗、精加工分开，轮廓精加工余量 0.3 mm；

（3）凸台右侧凹弧及上下窄槽加工应用旋转指令，提高编程效率。

二、选择刀具与工艺参数

数控加工刀具卡如表 10-4 所示，数控加工工序卡如表 10-5 所示。

表 10-4　数控加工刀具卡

单　位		数控加工刀具卡片	产品名称			零件图号		
			零件名称			程序编号		
序号	刀具号	刀具名称	参数		补偿值		备注	
			直径	长度	半径	长度		
1	T01	立铣刀	ϕ20		D1 = 20（精） D2 = 20.6（粗）			
2	T02	立铣刀	ϕ6		D3 = 6（精） D4 = 6.6（粗）			
3	T03	麻花钻	ϕ9.8					
4	T04	铰刀	ϕ10H7					

表 10-5 数控加工工序卡

单 位	数控加工工序卡片		产品名称	零件名称	材 料	零件图号
工序号	程序编号	夹具名称	夹具编号	设备名称	编制	审核
工步号	工步内容	刀具号	刀具规格	主轴转速 $S/(r\cdot min^{-1})$	进给速度 $F/(mm\cdot min^{-1})$	背吃刀量 a_p/mm
1	粗精铣外圆轮廓	T01	ϕ20 立铣刀	1500/2000	50/40	
2	粗精铣凹弧	T01	ϕ20 立铣刀	1500/2000	50/40	
3	粗精铣内圆轮廓	T01	ϕ20 立铣刀	1500/2000	50/40	
4	粗精铣右槽	T02	ϕ6 立铣刀	1500/2000	50/40	
5	粗精铣上槽	T02	ϕ6 立铣刀	1500/2000	50/40	
6	粗精铣下槽	T03	ϕ6 立铣刀	1500/2000	50/40	
7	钻 4×ϕ9.8 孔	T04	ϕ9.8 麻花钻	1000	40	
8	铰 4×ϕ10H7 孔	T05	ϕ10 H7 铰刀	1000	40	

三、装夹工件

用平口台虎钳装夹工件，工件上表面高出钳口 17 mm 左右。工件安装必须地面垫实、夹紧，校正固定钳口的平行度以及工件上表面的平行度，确保几何公差要求。

四、编制程序

程序为数控铣床加工程序，换刀时应用程序暂停 M00 指令。

加工程序如下：

```
O0070;                    主程序名
G90G54G00Z100;            建立工件坐标系
X0Y0;
M03S1500;                 启动主轴
T1M08;                    调 1 号 φ20 立铣刀，打开切削液
G00X-60Y-60;              快速到外圆轮廓位置
Z10;                      快速到下刀点
G01Z0F50D02;              切削下刀到工件上表面，调 2 号刀补
M98P80071;                调用子程序 8 次粗加工外圆轮廓
G01Z-7F50;                到精加工位置
M03S2000F40D01;           调 1 号刀补准备精加工
```

M98P0071;	调用子程序 1 次精加工外圆轮廓
G01Z10F100;	抬刀
G00X60Y-60;	快速到达凹弧下刀位置
M03S1500;	变速准备粗加工
G01Z0F50D02;	下刀，调 2 号刀补
M98P80072;	调用子程序 8 次粗加工凹弧
G01Z-7D01;	到精加工位置
M03S2000;	变速准备精加工
M98P0072;	调用子程序 1 次精加工凹弧
G01Z10F100;	抬刀
M03S1500;	变速准备粗加工
G68X0Y0R90;	坐标系逆时针旋转 90°
G00X60Y-60;	快速到下刀位置
G01Z0F50D02;	下刀调 2 号刀补，准备粗加工
M98P80072;	调用子程序 8 次粗加工外轮廓凹弧
G01Z-7D01;	到精加工位置，调 1 号刀补
M03S2000;	变速准备精加工
M98P0072;	调用子程序 1 次精加工凹弧
G01Z10F100;	抬刀
G69;	取消坐标系旋转
G00X-15Y0;	快速内圆轮廓下刀位置
G01Z0F50D02;	下刀，调 2 号刀补
M98P50073;	调用子程序 5 次粗加工内圆轮廓
G01Z-4F50D01;	到精加工位置，调 1 号刀补
M03S2000;	变速准备精加工
M98P0073;	调用子程序 1 次精加工内圆轮廓
G01Z10F100;	抬刀
G00Z100;	Z 轴返回
X0Y0M09;	XY 轴返回
M05;	
M00;	
T2;	换 2 号 φ6 立铣刀
G00X50Y0;	快速到右侧窄槽下刀位置
Z10 M08;	快速下刀
G01Z0F50D04;	切削下刀，调 4 号刀补
M03S1500;	变速准备粗加工右槽
M98P30074;	调子程序 3 次粗加工右槽
G01Z-2F50D03;	到精加工位置，调 3 号刀补
M03S2000;	变速准备精加工加工右槽

```
M98P0074;                         调子程序1次精加工右槽
G00Z10;                           抬刀
G68X0Y0R90;                       坐标系逆时针旋转90°
G00X50Y0;                         快速到下刀位置
G01Z0F50D04;                      切削下刀到工件上表面，调4号刀补
M03S1500;
M98P30074;                        调子程序3次粗加工上槽
G01Z-2D03;
M03S2000;
M98P0074;                         调子程序1次精加工上槽
G69;                              取消坐标系旋转
G00Z10;                           抬刀
M03S1500;
G68X0Y0R-90;                      坐标系顺时针旋转90°
G00X50Y0;
G01Z0F50D04;
M98P30074;                        调子程序3次粗加工下槽
G01Z-2D03;
M03S2000;
M98P0074;                         调子程序1次精加工下槽
G01Z10F100;
G69;                              取消坐标系旋转
G00Z100;                          Z轴返回
X0Y0M09;                          XY轴返回
M05;
M00;
T3;                               换3号φ9.8钻头
G00Z50M08;                        快速到起始点
M03S1000;                         启动主轴
G99G83X-33Y-33Z-25R10Q2F40;       钻孔循环，钻左下方孔，并返回R点
X33;                              钻右下方孔
Y33;                              钻右上方孔
G98X-33;                          钻左上方孔，并返回起始点
G00Z100;
X0Y0M09;
M05;
M00;
T4;                               换4号φ10H7铰刀
G00Z50 M08;
```

```
M03S1000;                          启动主轴
G99G83X-33Y-33Z-25R10Q2F40;
X33;
Y33;
G98X-33;
G00Z100M09;                        Z 轴返回，关闭切削液
X0Y0;
M05;                               主轴停
M30;                               程序结束并返回

O0071;                             外轮廓子程序名
G91G01Z-1;                         增量下刀 1 mm
G90G42G01Y-38;                     建刀补
G01X0;                             直线切入
G03X0Y-38I0J38;                    切外圆轮廓
G01X60;                            直线切出
G40G01X-60Y-60;                    取消刀补
M99;                               子程序结束并返回主程序

O0072;                             外轮廓凹弧子程序名
G91G01Z-1;                         增量下刀 1 mm
G90G42G01X10;                      建刀补
Y-30;                              直线切入
G02X30Y-10R20;
G01X60;                            直线切出
G40G01Y-60;                        取消刀补
M99;                               子程序结束并返回主程序

O0073;                             内圆轮廓子程序名
G91G01Z-1;                         增量下刀 1 mm
G90G42G01X-13Y13;                  建刀补
G02X0Y0R13;                        圆弧切入
G02X0Y0I-15J0;                     加工内圆轮廓
G02X-13Y-13R13;                    圆弧切出
G40G01X-15Y0;                      取消刀补
M99;                               子程序结束并返回主程序

O0074;                             窄槽子程序名
G91G01Z-1;                         增量下刀 1 mm
```

```
G90G42G01Y-5;          建刀补
G01X20;
G02X20Y5R5;
G01X50;
G40G01Y0;              取消刀补
M99;                   子程序结束并返回主程序
```

10.3 任务评价

1. 个人知识和技能评价

个人知识和技能评价表如表 10-6 所示。

表 10-6 个人知识和技能评价表

评价项目	项目评价内容	分值	自我评价	小组评价	教师评价	得分
项目理论知识	①编程格式及走刀路线	5				
	②基础知识融会贯通	5				
	③零件图纸分析	5				
	④制订加工工艺	5				
	⑤加工技术文件的编制	5				
项目实操技能	①程序的输入	5				
	②图形模拟	10				
	③刀具、毛坯的装夹及对刀	5				
	④加工工件	5				
	⑤尺寸与粗糙度等的检验	5				
	⑥设备维护和保养	10				
安全文明生产	①正确开、关机床	5				
	②工具、量具的使用及放置	5				
	③机床维护和安全用电	5				
	④卫生保持及机床复位	5				
职业素质培养	①出勤情况	5				
	②车间纪律	5				
	③团队协作精神	5				
合计总分						

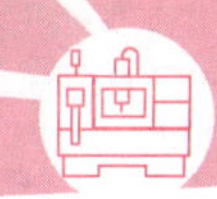

2. 小组学习实例评价

小组学习实例评价表如表 10-7 所示。

表 10-7　小组学习实例评价表

班级：__________　　小组编号：__________　　成绩：__________

评价项目	评价内容及评价分值			学员自评	同学互评	教师评分
分工合作	优秀（12~15 分）	良好（9~11 分）	继续努力（9 分以下）			
	小组成员分工明确，任务分配合理，有小组分工职责明细表	小组成员分工较明确，任务分配较合理，有小组分工职责明细表	小组成员分工不明确，任务分配不合理，无小组分工职责明细表			
获取与项目有关质量、市场、环保等内容的信息	优秀（12~15 分）	良好（9~11 分）	继续努力（9 分以下）			
	能使用适当的搜索引擎从网络等多种渠道获取信息，并合理地选择信息、使用信息	能从网络获取信息，并较合理地选择信息、使用信息	能从网络或其他渠道获取信息，但信息选择不正确，信息使用不恰当			
实操技能操作情况	优秀（16~20 分）	良好（12~15 分）	继续努力（12 分以下）			
	能按技能目标要求规范完成每项实操任务，能正确分析机床可能出现的报警信息，并对显示故障能迅速排除	能按技能目标要求规范完成每项实操任务，但仅能正确分析机床可能出现的部分报警信息，并对显示故障能迅速排除	能按技能目标要求完成每项实操任务，但规范性不够。不能正确分析机床可能出现的报警信息，不能迅速排除显示故障			
基本知识分析讨论	优秀（16~20 分）	良好（12~15 分）	继续努力（12 分以下）			
	讨论热烈，各抒己见，概念准确，原理思路清晰，理解透彻，逻辑性强，并有自己的见解	讨论没有间断，各抒己见，分析有理有据，思路基本清晰	讨论能够展开，分析有间断，思路不清晰，理解不够透彻			
成果展示	优秀（24~30 分）	良好（18~23 分）	继续努力（18 分以下）			
	能很好地理解项目的任务要求，成果展示逻辑性强，熟练利用信息平台进行成果展示	能较好地理解项目的任务要求，成果展示逻辑性强，能较熟练利用信息平台进行成果展示	基本理解项目的任务要求，成果展示停留在书面和口头表达，不能熟练利用信息平台进行成果展示			
合计总分						

10.4 职业技能鉴定指导

1. 知识技能复习要点

(1) 能读懂中等复杂程度（如壳体、板状）的零件图。

(2) 能编制由直线、圆弧等构成的二维轮廓零件的铣削加工工艺文件。

(3) 能使用铣削加工常用夹具（如压板、台虎钳、平口钳等）装夹零件。

(4) 能够根据数控加工工艺文件选择、安装和调整数控铣床常用刀具。

(5) 掌握数控铣削编程知识与方法。

(6) 能够熟练操作数控铣床。

(7) 能够熟练进行对刀操作。

(8) 会输入设置刀具补偿参数等。

(9) 能应用数控铣床/加工中心加工零件。

(10) 能应用量具检测零件。

(11) 熟悉数控铣床/加工中心文明操作规程与机床维护保养方法。

(12) 熟悉数控铣床/加工中心国家职业标准。

2. 理论复习（模拟试题）

(1) 以下叙述错误的是(　　)。

A. 钻头也可以用作扩孔　　B. 扩孔钻没有横刃

C. 扩孔通常安排在铰孔之后　　D. 扩孔的加工质量比钻孔高

(2) 用于加工沟槽的铣刀有三面刃铣刀和(　　)。

A. 立铣刀　　B. 圆柱铣刀

C. 端铣刀　　D. 铲齿铣刀

(3) 造成键槽对称度超差的原因有(　　)。

A. 背吃刀量不一致

B. 工艺系统变形

C. 零件存在定位误差

D. 背吃刀量不一致、工艺系统变形、零件存在定位误差都有可能

(4) 35F8 与 20H9 两个公差等级中，(　　)的精确程度高。

A. 35F8　　B. 20H9　　C. 相同　　D. 无法确定

(5) 以下(　　)故障会产生报警信号。

A. 机床失控　　B. 机床振动

C. 机床移动时噪声过大　　D. 坐标轴超程

(6) 工件热变形若均匀受热产生(　　)。

A. 尺寸误差　　B. 几何形状误差

C. 相互位置误差　　D. 都可能产生

(7) 加工精度愈高，加工误差愈(　　)。

A. 大　　B. 小　　C. 不变　　D. 都不对

(8) 如果实际刀具与编程刀具长度不符时，可用长度补偿来进行修正，不必改变所编程序。(　　)

(9) 机床运行前应先返回参考点检查参考点位置是否正确，再空运行预热几分钟。(　　)

(10) 加工中心返回参考点时，一般是先 X 轴后 Y、Z 轴。(　　)

3. 技能实训（真题）

见任务 4 职业技能鉴定指导。

任务11

数控铣削加工凹模

知识目标

1. 掌握凹模等相关零件的加工工艺知识与编程指令（职业技能鉴定点）；
2. 熟悉加工准备的步骤与方法（职业技能鉴定点）；
3. 掌握制订刀具卡和工序卡的方法（职业技能鉴定点）；
4. 熟悉中级数控铣床/加工中心国家职业技能标准（职业技能鉴定点）。

技能目标

1. 熟练装夹刀具和工件（职业技能鉴定点）；
2. 能分析中等复杂程度及以上的数控铣床/加工中心加工工艺（职业技能鉴定点）；
3. 掌握凹模等零件的测量和控制质量方法（职业技能鉴定点）；
4. 掌握编制和调试加工程序的方法（职业技能鉴定点）；
5. 掌握中级数控铣床/加工中心操作技能，养成安全文明生产的好习惯（职业技能鉴定点）；
6. 能设置刀具补偿（职业技能鉴定点）。

素养目标

1. 培养工匠精神，强化产品质量意识；
2. 培养吃苦耐劳、开拓进取、勇于创新、大胆实践等意志品质；
3. 培养甘于寂寞、乐于奉献的钉子精神；
4. 培养分析和解决实际问题的能力、独立思考及可持续发展能力。

11.1 任务描述——加工凹模

凹模零件如图 11-1 所示，材料为 45 钢，零件毛坯尺寸为 126 mm×92 mm×25 mm。

【实例 11-1】

1. 任务描述——加工型腔板

型腔板如图 11-2 所示，要求铣出上表面、凹槽、孔等，工件材料为 45 钢，试编写其加工程序。

1）分析工艺

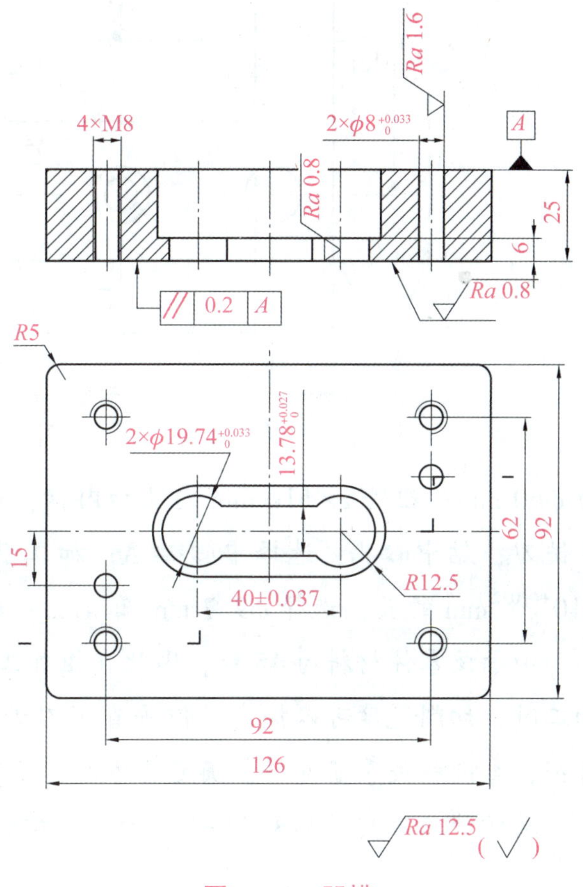

图 11-1　凹模

型腔板零件主要的加工内容包括：铣削上表面、凹槽，钻孔和铰孔等；按照加工顺序确定的基本原则，该零件内轮廓的加工采用先粗后精的方法加工，如果是单件加工可以只编写精加工程序，粗加工通过修改刀具半径补偿的方法设置精加工余量；如果是批量生产应直接编写粗、精加工程序，以便提高加工效率；为了防止加工表面时切屑掉入已加工的孔内，使已铰好的孔壁划伤，将孔加工安排在表面加工之后。如果图样不要求加工上表面，该面只钻孔、镗孔、铰孔等，则在工件装夹时应用百分表校平该平面，然后再加工，这样才能保证孔、槽的深度尺寸及位置精度。根据孔加工的精度要求，两沉头孔精度较低，采用钻孔+铣孔工艺加工，$4\times\phi10^{+0.022}_{0}$mm 孔采用钻孔（含钻中心孔）+铰孔工艺保证精度。具体加工顺序如下。

（1）粗、精铣毛坯料上表面。粗铣余量根据毛坯情况由程序控制，留精铣余量 0.5 mm。

（2）钻中心孔。

（3）铣 2×ϕ10 mm 孔及粗铣内槽。

（4）精铣内槽。

（5）钻 2×ϕ6 mm 的通孔。

（6）钻 $4\times\phi10^{+0.022}_{0}$mm 的底孔。

（7）铰 $4\times\phi10^{+0.022}_{0}$mm 孔。

2）选择刀具与工艺参数

根据零件图所示零件的加工部位，粗、精铣上表面选择镶片硬质合金面铣刀一把，直径

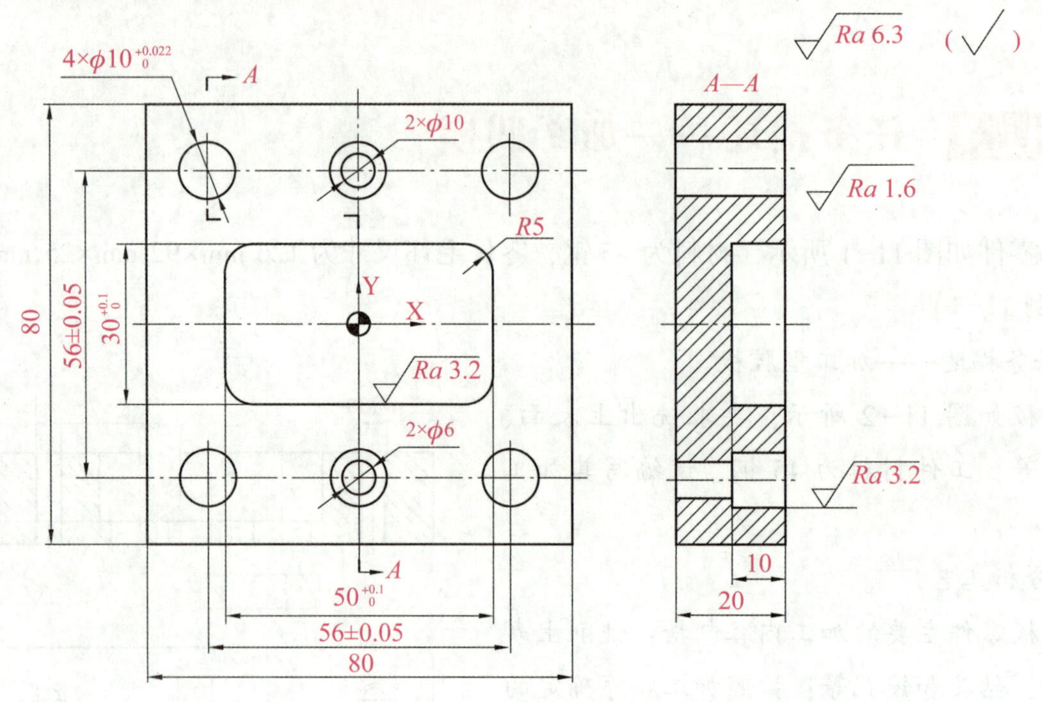

图 11-2 型腔板

为 ϕ60 mm；粗铣 2×ϕ10 mm 内孔和内槽，选择 ϕ10 mm 键槽铣刀；精铣内槽，选择 ϕ10 mm 立铣刀；钻中心孔，选择中心钻 A；加工 2×ϕ6mm 的孔，选择 ϕ6 mm 麻花钻；粗加工 4×$\phi10^{+0.022}_{0}$mm 的孔，选择 ϕ9.7 mm 麻花钻；精加工 4×$\phi10^{+0.022}_{0}$mm 孔，选择 ϕ10H8 机用铰刀。

由于该零件材料为 45 钢，因此在粗加工时的深度除留精加工余量外，可以一刀切完；精加工时，切削速度可以提高，但垂直下刀进给量应小。综合考虑数控机床性能、刀具和工艺特征，查阅相关手册资料，确定具体刀具参数和切削用量参数。

数控加工刀具卡如表 11-1 所示、数控加工工序卡如表 11-2 所示。

表 11-1 数控加工刀具卡

单位		数控加工刀具卡片		产品名称		零件图号	
				零件名称		程序编号	
序号	刀具号	刀具名称	参数		补偿值		备注
			直径	长度	半径	长度	
1	T01	粗、精铣坯料上表面	ϕ60 面铣刀				
2	T02	钻中心孔	A2 中心钻				
3	T03	4×ϕ10 内孔和内槽加工	ϕ10 键槽铣刀				
4	T04	精铣内槽	ϕ10 立铣刀				
5	T05	钻 ϕ6 的通孔	ϕ6 麻花钻				
6	T06	钻 4×$\phi10^{+0.022}_{0}$的底孔	ϕ9.7 麻花钻				
7	T07	铰 4×$\phi10^{+0.022}_{0}$的孔	ϕ10H8 机用铰刀				

表 11-2 数控加工工序卡

单　位	数控加工工序卡片		产品名称	零件名称	材　料	零件图号
工序号	程序编号	夹具名称	夹具编号	设备名称	编制	审核
工步号	工步内容	刀具号	刀具规格	主轴转速 S/(r·min^{-1})	进给速度 F/(mm·min^{-1})	背吃刀量 a_p/mm
1	粗、精铣坯料上表面	T01	ϕ60 面铣刀	500/800	100/80	
2	钻中心孔	T02	A2 中心钻	1000	100	
3	4×ϕ10 内孔和内槽加工	T03	ϕ10 键槽铣刀	800	100	
4	精铣内槽	T04	ϕ10 立铣刀	1000	80	
5	钻 ϕ6 的通孔	T05	ϕ6 麻花钻	1000	100	
6	钻 4×$\phi10^{+0.022}_{0}$的底孔	T06	ϕ9.7 麻花钻	800	100	
7	铰 4×$\phi10^{+0.022}_{0}$的孔	T07	ϕ10H8 机用铰刀	1200	80	

3）装夹方案

采用平口钳装夹工件。平口钳安装在工作台上，用百分表校正钳口。工件装夹在平口钳上并用平行垫铁垫起（注意：为了防止钳口受力不均，工件应安装在钳口的中间部位），使工件伸出钳口 6~8 mm 左右，X、Y 方向用寻边器对刀，Z 方向用 Z 轴设定器对刀。

4）编制程序

选择工件上表面中心作为工件坐标系 X、Y 原点，工件的上表面为工件坐标系的 Z=1 面。机床选用 FANUC 0i-M，加工程序如下：

```
O0003;
(粗、精铣坯料上表面程序)
N0010 G21 G17 G40 G49 G80;          设置机床初始状态
N0020 M03 S500 M08;                 主轴正转，主轴转速 500 r/min，切削液开
N0030 G90 G54 G00 X-80.0 Y20.0;     建立工件坐标系、快速移动到 X-80.0 Y20.0 处
N0040 G43 Z4.0 H01;                 刀具快速移动到 Z4.0 处，调用 1 号刀具长度补偿
N0050 G01 Z0.5 F100;                直线进给到工件上 0.5 mm 处，进给速度 100 mm/min
N0060 X80.0;                        直线进给到 X80.0 处
N0070 G00 Z4.0;                     刀具快速移动到 Z4.0 处
N0080 X-80.0 Y-20.0;                刀具快速移动到 X-80.0 Y-20.0 处
N0090 G01 Z0.5;                     直线进给到工件上 0.5 mm 处
N0100 X80.0;                        直线进给到 X80.0 处
N0110 G00 Z4.0;                     刀具快速移动到 Z4.0 处
```

N0120 G00 X-80.0 Y20.0;	刀具快速移动到 X-80.0 Y20.0 处
N0130 M03 S800;	主轴顺时针方向旋转，主轴转速 800 r/min，工件表面精加工
N0140 G01 Z0.0 F80;	刀具直线进给到工件表面上，进给速度 80 mm/min
N0150 X80.0;	直线进给到 X80.0 处
N0160 G00 Z4.0;	刀具快速移动到 Z4.0 处
N0170 X-80.0 Y-20.0;	刀具快速移动到 X-80.0 Y-20.0 处
N0180 G01 Z0.0;	直线进给到工件上 0 mm 处
N0190 X80.0;	直线进给到 X80.0 处
N0200 G00 Z150.0;	刀具快速抬起到 150 mm 处
N0210 M05 M09 M00;	主轴停止，切削液关，程序暂停，安装 T02 刀具
（钻中心孔程序）	
N0220 G90 G54 G00 X-28.0 Y28.0;	绝对编程、建立工件坐标系、刀具快速移动到 X-28.0 Y28.0 处
N0230 S1000 M03 M08;	主轴正转，主轴转速为 1000 r/min，切削液开
N0240 G43 G00 Z4.0 H02;	刀具快速移动到 Z4.0 处，调用 2 号刀具长度补偿
N0250 G99 G81 Z-3.0 R4.0 F100;	定点钻孔循环，钻中心孔深 3 mm，刀具返回到 R 平面
N0260 X0.0 Y28.0;	
N0270 X28.0 Y28.0;	
N0280 X28.0 Y-28.0;	
N0290 X0.0 Y-28.0;	
N0300 G98 X-28.0 Y-28.0;	
N0310 G80 G00 Z100.0;	取消定点钻孔循环，刀具沿 Z 轴快速移动到 Z100.0 处
N0320 M05 M09 M00;	主轴停止，切削液关，程序暂停，安装 T03 刀具
（铣 2×ϕ10 mm 孔程序）	
N0330 G90 G54 G00 X-28.0 Y28.0;	绝对编程、建立工件坐标系、刀具快速移动到 X-28.0 Y28.0 处
N0340 S800 M03 M08;	主轴正转，主轴转速为 800 r/min，切削液开
N0350 G43 G00 Z4.0 H03;	刀具快速移动到 Z4.0 处，调用 3 号刀具长度补偿
N0360 G01 Z-10.0 F100;	铣孔深为 10 mm
N0370 G04 X4.0;	刀具暂停 5 s
N0380 G01 Z4.0;	刀具抬刀至 Z4.0 处
N0390 G00 Y-28.0;	刀具快速移动到 Y-28.0 处
N0400 G01 Z-10.0 F100;	铣孔深为 10 mm
N0410 G04 X4.0;	刀具暂停 5 s
N0420 G01 Z4.0;	刀具抬刀至 Z4.0 处
（粗铣内轮廓程序）	
N0430 G00 X10.0 Y10.0;	刀具快速移动到 X10.0 Y10.0 处
N0440 G01 Z-4.0 F100;	刀具沿 Z 向以 100 mm/min 的进给速度移动到 Z-4.0 处
N0450 X11.0;	直线进给到 X11.0 处
N0460 Y2.0;	直线进给到 Y2.0 处
N0470 X-11.0;	直线进给到 X-11.0 处

N0480 Y-2. 0;	直线进给到 Y-2. 0 处
N0490 X11. 0;	直线进给到 X11. 0 处
N0500 Y0. 0;	直线进给到 Y0. 0 处
N0510 X19. 0;	直线进给到 X19. 0 处
N0520 Y10. 0;	直线进给到 Y10. 0 处
N0530 X-19. 0;	直线进给到 X-19. 0 处
N0540 Y-10. 0;	直线进给到 Y-10. 0 处
N0550 X19. 0;	直线进给到 X19. 0 处
N0560 Y0. 0;	直线进给到 Y0. 0 处
N0570 Z4. 0;	直线进给到 Z4. 0 处
N0580 G00 Z50. 0;	刀具快速沿 Z 向移动到 Z50. 0 处
N0590 X10. 0;	刀具快速移动到 X10. 0 处
N0600 Z0. 0;	刀具快速移动到 Z0. 0 处
N0610 G01 Z-10. 0 F100;	刀具沿 Z 向以 F100 速度移动到 Z-10. 0 处
N0620 X11. 0;	直线进给到 X11. 0 处
N0630 Y2. 0;	直线进给到 Y2. 0 处
N0640 X-11. 0;	直线进给到 X-11. 0 处
N0650 X-11. 0;	直线进给到 X-11. 0 处
N0660 X11. 0;	直线进给到 X11. 0 处
N0670 Y0. 0;	直线进给到 Y0. 0 处
N0680 X19. 0;	直线进给到 X19. 0 处
N0690 Y10. 0;	直线进给到 Y10. 0 处
N0700 X-19. 0;	直线进给到 X-19. 0 处
N0710 Y-10. 0;	直线进给到 Y-10. 0 处
N0720 X19. 0;	直线进给到 X19. 0 处
N0730 Y0. 0;	直线进给到 Y0. 0 处
N0740 Z4. 0;	直线进给到 Z4. 0 处
N0750 G00 Z150. 0;	刀具快速沿 Z 向移动到 Z150. 0 处
N0760 M05 M09 M00;	主轴停止，切削液关，程序暂停，安装 T04 刀具
N0770 G90 G54 G00 X-20. 0 Y4. 0;	绝对编程、建立工件坐标系、刀具快速移动到 X-20. 0 Y4. 0 处
N0780 S1000 M03 M08;	主轴正转，主轴转速为 1000 r/min，切削液开
N0790 G43 Z4. 0 H04;	调用 4 号刀具长度补偿
（精铣内轮廓程序）	
N0800 G01 Z-10. 0 F80;	刀具以 F80 的速度沿直线移动到 Z-10. 0 处
N0810 G41 X-10. 0 D04;	调用刀具左补偿
N0820 Y-14. 0;	直线进给到 Y-14. 0 处
N0830 X20. 0;	直线进给到 X20. 0 处
N0840 G03 X24. 0 Y-10. 0 R4. 0;	逆时针圆弧插补
N0850 G01 Y10. 0;	直线进给到 Y10. 0 处

N0860 G03 X20. 0 Y14. 0 R4. 0；	逆时针圆弧插补
N0870 G01 X-20. 0；	直线进给到 X-20. 0 处
N0880 G03 X-24. 0 Y10. 0 R4. 0；	逆时针圆弧插补
N0890 G01 Y-10. 0；	直线进给到 Y-10. 0 处
N0900 G03 X-20. 0 Y-14. 0 R4. 0；	逆时针圆弧插补
N0910 G01 X0. 0；	直线进给到 X0. 0 处
N0920 G40 G01 Y4. 0；	取消刀具半径补偿，直线进给到 Y4. 0 处
N0930 Z0. 0；	刀具沿 Z 向移动到 Z0. 0 处
N0940 G00 Z150. 0；	刀具快速移动到 Z150. 0 处
N0950 M05 M09 M00；	主轴停止，切削液关，程序暂停，安装 T05 刀具
N0960 G90 G54 G00 X0. 0 Y28. 0；	绝对编程、建立工件坐标系、刀具快速移动到 X0. 0 Y28. 0 处
N0970 S1000 M03 M08；	主轴正转，主轴转速为 1000 r/min，切削液开
N0980 G43 Z4. 0 H05；	调用 5 号刀具长度补偿
（钻 ϕ6 mm 的通孔程序）	
N0990 G99 G83 Z-24. 0 R4. 0 Q4. 0 F80；	调用孔加工循环，钻孔深 24 mm，刀具返回 R 平面
N1000 G98 X0. 0 Y-28. 0；	
N1010 G80 G00 Z150. 0；	取消钻孔循环，刀具沿 Z 轴快速移动到 Z150. 0 处
N1020 M05 M09 M00；	主轴停止，切削液关，程序暂停，安装 T06 刀具
N1030 G90 G54 G00 X-28. 0 Y28. 0；	绝对编程、建立工件坐标系、刀具快速移动到 X-28. 0 Y28. 0 处
N1040 S800 M03 M08；	主轴正转，主轴转速为 800 r/min，切削液开
N1050 G43 Z4. 0 H06；	调用 6 号刀具长度补偿
（钻 4×$\phi10^{+0.022}_{0}$mm 底孔程序）	
N1060 G99 G83 Z-24. 0 R4. 0 Q4. 0 F100；	调用孔加工循环，钻孔深 24 mm，刀具返回 R 平面
N1070 X28. 0 Y28. 0；	继续在 X28. 0 Y28. 0 钻孔
N1080 X28. 0 Y-28. 0；	继续在 X28. 0 Y-28. 0 钻孔
N1090 G98 X-28. 0 Y-28. 0；	继续在 X-28. 0 Y-28. 0 钻孔
N1100 G80 G00 Z100. 0；	取消钻孔循环，刀具沿 Z 轴快速移动到 Z100. 0 处
N1110 M05 M09 M00；	主轴停止，切削液关，程序暂停，安装 T07 刀具
N1120 G90 G54 G00 X-28. 0 Y28. 0；	绝对编程、建立工件坐标系、刀具快速移动到 X-28. 0 Y28. 0 处
N1130 S1200 M03 M08；	主轴正转，主轴转速为 1200 r/min，切削液开
N1140 G43 Z4. 0 H07；	调用 7 号刀具长度补偿
（铰 4×$\phi10^{+0.022}_{0}$mm 孔程序）	
N1150 G99 G85 Z-23. 0 R4. 0 Q4. 0 F80；	调用铰孔加工循环，钻孔深 23 mm，刀具返回 R 平面
N1160 X28. 0 Y28. 0；	继续在 X28. 0 Y28. 0 铰孔
N1170 X28. 0 Y-28. 0；	继续在 X28. 0 Y-28. 0 铰孔
N1180 G98 X-28. 0 Y-28. 0；	继续在 X-28. 0 Y-28. 0 铰孔
N1190 G80 G00 Z100. 0；	取消铰孔循环，刀具沿 Z 轴快速移动到 Z100. 0 处

N1200 M05 M09;	主轴停止，切削液关
N1210 M30;	程序结束

加工中心程序：

O0004;	
(粗、精铣坯料上表面程序)	
N0010 G21 G17 G40 G49 G80;	设置机床初始状态
N0020 G28 Z0;	刀具自动返回参考点
N0030 M06 T01;	自动换刀
N0040 M03 S500 M08;	主轴正转，主轴转速 500 r/min，切削液开
N0050 G90 G54 G00 X-80.0 Y20.0 T02;	建立工件坐标系、快速移动到 X-80.0 Y20.0 处，换 T02
N0060 G43 Z4.0 H01;	刀具快速移动到 Z4.0 处，调用 1 号刀具长度补偿
N0070 G01 Z0.5 F100;	直线进给到工件上 0.5 mm 处，进给速度 100 mm/min
N0080 X80.0;	直线进给到 X80.0 处
N0090 G00 Z4.0;	刀具快速移动到 Z4.0 处
N0100 X-80.0 Y-20.0;	刀具快速移动到 X-80.0 Y-20.0 处
N0110 G01 Z0.5;	直线进给到工件上 0.5 mm 处
N0120 X80.0;	直线进给到 X80.0 处
N0130 G00 Z4.0;	刀具快速移动到 Z4.0 处
N0140 G00 X-80.0 Y20.0;	刀具快速移动到 X-80.0 Y20.0 处
N0150 M03 S800;	主轴顺时针方向旋转，主轴转速 800 r/min，工件表面精加工
N0160 G01 Z0.0 F80;	刀具直线进给到工件表面上，进给速度 80 mm/min
N0170 X80.0;	直线进给到 X80.0 处
N0180 G00 Z4.0;	刀具快速移动到 Z4.0 处
N0190 X-80.0 Y-20.0;	刀具快速移动到 X-80.0 Y-20.0 处
N0200 G01 Z0.0;	直线进给到工件上 0 mm 处
N0210 X80.0;	直线进给到 X80.0 处
N0220 G00 Z150.0;	刀具快速抬起到 150 mm 处
N0230 G28 Z0 M06;	自动返回参考点，并换 2 号刀
(钻中心孔程序)	
N0240 G90 G54 G00 X-28.0 Y28.0 T03;	绝对编程、建立工件坐标系、刀具快速移动到 X-28.0 Y28.0 处，换 T03
N0250 S1000 M03;	主轴正转，主轴转速为 1000 r/min
N0260 G43 G00 Z4.0 H02;	刀具快速移动到 Z4.0 处，调用 2 号刀具长度补偿
N0270 G99 G81 Z-3.0 R4.0 F100;	定点钻孔循环，钻中心孔深 3 mm，刀具返回到 R 平面
N0280 X0.0 Y28.0;	
N0290 X28.0 Y28.0;	
N0300 X28.0 Y-28.0;	

```
N0310 X0.0 Y-28.0;
N0320 G98 X-28.0 Y-28.0;
N0330 G80 G00 Z100.0;              取消定点钻孔循环，刀具沿 Z 轴快速移动到 Z100.0 处
N0340 G28 Z0 M06;                  自动返回参考点，并换 3 号刀
(铣 2×φ10 mm 孔程序)
N0350 G90 G54 G00 X0.0 Y28.0 T04;  绝对编程、建立工件坐标系、刀具快速移动到 X0.0
                                   Y28.0 处，换 T04
N0360 S800 M03;                    主轴正转，主轴转速为 800 r/min
N0370 G43 G00 Z4.0 H03;            刀具快速移动到 Z4.0 处，调用 3 号刀具长度补偿
N0380 G01 Z-10.0 F100;             铣孔深为 10 mm
N0390 G04 X4.0;                    刀具暂停 5 s
N0400 G01 Z4.0;                    刀具抬刀至 Z4.0 处
N0410 G00 Y-28.0;                  刀具快速移动 Y-28.0 处
N0420 G01 Z-10.0 F100;             铣孔深为 10 mm
N0430 G04 X4.0;                    刀具暂停 5 s
N0440 G01 Z4.0;                    刀具抬刀至 Z4.0 处
(粗铣内轮廓程序)
N0450 G00 X10.0 Y0.0;              刀具快速移动到 X10.0 Y10.0 处
N0460 G01 Z-4.0 F100;              刀具沿 Z 向以 F100 速度移动到 Z-4.0 处
N0470 X11.0;                       直线进给到 X11.0 处
N0480 Y2.0;                        直线进给到 Y2.0 处
N0490 X-11.0;                      直线进给到 X-11.0 处
N0500 Y-2.0;                       直线进给到 Y-2.0 处
N0510 X11.0;                       直线进给到 X11.0 处
N0520 Y0.0;                        直线进给到 Y0.0 处
N0530 X19.0;                       直线进给到 X19.0 处
N0540 Y10.0;                       直线进给到 Y10.0 处
N0550 X-19.0;                      直线进给到 X-19.0 处
N0560 Y-10.0;                      直线进给到 Y-10.0 处
N0570 X19.0;                       直线进给到 X19.0 处
N0580 Y0.0;                        直线进给到 Y0.0 处
N0590 Z4.0;                        直线进给到 Z4.0 处
N0600 G00 Z50.0;                   刀具快速沿 Z 向移动到 Z50.0 处
N0610 X10.0;                       刀具快速移动到 X10.0 处
N0620 Z0.0;                        刀具快速移动到 Z0.0 处
N0630 G01 Z-10.0 F100;             刀具沿 Z 向以 F100 速度移动到 Z-10.0 处
N0640 X11.0;                       直线进给到 X11.0 处
N0650 Y2.0;                        直线进给到 Y2.0 处
N0660 X-11.0;                      直线进给到 X-11.0 处
```

程序	说明
N0670 X-11. 0;	直线进给到 X-11. 0 处
N0680 X11. 0;	直线进给到 X11. 0 处
N0690 Y0. 0;	直线进给到 Y0. 0 处
N0700 X19. 0;	直线进给到 X19. 0 处
N0710 Y10. 0;	直线进给到 Y10. 0 处
N0720 X-19. 0;	直线进给到 X-19. 0 处
N0730 Y-10. 0;	直线进给到 Y-10. 0 处
N0740 X19. 0;	直线进给到 X19. 0 处
N0750 Y0. 0;	直线进给到 Y0. 0 处
N0760 Z4. 0;	直线进给到 Z4. 0 处
N0770 G00 Z150. 0;	刀具快速沿 Z 向移动到 Z150. 0 处
N0780 G28 Z0 M06;	自动返回参考点，并换 4 号刀
N0790 G90 G54 G00 X-20. 0 Y4. 0 T05;	绝对编程、建立工件坐标系、刀具快速移动到 X-20. 0 Y4. 0 处，换 T05
N0800 S1000 M03;	主轴正转，主轴转速为 1000 r/min
N0810 G43 Z4. 0 H04;	调用 4 号刀具长度补偿
(精铣内轮廓程序)	
N0820 G01 Z-10. 0 F80;	刀具以 F80 的速度沿直线移动到 Z-10. 0 处
N0830 G41 X-10. 0 D04;	调用刀具左补偿
N0840 Y-14. 0;	直线进给到 Y-14. 0 处
N0850 X20. 0;	直线进给到 X20. 0 处
N0860 G03 X24. 0 Y-10. 0 R4. 0;	逆时针圆弧插补
N0870 G01 Y10. 0;	直线进给到 Y10. 0 处
N0880 G03 X20. 0 Y14. 0 R4. 0;	逆时针圆弧插补
N0890 G01 X-20. 0;	直线进给到 X-20. 0 处
N0900 G03 X-24. 0 Y10. 0 R4. 0;	逆时针圆弧插补
N0910 G01 Y-10. 0;	直线进给到 Y-10. 0 处
N0920 G03 X-20. 0 Y-14. 0 R4. 0;	逆时针圆弧插补
N0930 G01 X0. 0;	直线进给到 X0. 0 处
N0940 G40 G01 Y4. 0;	取消刀具半径补偿，直线进给到 Y4. 0 处
N0950 Z0. 0;	刀具沿 Z 向移动到 Z0. 0 处
N0960 G00 Z150. 0;	刀具快速移动到 Z150. 0 处
N0970 G28 Z0 M06;	自动返回参考点，并换 5 号刀
N0980 G90 G54 G00 X0. 0 Y28. 0 T06;	绝对编程、建立工件坐标系、刀具快速移动到 X0. 0 Y28. 0 处
N0990 S1000 M03;	主轴正转，主轴转速为 1000 r/min
N1000 G43 Z4. 0 H05;	调用 5 号刀具长度补偿
(钻 ϕ6 mm 的通孔程序)	
N1010 G99 G83 Z-24. 0 R4. 0 Q4. 0 F80;	调用孔加工循环，钻孔深 24 mm，刀具返回 R 平面

N1020 G98 X0.0 Y-28.0;	
N1030 G80 G00 Z150.0;	取消钻孔循环，刀具沿 Z 轴快速移动到 Z150.0 处
N1040 G28 Z0 M06;	自动返回参考点，并换 6 号刀
N1050 G90 G54 G00 X-28.0 Y28.0 T07;	绝对编程、建立工件坐标系、刀具快速移动到 X-28.0 Y28.0 处，选 T07
N1060 S800 M03;	主轴正转，主轴转速为 800 r/min
N1070 G43 Z4.0 H06;	调用 6 号刀具长度补偿
（钻 $4\times\phi10_{0}^{+0.022}$mm 底孔程序）	
N1080 G99 G83 Z-24.0 R4.0 Q4.0 F100;	调用孔加工循环，钻孔深 24 mm，刀具返回 R 平面
N1090 X28.0 Y28.0;	继续在 X28.0 Y28.0 钻孔
N1100 X28.0 Y-28.0;	继续在 X28.0 Y-28.0 钻孔
N1110 G98 X-28.0 Y-28.0;	继续在 X-28.0 Y-28.0 钻孔
N1120 G80 G00 Z100.0;	取消钻孔循环，刀具沿 Z 轴快速移动到 Z100.0 处
N1130 G28 Z0 M06;	自动返回参考点，并换 7 号刀
N1140 G90 G54 G00 X-28.0 Y28.0;	绝对编程、建立工件坐标系、刀具快速移动到 X-28.0 Y28.0 处
N1150 S1200 M03;	主轴正转，主轴转速为 1200 r/min
N1160 G43 Z4.0 H07;	调用 7 号刀具长度补偿
（铰 $4\times\phi10_{0}^{+0.022}$mm 孔程序）	
N1170 G99 G85 Z-23.0 R4.0 Q4.0 F80;	调用铰孔加工循环，钻孔深 23 mm，刀具返回 R 平面
N1180 X28.0 Y28.0;	继续在 X28.0 Y28.0 铰孔
N1190 X28.0 Y-28.0;	继续在 X28.0 Y-28.0 铰孔
N1200 G98 X-28.0 Y-28.0;	继续在 X-28.0 Y-28.0 铰孔
N1210 G80 G00 Z100.0;	取消铰孔循环，刀具沿 Z 轴快速移动到 Z100.0 处
N1220 M05 M09;	主轴停止，切削液关
N1230 M30;	程序结束

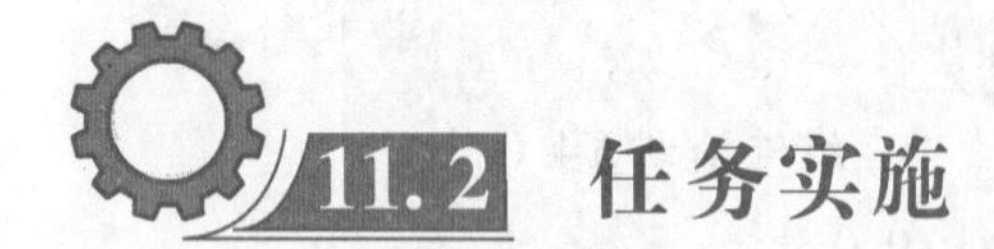

11.2 任务实施

一、工艺过程

凹模上有 4 个对称分布的螺孔，起连接作用，对称布置的销孔，起定位作用（本例销孔未加工）。该件的上表面以及 2 个 $\phi19.74$ mm 的圆弧与 2 段直线所组成的型腔精度要求很高。内轮廓由平面、曲面组成，适合用数控铣床加工。其余各表面要求较低，销孔在装配时配作。最后在磨床上对零件进行磨削精加工。

工件的中心是设计基准，下表面对上表面有平行度要求，加工定位时上表面为定位面，放于等高块上，找正后（通过拉表使坯料长边与机床 X 轴方向重合）用压板及螺钉压紧。装夹后对刀点选在上表面的中心，这样容易确定刀具中心与工件中心的相对位置。

1）工艺过程

（1）凹模左侧中心钻直径 12 mm 的孔，方便铣刀下刀。

（2）粗、精铣削上型腔，批量生产时，粗精加工刀具要分开，本例采用同一把刀具进行。粗加工单边留 0.4 mm 余量。

（3）粗、精铣削下型腔，粗加工单边留 0.4 mm 余量。

（4）钻螺纹底孔。

（5）头攻螺纹。

（6）二攻螺纹。

2）进给路线

由于立铣刀不能轴向进给，因此加工凹槽前应先用钻头在左侧圆弧中心钻一通孔，凹模型腔分粗精加工 2 次进行，留有 0.4 mm 的精加工余量。采用逆时针环切法，进给路线如图 11-3、图 11-4 所示。

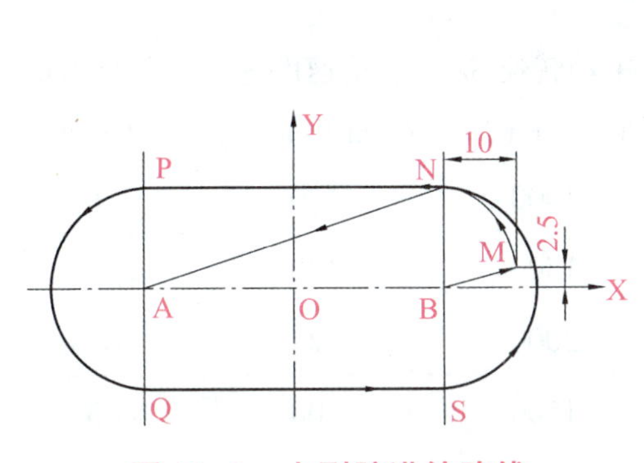

图 11-3　上型腔进给路线

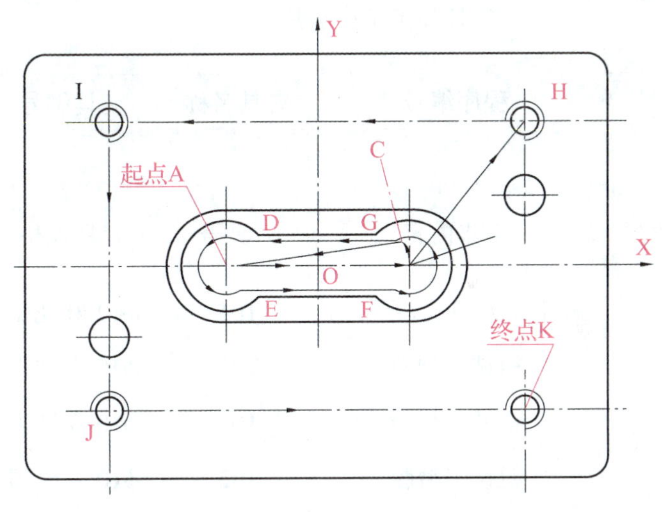

图 11-4　下型腔与螺孔进给路线

3）数值计算

利用软件绘图测知各点坐标如下：

A（-20，0）；B（20，0）；C（15，6.89）；D（-12.93，6.89）；E（-12.93，-6.89）；F（12.93，-6.89）；G（12.93，6.89）；H（46，31）；I（-46，31）；J（-46，-31）；K（46，-31）；M（30，2.5）；N（20，12.5）；P（-20，12.5）；Q（-20，-12.5）；S（20，-12.5）。

二、刀具与工艺参数选择

数控加工刀具卡如表 11-3 所示，数控加工工序卡如表 11-4 所示。

表 11-3　数控加工刀具卡

单　位		数控加工刀具卡片		产品名称		零件图号	
				零件名称		程序编号	
序号	刀具号	刀具名称	参数		补偿值		备注
			直径	长度	半径	长度	
1	T01	麻花钻	ϕ12				
2	T02	立铣刀	ϕ10		ϕ10.8（粗 D01） ϕ10（精 D02）		
3	T03	麻花钻	ϕ6.7				
4	T04	头攻螺纹锥	M7.8				
5	T05	二攻螺纹锥	M8				

表 11-4　数控加工工序卡

单　位	数控加工工序卡片		产品名称	零件名称	材　料	零件图号
工序号	程序编号	夹具名称	夹具编号	设备名称	编制	审核
工步号	工步内容	刀具号	刀具规格	主轴转速 S/（r·min^{-1}）	进给速度 F/（mm·min^{-1}）	背吃刀量 a_p/mm
1	钻孔（方便铣刀下刀）	T01	ϕ12 麻花钻	1000	100	6
2	粗铣上型腔	T02	ϕ10 立铣刀	1500	100	3
3	精铣上型腔	T02	ϕ10 立铣刀	2000	80	0.4
4	粗铣下型腔	T02	ϕ10 立铣刀	1500	100	3
5	精铣下型腔	T02	ϕ10 立铣刀	2000	80	0.4
6	钻螺纹底孔	T03	ϕ6.7	1000	100	3.35
7	头攻螺纹	T04	M7.8	200		
8	二攻螺纹	T05	M8	200		

三、装夹方案

用平口台虎钳装夹工件，工件上表面高出钳口 8 mm 左右。校正固定钳口的平行度以及工件上表面的平行度，确保精度要求。

四、程序编制

(1) 数控铣床加工程序如下。

主程序：

程序	说明
O0050;	主程序名
G54G90G49G80G40G94 G00Z100;	程序初始化
G00X0Y0;	
M03S1500;	启动主轴
G43 T1H1 G00Z50;	快速到起始点/建立 1 号刀具长度补偿
G98G83X-20Y0Z-30R5Q2F100;	钻孔循环结束后回起始点
G80G49G00Z100;	返回，取消钻孔循环及 1 号刀具长度补偿
X0Y0;	返回
M05;	主轴停
M00;	程序暂停
T2D01;	换 2 号刀具，1 号半径补偿
M03S1000F100;	启动主轴
G43H02G00Z50;	2 号刀具长度补偿
G00X-20Y0;	快速定位
Z2;	到起刀点
M98P70051;	调用子程序 O0051 粗加工上型腔
G00X-20Y0Z-16;	回起始点
M05;	主轴停
M00;	程序暂停，准备精加工，可以换精铣刀，本例仍使用 2 号刀
T2D02;	2 号刀具及半径补偿
M03S2000F80;	启动主轴/设置精车进给率
M98P0051;	调用子程序精加工上型腔
G00Z-17;	下刀
M05;	主轴停
M00;	程序暂停，准备粗加工
T2D01;	1 号刀具半径补偿
M03S1500F100;	
M98P30052;	调用子程序粗加工下型腔
G00Z-23;	回精加工起始点
M05;	主轴停
M00;	程序暂停，准备精加工，可以换精铣刀，本例仍使用 2 号刀

T2D02；	2号刀具半径补偿
M03S2000F80；	
M98P0052；	调用子程序精加工下型腔
G49G00Z100；	取消刀具长度补偿
T2D00；	取消刀具半径补偿
M05；	主轴停
M00；	程序暂停
T3；	换3号刀具
G43H03 G00Z50；	3号刀具长度补偿
M03S1000；	启动主轴
G99G83X46Y31Z-30R5Q2F100；	钻孔循环
M98P0053；	钻孔子程序
G49G00Z100；	取消长度补偿
M05；	主轴停
M00；	程序暂停
T4；	换4号刀具
G43H04 G00Z50；	4号刀具长度补偿
M03S200；	启动主轴
G99G84X46Y31Z-27R5F1.25；	头攻循环
M98P0053；	攻螺纹子程序
G00G49Z50；	取消长度补偿
M05；	主轴停
M00；	程序暂停
T5；	换5号刀具
G43H05G00Z50；	5号刀具长度补偿
M3S200；	启动主轴
G99G84X46Y31Z-27R5F1.25；	二攻循环
M98P0053；	攻螺纹子程序
G80G49G00Z100；	取消长度补偿，取消循环
X0Y0；	返回
M05；	主轴停
M30；	程序结束返回

子程序：

O0051；	上型腔铣削子程序名
G91G01Z-3；	Z轴增量进给
G90X20；	A→B

G41G01X30Y2.5;	B→M
G03X20Y12.5R10;	M→N
G01X-20;	N→P
G03Y-12.5R12.5;	P→Q
G01X20;	Q→S
G03Y12.5R12.5;	Q→N
G40G01X-20Y0;	N→A
M99;	子程序结束
O0052;	下型腔铣削子程序名
G91G01Z-3;	Z 轴增量进给
G90G01X20;	A→B
G41G01X15Y6.89;	B→C
X-12.93;	C→D
G03Y-6.89R-9.87;	D→E
G01X12.93;	E→F
G03Y6.89R-9.87;	F→G
G40G01X-20Y0;	G→A
M99;	子程序结束
O0053;	螺孔加工子程序名
X-46;	H→I
Y-31;	I→J
X46;	J→K
M99;	子程序结束

仿真加工完成后的结果如图 11-5 所示。

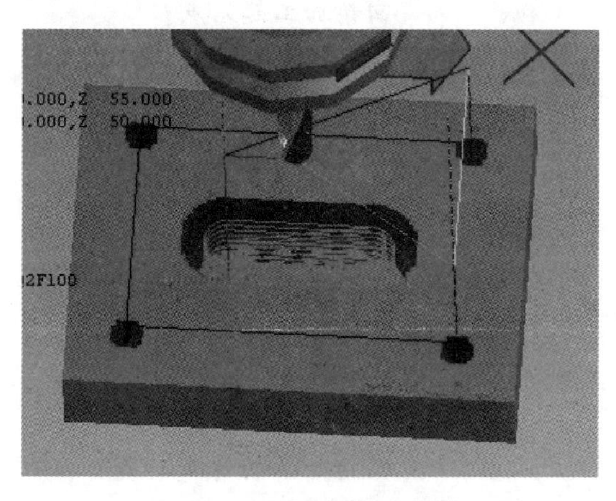

图 11-5　仿真加工结果

（2）加工中心加工程序如下。

主程序：

```
O0060;                              主程序名
G54G90G49G80G40G94 G00Z100;         程序初始化
G00X0Y0;
M03S1500;                           启动主轴
M19;                                主轴准停
G28G91Z0;                           基于当前点 Z 轴返回参考点
G28X0Y0T1;                          基于当前点 XY 轴返回参考点/选 1 号刀
M06;                                换 1 号刀
G29G90G54 X0Y0;                     从参考点返回到 X0Y0
G29 Z100;                           从参考点返回到 Z100
G43G00Z50H01T1;                     到起始点/建立 1 号刀具长度补偿
M03S1000;                           启动主轴
G98G83X-20Y0Z-30R10Q2F100;          钻孔循环结束后回起始点
G80G49G00Z100;                      返回，取消钻孔循环及 1 号刀具长度补偿
X0Y0;                               返回
M19;                                主轴准停
G28G91Z0;                           基于当前点 Z 轴返回参考点
G28X0Y0T2;                          基于当前点 XY 轴返回参考点/选 2 号刀
M06;                                换 2 号刀
G29G90G54X-20Y0;                    从参考点返回到 X-20Y0
G29Z100;                            从参考点返回到 Z100
M03S1500F100;
G43G00Z2T2H02;                      调用 2 号刀具长度补偿
M98P70051;                          调用子程序 O0051 粗加工上型腔
G00X-20Y0Z-16;                      回精加工起始点
T2D02;                              调用 2 号半径补偿精加工
M03S2000F80;                        升速
M98P0051;                           调用子程序精加工上型腔
G00Z-17;                            到下型腔粗加工起点
T2D01;                              2 号刀具 1 号半径补偿，准备粗加工
M03S1500F100;
M98P30052;                          调用子程序粗加工下型腔
G00Z-23;                            到精加工起始点
T2D02;                              使用 2 号刀及 2 号半径补偿精加工
```

```
M03S2000F80;
M98P0052;                          调用子程序精加工下型腔
G49G00Z50;                         取消刀具长度补偿
T2D00;                             取消刀具半径补偿
M19;                               主轴准停
G28G91Z0;                          基于当前点 Z 轴返回参考点
G28X0Y0T3;                         基于当前点 XY 轴返回参考点/选 3 号刀
M06;                               换 3 号刀
G29G90G54X0Y0;                     从参考点返回到 X0Y0
G29Z100;                           从参考点返回到 Z100
G43G00Z50T3H03;                    到起始点/调用 3 号刀具长度补偿
M03S1000F100;                      启动主轴
G99G83X46Y31Z-30R5Q2F100;          钻孔循环
M98P0053;                          钻孔子程序
G00G80G49Z50;                      取消循环及刀具长度补偿
M19;                               主轴准停
G28G91Z0;                          基于当前点 Z 轴返回参考点
G28X0Y0T4;                         基于当前点 XY 轴返回参考点/选 4 号刀
M06;                               换 4 号刀
G29G90G54X0Y0;                     从参考点返回到 X0Y0
G29Z100;                           从参考点返回到 Z100
G43G00Z50T4H04;                    到起始点/调用 4 号刀具长度补偿
M03S200;                           启动主轴
G99G84X46Y31Z-27R5F1.25;           头攻循环
M98P0053;                          攻螺纹子程序
G00G49Z50;                         取消长度补偿
M19;                               主轴准停
G28G91Z0;                          基于当前点 Z 轴返回参考点
G28X0Y0T4;                         基于当前点 XY 轴返回参考点/选 4 号刀
M06;                               换 4 号刀
G29G90G54X-20Y0;                   从参考点返回到 X-20Y0
G29Z50;                            从参考点返回到 Z50
G43Z50T5H05;                       调用 5 号刀具长度补偿
M3S200;                            启动主轴
G99G84X46Y31Z-27R5F1.25;           二攻循环
M98P0053;                          攻螺纹子程序
G80G49G00Z100;                     取消长度补偿，取消循环，Z 轴返回
```

```
X0Y0;                    XY轴返回
M05;                     主轴停
M30;                     程序结束返回
```

子程序：

```
O0051;                   上型腔铣削子程序名
G91G01Z-3;               Z轴增量进给
G90X20;                  A→B
G41G01X30Y2.5;           B→M
G03X20Y12.5R10;          M→N
G01X-20;                 N→P
G03Y-12.5R12.5;          P→Q
G01X20;                  Q→S
G03Y12.5R12.5;           Q→N
G40G01X-20Y0;            N→A
M99;                     子程序结束

O0052;                   下型腔铣削子程序名
G91G01Z-3;               Z轴增量进给
G90G01X20;               A→B
G41G01X15Y6.89;          B→C
X-12.93;                 C→D
G03Y-6.89R-9.87;         D→E
G01X12.93;               E→F
G03Y6.89R-9.87;          F→G
G40G01X-20Y0;            G→A
M99;                     子程序结束

O0053;                   螺孔加工子程序名
X-46;                    H→I
Y-31;                    I→J
X46;                     J→K
M99;                     子程序结束
```

11.3 任务评价

1. 个人知识和技能评价

个人知识和技能评价表如表 11-5 所示。

表 11-5 个人知识和技能评价表

评价项目	项目评价内容	分值	自我评价	小组评价	教师评价	得分
项目理论知识	①编程格式及走刀路线	5				
	②基础知识融会贯通	5				
	③零件图纸分析	5				
	④制订加工工艺	5				
	⑤加工技术文件的编制	5				
项目实操技能	①程序的输入	5				
	②图形模拟	10				
	③刀具、毛坯的装夹及对刀	5				
	④加工工件	5				
	⑤尺寸与粗糙度等的检验	5				
	⑥设备维护和保养	10				
安全文明生产	①正确开、关机床	5				
	②工具、量具的使用及放置	5				
	③机床维护和安全用电	5				
	④卫生保持及机床复位	5				
职业素质培养	①出勤情况	5				
	②车间纪律	5				
	③团队协作精神	5				
合计总分						

2. 小组学习实例评价

小组学习实例评价表如表 11-6 所示。

表 11-6　小组学习实例评价表

班级：__________　　小组编号：__________　　成绩：__________

评价项目	评价内容及评价分值			学员自评	同学互评	教师评分
分工合作	优秀（12~15 分）	良好（9~11 分）	继续努力（9 分以下）			
	小组成员分工明确，任务分配合理，有小组分工职责明细表	小组成员分工较明确，任务分配较合理，有小组分工职责明细表	小组成员分工不明确，任务分配不合理，无小组分工职责明细表			
获取与项目有关质量、市场、环保等内容的信息	优秀（12~15 分）	良好（9~11 分）	继续努力（9 分以下）			
	能使用适当的搜索引擎从网络等多种渠道获取信息，并合理地选择信息、使用信息	能从网络获取信息，并较合理地选择信息、使用信息	能从网络或其他渠道获取信息，但信息选择不正确，信息使用不恰当			
实操技能操作情况	优秀（16~20 分）	良好（12~15 分）	继续努力（12 分以下）			
	能按技能目标要求规范完成每项实操任务，能正确分析机床可能出现的报警信息，并对显示故障能迅速排除	能按技能目标要求规范完成每项实操任务，但仅能正确分析机床可能出现的部分报警信息，并对显示故障能迅速排除	能按技能目标要求完成每项实操任务，但规范性不够。不能正确分析机床可能出现的报警信息，不能迅速排除显示故障			
基本知识分析讨论	优秀（16~20 分）	良好（12~15 分）	继续努力（12 分以下）			
	讨论热烈，各抒己见，概念准确，原理思路清晰，理解透彻，逻辑性强，并有自己的见解	讨论没有间断，各抒己见，分析有理有据，思路基本清晰	讨论能够展开，分析有间断，思路不清晰，理解不够透彻			
成果展示	优秀（24~30 分）	良好（18~23 分）	继续努力（18 分以下）			
	能很好地理解项目的任务要求，成果展示逻辑性强，熟练利用信息平台进行成果展示	能较好地理解项目的任务要求，成果展示逻辑性强，能较熟练利用信息平台进行成果展示	基本理解项目的任务要求，成果展示停留在书面和口头表达，不能熟练利用信息平台进行成果展示			
合计总分						

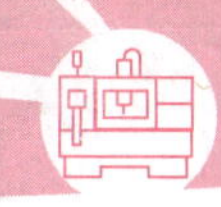

11.4 职业技能鉴定指导

1. 知识技能复习要点

(1) 能读懂中等复杂程度（如壳体、支架、箱体）的零件图。

(2) 熟练编制编制由直线、圆弧等构成的二维轮廓零件的铣削加工工艺文件。

(3) 熟练使用铣削加工常用夹具（如压板、台虎钳、平口钳等）装夹零件。

(4) 能够根据数控加工工艺文件选择、安装和调整数控铣床常用刀具。

(5) 熟练编写数控铣削加工程序与调试。

(6) 能够熟练操作加工中心。

(7) 能够熟练进行对刀操作。

(8) 会输入设置刀具补偿参数等。

(9) 能应用加工中心加工零件。

(10) 能应用量具检测零件。

(11) 熟悉数控铣床/加工中心文明操作规程与机床维护保养方法。

(12) 熟悉数控铣床/加工中心国家职业标准。

2. 理论复习（模拟试题）

(1) 一般切削(　　)材料时，容易形成节状切屑。

A. 塑性　　B. 中等硬度　　C. 脆性　　D. 高硬度

(2) 硬质合金的 K 类材料刀具主要适用于车削(　　)。

A. 软钢　　B. 合金钢　　C. 碳钢　　D. 铸铁

(3) 铣削紫铜材料工件时，选用的铣刀材料应以(　　)为主。

A. 高速钢　　B. YT 类硬质合金　　C. YG 类硬质合金　　D. 立方氮化硼

(4) 国标对图样中除角度以外的尺寸的标注已统一以(　　)为单位。

A. cm　　B. mm　　C. m　　D. in

(5) 绝对坐标编程时，移动指令终点的坐标值 X、Z 都是以(　　)为基准来计算。

A. 工件坐标系原点　　B. 机床坐标系原点

C. 机床参考点　　D. 此程序段起点的坐标值

(6) 坐标进给是根据判别结果，使刀具向 Z 或 Y 向移动一(　　)。

A. 步　　B. 段　　C. 分米　　D. 米

(7) 如果刀具长度补偿值是 5 mm，执行程序段 G19 G43 H01 G90 G01 X100 Y30 250 后，刀位点在工件坐标系的位置是(　　)。

A. X105 Y35 Z55　　B. X100 Y35 Z50　　C. X105 Y30 Z50　　D. X100 Y30 Z55

(8) 将状态开关置于 MDI 位置时，表示( )数据输入状态。

A. 自动 B. 手动 C. 机动 D. 联动

(9) 职业用语要求：语言自然、语气亲切、语调柔和、语速适中、语言简练、语意明确。( )

(10) 使用球头铣刀加工曲面时，应选择高切削速度、大吃刀量和高的进给速度。( )

3. 技能实训（真题）

(1) 编写图 11-6 所示复杂凸台底座的数控铣削加工程序，并完成刀具卡、工序卡（见表 11-8、表 11-9）的填写。

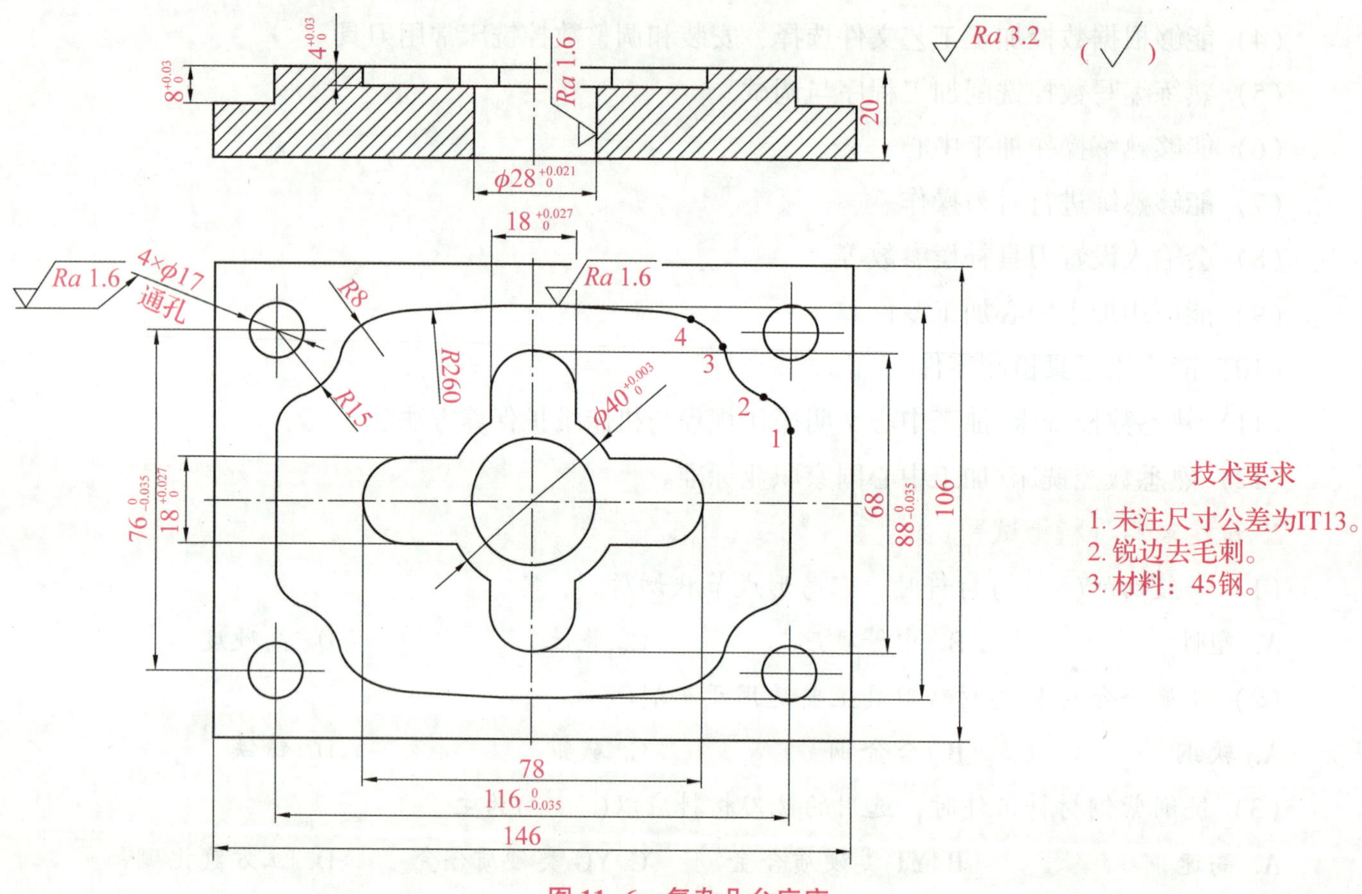

图 11-6 复杂凸台底座

基点坐标如表 11-7 所示。

表 11-7 基点坐标

基点	坐标	基点	坐标
1	(58.000, 16.436)	3	(43.291, 34.062)
2	(52.783, 23.937)	4	(36.571, 41.415)

表 11-8 数控加工刀具卡

单 位		数控加工刀具卡片	产品名称		零件图号		
			零件名称		程序编号		
序号	刀具号	刀具名称	参数		补偿值		备注
			直径	长度	半径	长度	
1	T01						
2	T02						
3	T03						
4	T04						
5	T05						
6	T06						

表 11-9 数控加工工序卡

单 位	数控加工工序卡片		产品名称	零件名称	材 料	零件图号
工序号	程序编号	夹具名称	夹具编号	设备名称	编制	审核
工步号	工步内容	刀具号	刀具规格	主轴转速 $S/(\mathrm{r \cdot min^{-1}})$	进给速度 $F/(\mathrm{mm \cdot min^{-1}})$	背吃刀量 a_p/mm
1		T01				
2		T02				
3		T03				
4		T04				
5		T05				
6		T06				

（2）完成图 11-7 所示定位凸台的编程及加工。

①本题分值：100 分。

②考核时间：180 min。

③考核形式：操作。

④具体考核要求：根据如图 11-7 所示定位凸台的零件图完成加工。

⑤否定项说明：

a）出现危及考生或他人安全的状况将终止考试，如果原因是考试操作失误所致，考生该题成绩记零分。

b）因考生操作失误所致，导致设备故障且当场无法排除将终止考试，考生该题记零分。

c）因刀具、工具损坏而无法继续应终止考试。

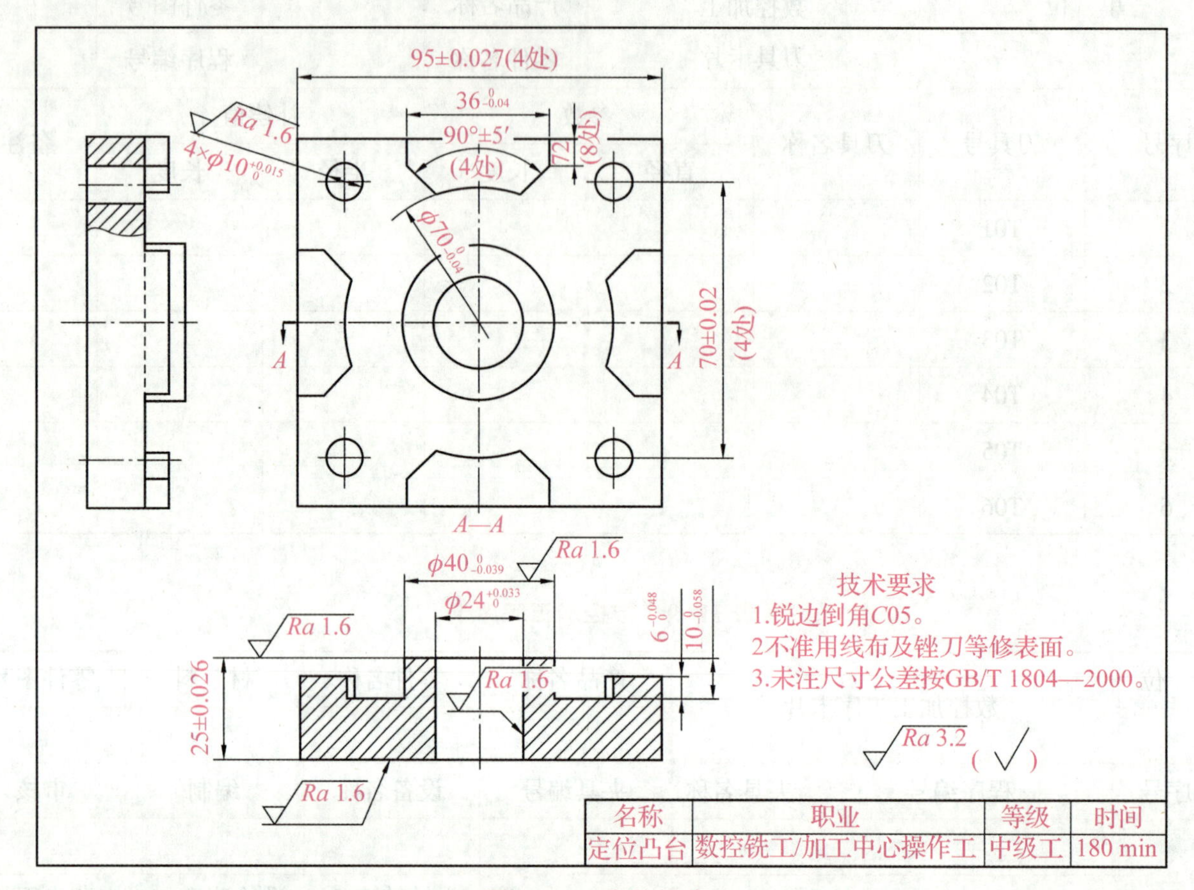

图 11-7 定位凸台

量具、工具、刀具及毛坯准备清单，如表 11-10 所示。

表 11-10 量具、工具、刀具及毛坯准备清单

种类	序号	名称	规格	精度	数量
量具	1	游标卡尺	0~150	0.02	1
	2	高度游标卡尺	0~300	0.02	1
	3	外径千分尺	0~25、25~50	0.01	各 1
	4	外径千分尺	50~75、75~100	0.01	各 1
	5	百分表及表座	0~10	0.01	1
	6	内径百分表	10~18、18~35	0.01	各 1
	7	内径百分表	50~100	0.01	1
	8	万能角度尺	0°~320°	2′	1
	9	测量棒	φ10	h6	1
	10	钢直尺	150		1

续表

种类	序号	名称	规格	精度	数量
工具	1	划针、划线规			各 1
	2	样冲、榔头			各 2
	3	木榔头、活扳手			
	4	垫铁			
	5	寻边器	6~10		各 1
刀具	1	麻花钻	$\phi8$、$\phi9.8$、$\phi20$		各 1
	2	铰刀	$\phi10$		1
	3	镗刀及镗刀头	$\phi10$~$\phi25$		各 1
	4	立铣刀	$\phi8$、$\phi12$、$\phi20$、$\phi30$		各 1
	5	转接套、铣夹头	BT40		各 1
	6	立铣刀	$\phi8$、$\phi10$、$\phi12$		各 1
毛坯尺寸	100×100×30		材料	45 钢	

数控铣床（加工中心）操作工中级工考件评分表，如表 11-11 所示。

表 11-11　数控铣床（加工中心）操作工中级工考件评分表

考件编号：__________姓名：__________准考证号：__________单位：__________

考核项目	考核要求	配分	评分标准	检测结果		扣分	得分
				尺寸精度	粗糙度		
内孔	$\phi24^{+0.033}_{0}$	14	超差无分				
外圆	$\phi40^{0}_{-0.039}$	10	超差无分				
深度	$6^{+0.048}_{0}$	4	超差无分				
	$10^{0}_{-0.058}$	4	超差无分				
凸台	$36^{0}_{-0.04}$（4 处）	8	超差无分				
	$90\pm5'$（4 处）	12	超差无分				
	$\phi70^{0}_{-0.04}$	9	超差无分				
定位孔	$\phi10^{+0.015}_{0}$（4 处）	8	超差无分				
孔距	70 ± 0.02	6	超差无分				
外形	25 ± 0.026、95 ± 0.027（2 处）	9	超差无分				
其他	8 项（IT12 处）	4	超差无分				
表面	$Ra1.6$（12 处）	12	升高一级无分				

续表

考核项目	考核要求	配分	评分标准	检测结果		扣分	得分
				尺寸精度	粗糙度		
工艺、程序	工艺与程序有关规定		违反规定扣总分 1~5 分				
规范操作	数控机床规范操作的有关规定		违反规定扣总分 1~5 分				
安全文明生产	安全文明生产的有关规定		违反规定扣总分 1~50 分				
备注	每处尺寸超差≥1，酌情扣考件总分 5~10；未注公差按 GB/T 1804—2000						

（3）完成图 11-8 所示多孔凸台的编程及加工。

①本题分值：100 分。

②考核时间：180 min。

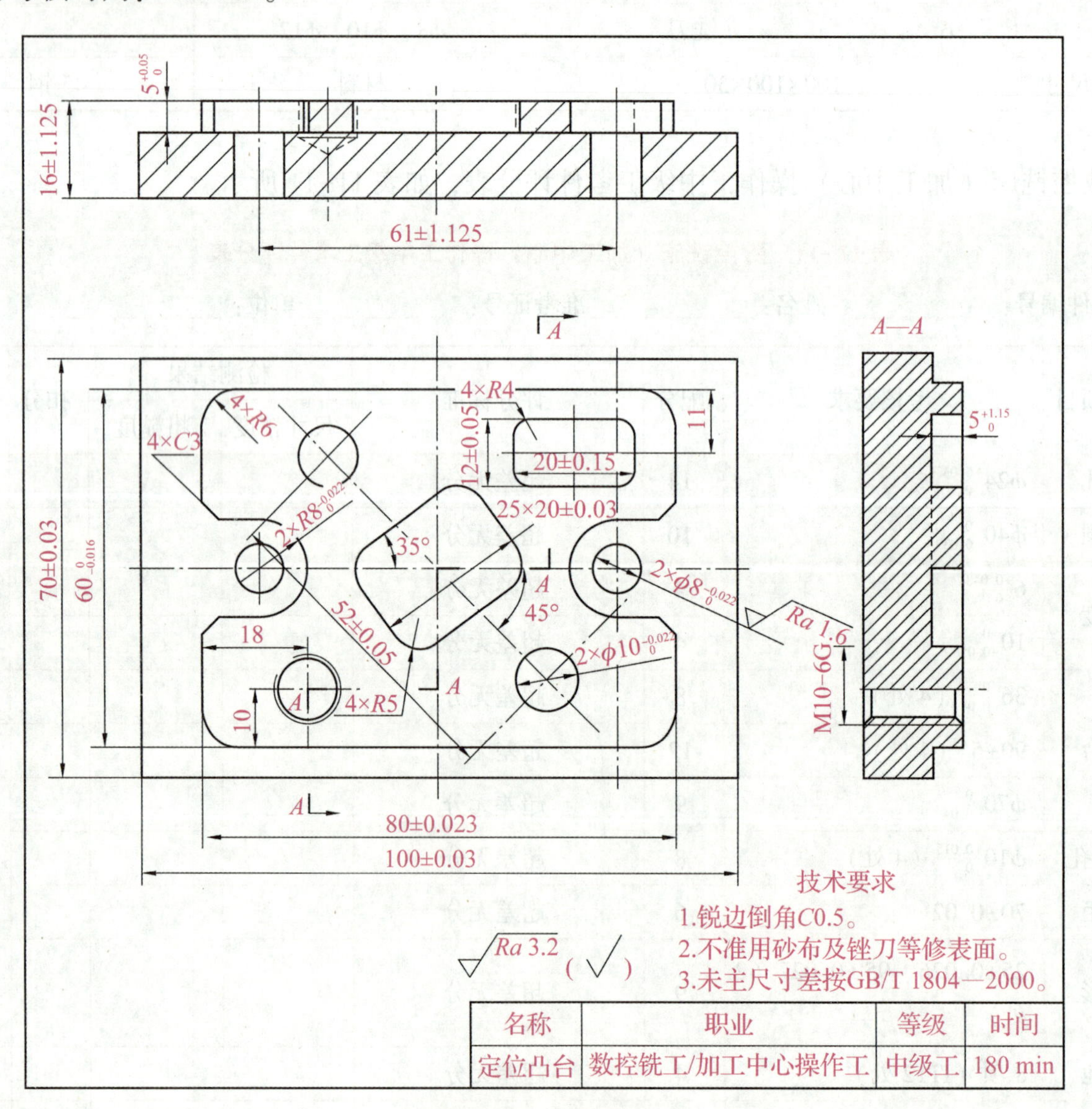

名称	职业	等级	时间
定位凸台	数控铣工/加工中心操作工	中级工	180 min

图 11-8 多孔凸台

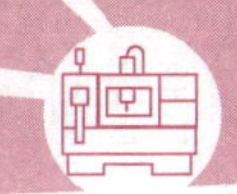

③考核形式：操作。

④具体考核要求：根据图 11-8 所示定位凸台的零件图完成加工。

⑤否定项说明：

a）出现危及考生或他人安全的状况将终止考试，如果原因是考试操作失误所致，考生该题成绩记零分。

b）因考生操作失误所致，导致设备故障且当场无法排除将终止考试，考生该题记零分。

c）因刀具、工具损坏而无法继续应终止考试。

量具、工具、刀具及毛坯准备清单，见表 11-12。

表 11-12　量具、工具、刀具及毛坯准备清单

种类	序号	名称	规格	精度	数量
量具	1	游标卡尺	0~150	0.02	1
	2	高度游标卡尺	0~300	0.02	1
	3	外径千分尺	0~25、25~50	0.01	各 1
	4	外径千分尺	50~75、75~100	0.01	各 1
	5	百分表及表座	0~10	0.01	1
	6	内径千分尺	5~25	0.01	1
	7	深度千分尺	0~25	0.01	1
	8	万能角度尺	0°~320°	2′	1
	9	测量棒	ϕ10×25	h6	2
	10	测量棒	ϕ8×25	h6	2
工具	1	划线工具			1 套
	2	半径样板	1~6.5、7~140.5		各 1
	3	垫铁、锉刀、活扳手			若干
	4	寻边器	6~10		1
刀具	1	麻花钻	ϕ6、ϕ7.8、ϕ9.8、ϕ8.6		各 1
	2	铰刀	ϕ8、ϕ10		各 1
	3	丝锥	M10		各 1
	4	立铣刀	ϕ8、ϕ10、ϕ12、ϕ16		各 1
	5	转接套、铣夹头	BT40		各 1
	6	立铣刀	ϕ25、ϕ30、ϕ40		各 1
毛坯尺寸	100×100×30		材料	45 钢	

数控铣床（加工中心）操作工中级工考件评分表，如表 11-13 所示。

表 11-13 数控铣床（加工中心）操作工中级工考件评分表

考件编号：________ 姓名：________ 准考证号：________ 单位：________

考核项目	考核要求	配分	评分标准	检测结果		扣分	得分
				尺寸精度	粗糙度		
四方	12±0.05	3	超差无分				
	20±0.05	3	超差无分				
	*R*4（4 处）	4	不合格无分				
斜四方	20±0.03	4	超差无分				
	20±0.03	4	超差无分				
	*R*5（4 处）	4	不合格无分				
	35°	1.5	不合格无分				
孔	$\phi 8^{+0.022}_{0}$	4	超差无分				
	60±0.025	2	超差无分				
	$\phi 10^{+0.022}_{0}$	4	超差无分				
	52±0.05	2	超差无分				
	45°	1.5	不合格无分				
凸台	$60^{0}_{-0.046}$	3	超差无分				
	80±0.023	3	超差无分				
	*R*6（4 处）	4	不合格无分				
	$5^{+0.05}_{0}$	3	超差无分				
外形	70±0.03	3	超差无分				
	100±0.03	3	超差无分				
	16±0.025	3	超差无分				
凹槽	$16^{+0.033}_{0}$（2 处）	4	超差无分				
	$R8^{+0.022}_{0}$（2 处）	6	不合格无分				
	$5^{+0.05}_{0}$（2 处）	4	超差无分				
	*C*3（4 处）	2	不合格无分				
螺纹	M10-6G	3	不合格无分				
其他	4 项（IT12 处）	4	超差无分				
表面	*Ra* 1.6（2 处）	2	升高一级无分				
	Ra 3.2（32 处）	16	升高一级无分				
工艺、程序	工艺与程序有关规定		违反规定扣总分 1~5 分				

续表

考核项目	考核要求	配分	评分标准	检测结果		扣分	得分
				尺寸精度	粗糙度		
规范操作	数控机床规范操作的有关规定		违反规定扣总分 1~5 分				
安全文明生产	安全文明生产的有关规定		违反规定扣总分 1~50 分				
备注	每处尺寸超差≥1，酌情扣考件总分 5~10；未注公差按 GB/T 1804—2000						

（4）完成图 11-9 所示端盖的编程及加工。

①本题分值：100 分。

②考核时间：180 min。

③考核形式：操作。

④具体考核要求：根据图 11-9 所示端盖的零件图完成加工。

⑤否定项说明：

a）出现危及考生或他人安全的状况将终止考试，如果原因是考试操作失误所致，考生该题成绩记零分。

b）因考生操作失误所致，导致设备故障且当场无法排除将终止考试，考生该题记零分。

c）因刀具、工具损坏而无法继续应终止考试。

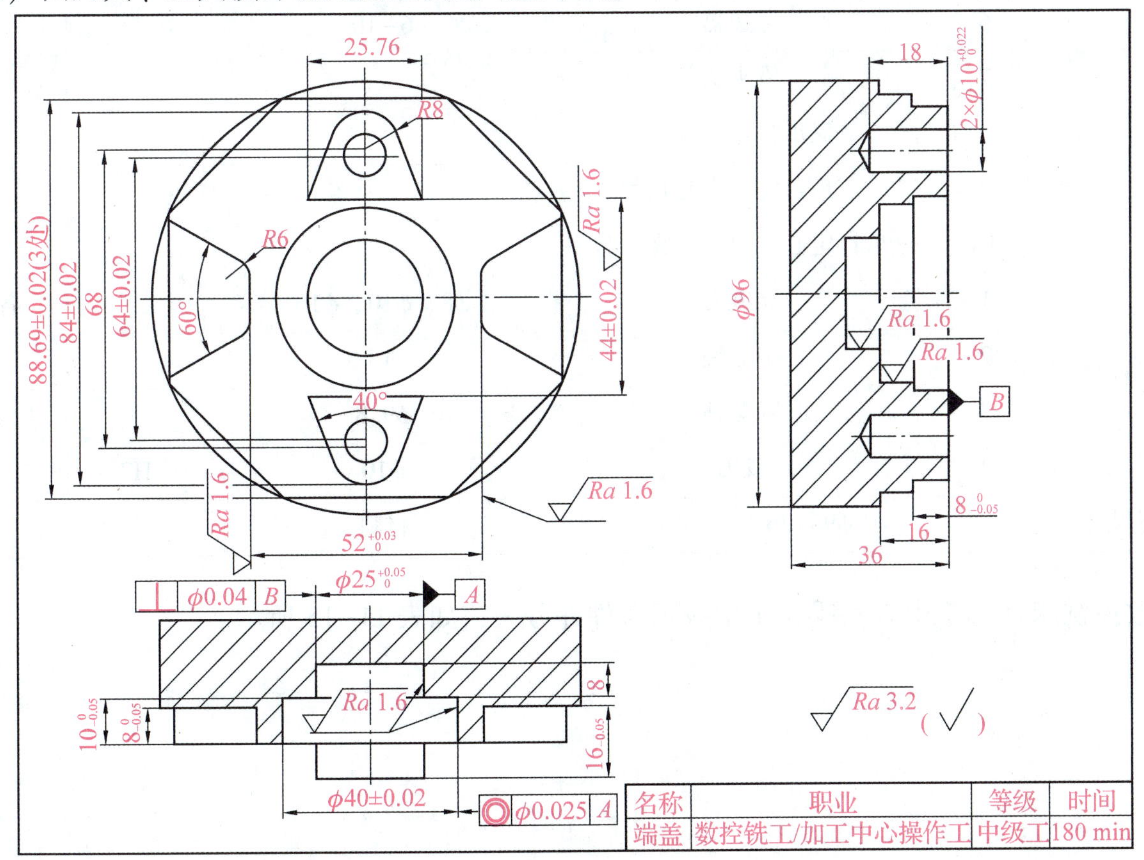

图 11-9　端盖

量具、工具、刀具及毛坯准备清单，见表 11-14。

表 11-14　量具、工具、刀具及毛坯准备清单

种类	序号	名称	规格	精度	数量
量具	1	游标卡尺	0~150	0. 02	1
	2	外径千分尺	50~75	0. 01	各 1
	3	外径千分尺	75~100	0. 01	各 1
	4	内径千分尺	25~50	0. 01	1
	5	深度千分尺	0~25	0. 01	1
	6	百分表及表座	0~10	0. 01	1
	7	半径样板	1~6. 5、5~30		各 1
	8	塞尺	0. 02~0. 5		1
	9	万能角度尺	0°~320°	2′	1
工具	1	测量棒	ϕ10×30	H6	2
	2	转接套	BT40		1 套
	3	精密平板			
	4	划线工具			
	5	垫铁、锉刀、活扳手			若干
	6	寻边器	6~10		1
	7	铣夹头			1 套
	8	三爪自定心卡盘			1
	9	三爪自定心卡盘扳手			1
	10	三爪自定心卡盘固定螺栓扳手			1
刀具	1	立铣刀	ϕ8、ϕ10、ϕ16		各 1
	2	中心钻	A3		1
	3	麻花钻	ϕ9. 8		1
	4	铰刀	ϕ10	H7	1
毛坯尺寸	ϕ96×36		材料	45 钢	

数控铣床（加工中心）操作工中级工考件评分表，如表 11-15 所示。

表 11-15　数控铣床（加工中心）操作工中级工考件评分表

考件编号：＿＿＿＿＿＿姓名：＿＿＿＿＿＿准考证号：＿＿＿＿＿＿单位：＿＿＿＿＿＿

考核项目	考核要求	配分	评分标准	检测结果		扣分	得分
				尺寸精度	粗糙度		
尺寸	44±0. 02	6	超差 0. 01 扣 2 分				
	88±0. 02	6	超差 0. 01 扣 2 分				
	3×（88. 69±0. 02）	8	超差 0. 01 扣 2 分				
	$52^{+0.03}_{0}$	4	超差 0. 01 扣 2 分				
	68	2	超差全扣				
	4×$R6$	4	超差全扣				
	2×$R8$	2	超差全扣				
	2×24. 76	2	超差全扣				
	$2\times8^{0}_{-0.05}$	6	超差 0. 01 扣 2 分				
	$16^{0}_{-0.05}$	6	超差 0. 01 扣 2 分				
	16	3	超差全扣				
	40°	3	超差全扣				
	60°	3	超差全扣				
	圆弧连接光滑	4	不光滑每处扣 1 分				
	$2\times\phi10^{+0.02}_{0}$	6	超差 0. 01 扣 1 分				
	$\phi25^{+0.03}_{0}$	6	超差 0. 01 扣 1 分				
	40±0. 02	6	超差 0. 01 扣 1 分				
	$10^{0}_{-0.05}$	4	超差 0. 01 扣 1 分				
	8	2	超差全扣				
	18	2	超差全扣				
几何公差	◎ 0.025 A	2	超差无分				
	⊥ 0.04 B	2	超差无分				
表面	*Ra* 1. 6（6 处）	6	升高一级无分				
	其余 *Ra* 3. 2	5	升高一级无分				
工艺、程序	工艺与程序有关规定		违反规定扣总分 1~5 分				
规范操作	数控机床规范操作的有关规定		违反规定扣总分 1~5 分				

续表

考核项目	考核要求	配分	评分标准	检测结果		扣分	得分
				尺寸精度	粗糙度		
安全文明生产	安全文明生产的有关规定		违反规定扣总分 1~50 分				
备注	每处尺寸超差≥1，酌情扣考件总分 5~10						

（5）完成图 11-10 所示心形凸台的编程及加工。

①本题分值：100 分。

②考核时间：240 min。

③考核形式：操作。

④具体考核要求：根据图 11-10 所示心形凸台的零件图完成加工。

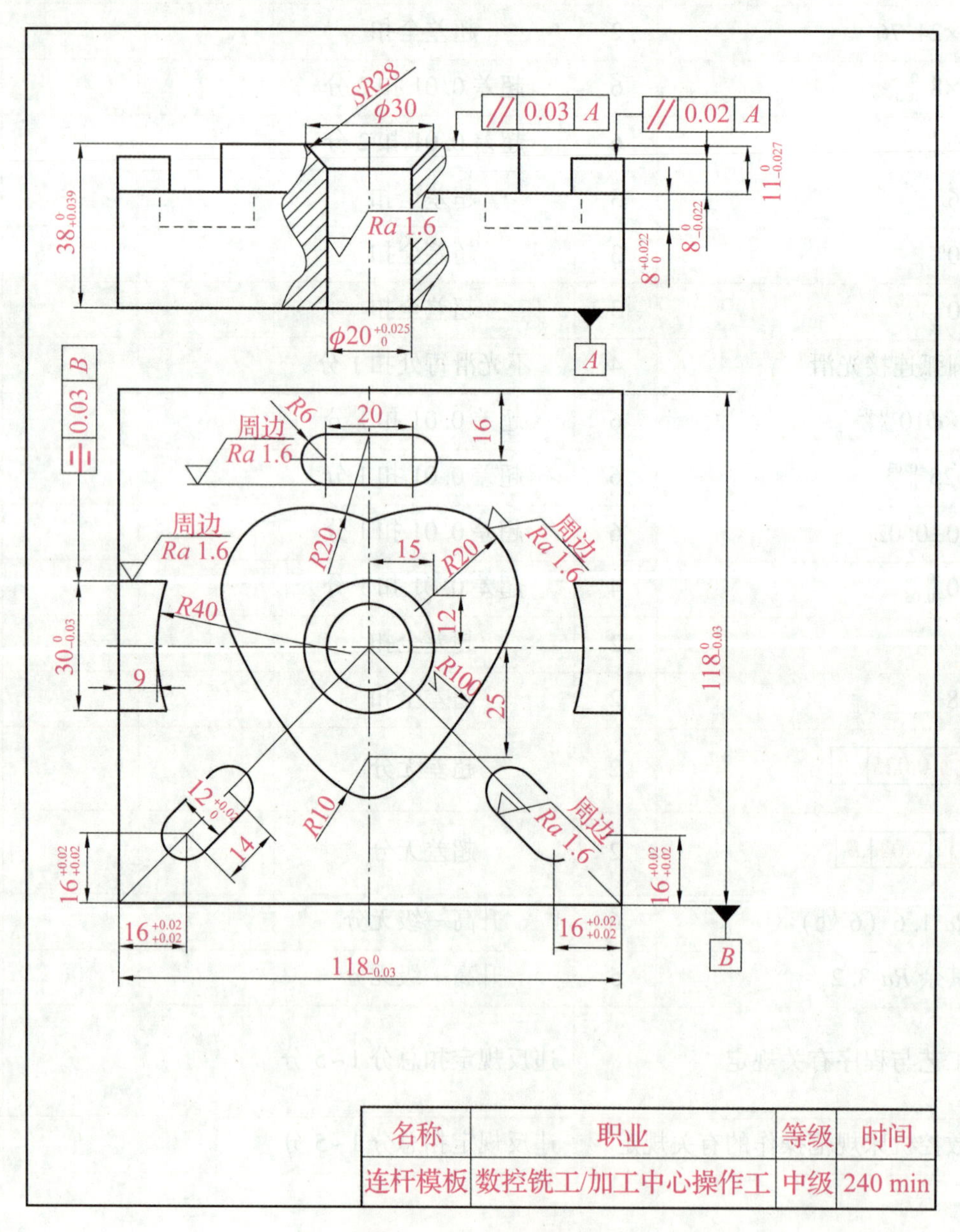

图 11-10　心形凸台

⑤否定项说明：

a）出现危及考生或他人安全的状况将终止考试，如果原因是考试操作失误所致，考生该题成绩记零分。

b）因考生操作失误所致，导致设备故障且当场无法排除将终止考试，考生该题记零分。

c）因刀具、工具损坏而无法继续应终止考试。

量具、工具、刀具及毛坯准备清单，如表 11-16 所示。

表 11-16　量具、工具、刀具及毛坯准备清单

种类	序号	名称	规格	精度	数量
量具	1	游标卡尺	0~120	0.02	1
	2	外径千分尺	0~25	0.01	各 1
	3	外径千分尺	25~50	0.01	各 1
	4	内径千分表	测量 ϕ22~ϕ30 孔	0.001	1
	5	深度尺	0~125	0.02	1
	6	百分表及表座	0~10	0.01	1
工具	1	机用平口钳			1
	2	弹簧夹套	ϕ8、ϕ10、ϕ14		各 1
	3	钻夹头			1
	4	什锦锉			1 套
	5	锤头			1
	6	活扳手	250		1
	7	螺丝刀	一字形/150		1
	8	毛刷	50		1
	9	棉纱			若干
刃具	1	立铣刀	ϕ8、ϕ10、ϕ14		各 1
	2	中心钻	A3. 15/10	B6078-85	1
	3	球头刀	ϕ10、ϕ14		1
	4	钻头	ϕ10、ϕ14		各 1
毛坯尺寸	120×120×40		材料	45 钢	

数控铣床（加工中心）操作工中级工考件评分表，如表 11-17 所示。

表 11-17　数控铣床（加工中心）操作工中级工考件评分表

考件编号：________ 姓名：________ 准考证号：________ 单位：________

考核项目	考核要求	配分	评分标准	检测结果		扣分	得分
				尺寸精度	粗糙度		
零件厚度	厚度 $38_{-0.039}^{0}$	5	超差 0.01 扣 1 分				
零件表面	平行度 0.03	2	超差 0.01 扣 1 分				
	平行度 0.02	2	超差 0.01 扣 1 分				
	Ra 3.2	2	升高一级扣 1 分				
凸台（两处）	长度 $30_{-0.03}^{0}$	2	超差 0.01 扣 1 分				
	宽度 9	2	超差全扣				
	高度 $8_{-0.022}^{0}$	2	超差 0.01 扣 1 分				
	周边 *Ra* 1.6	2	超升高一级扣 1 分				
	圆弧 *R*40	2	超差全扣				
球面槽	*SR*28	4	超差不得分				
	$\phi30$	2	超差不得分				
	Ra 3.2	2	每升 1 级扣 1 分				
孔	$\phi20_{0}^{+0.025}$	10	每超 0.01 扣 2 分				
	Ra 1.6	2	每升 1 级扣 1 分				
键槽（三处）	槽宽 $12_{0}^{+0.022}$	12	每超 0.01 扣 2 分				
	槽深 $8_{0}^{+0.022}$	3	每超 0.01 扣 1 分				
	圆弧 *R*10	6	每超 0.01 扣 1 分				
	周边 *Ra* 1.6	3	每升 1 级扣 1 分				
曲线轮廓凸台	圆弧过渡 *R*10、*R*20	10	有明显接痕每处扣 1 分				
	周边 *Ra* 1.6	4	每升 1 级扣 1 分				
	高度 $11_{-0.027}^{0}$	2	每超 0.01 扣 1 分				
残料清角	外轮廓加工后的残料必须清除；内轮廓必须清角	8	每留一个残料岛屿扣 1 分；没有清角每处扣 1 分。扣完为止				
工艺、程序	工艺与程序有关规定	6	违反规定扣总分 1~5 分				
规范操作	数控机床规范操作的有关规定	5	违反规定扣总分 1~5 分				

续表

考核项目	考核要求	配分	评分标准	检测结果		扣分	得分
				尺寸精度	粗糙度		
安全文明生产	安全文明生产的有关规定		违反规定扣总分 1~50 分				
备注	每处尺寸超差≥1，酌情扣考件总分 5~10						

（6）完成图 11-11 所示连杆模板的编程及加工

①本题分值：100 分。

②考核时间：240min。

③考核形式：操作。

④具体考核要求：根据图 11-11 所示连杆模板的零件图完成加工。

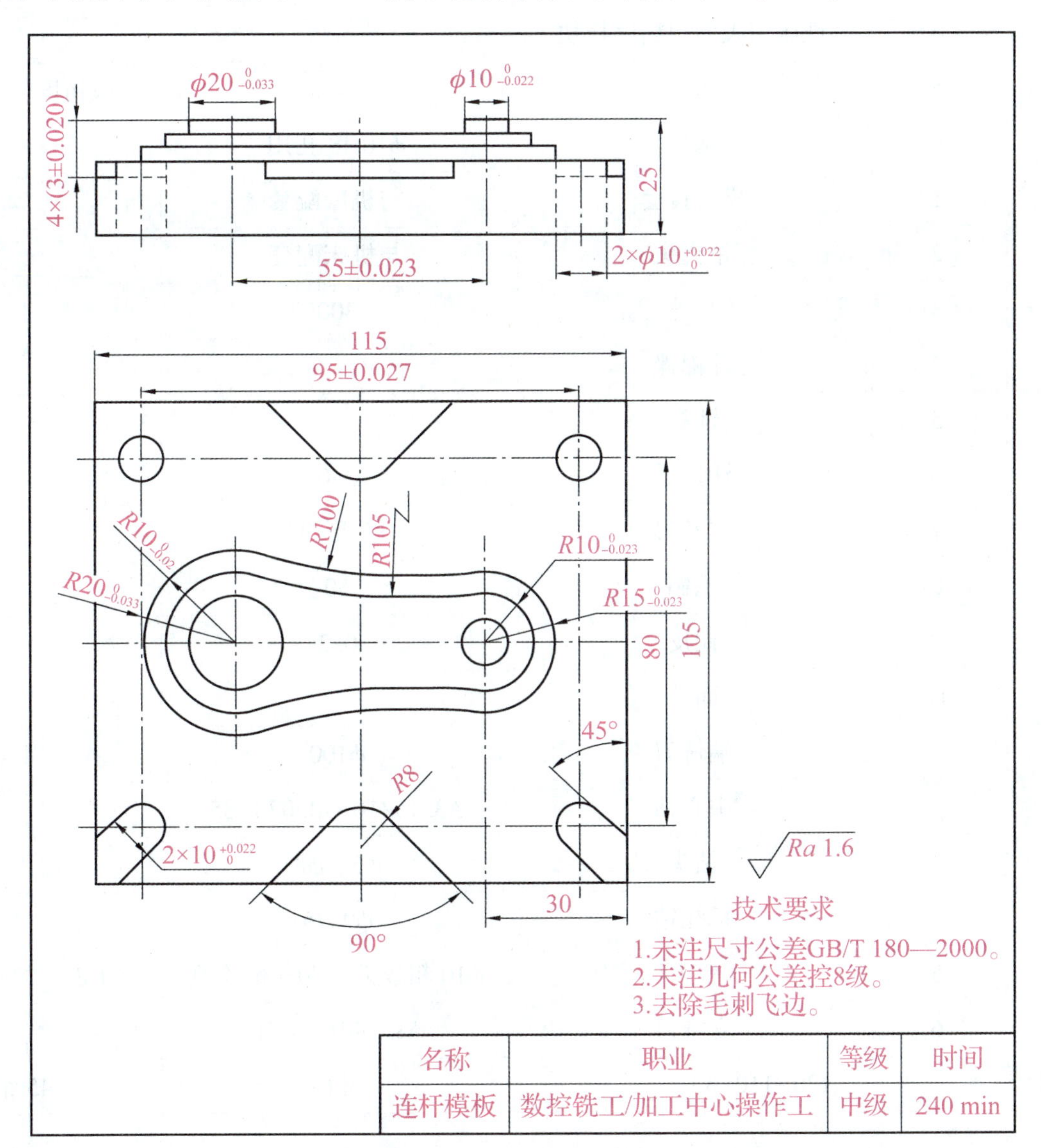

图 11-11　连杆模板

⑤否定项说明：

a）出现危及考生或他人安全的状况将终止考试，如果原因是考试操作失误所致，考生该题成绩记零分。

b）因考生操作失误所致，导致设备故障且当场无法排除将终止考试，考生该题记零分。

c）因刀具、工具损坏而无法继续应终止考试。

量具、工具、刀具及毛坯准备清单，如表 11-18 所示。

表 11-18　量具、工具、刀具及毛坯准备清单

种类	序号	名称	规格	精度	数量
量具	1	游标卡尺	0~25	0.02	1
	2	深度千分尺	0~25	0.01	1
	3	百分表及表座	0~10	0.01	1
	4	铣床用表面粗糙度样块			1 套
	5	角尺		一级精度	1
	6	塞规	ϕ10H8 孔用		1
工具	1	模式接套	与机床配套		1
	2	钻夹头	与机床配套		1
	3	平锉	300		1
	4	什锦锉			1
	5	锤头			若干
	6	活扳手	250		1
	7	螺丝刀	一字形/150		1
	8	毛刷	50		1
	9	铜皮	0.2		若干
	10	面纱			若干
刀具	1	端铣刀	ϕ100		1
	2	中心钻	A3.15/10 GB6078-85		1
	3	钻头	ϕ5、ϕ8		各 1
	4	扩孔钻	ϕ9.75		1
	5	铰刀	ϕ10 粗铰刀、ϕ10 精铰刀	H8	各 1
	6	立铣刀	ϕ8、ϕ16、ϕ20		各 1
毛坯尺寸	120×110×30		材料	45 钢	

数控铣床（加工中心）操作工中级工考件评分表，如表 11-19 所示。

表 11-19　数控铣床（加工中心）操作工中级工考件评分表

考件编号：＿＿＿＿＿＿姓名：＿＿＿＿＿＿准考证号：＿＿＿＿＿＿单位：＿＿＿＿＿＿

序号	考核项目	配分	评分标准	检测结果		扣分	得分
				尺寸精度	粗糙度		
1	工艺路线	20	(1) 工序划分合理、工艺路线正确 5 分，制订不合理适当扣分；(2) 刀具类型及规格选择合理 4 分，对加工影响较大的工序中使用的刀具选择错误，每处扣 1 分；(3) 定位及装夹合理 3 分，1 处不当扣 1 分；(4) 量具选择合理 4 分，1 处不当扣 1 分；(5) 切削用量选择基本合理 4 分，不当且对加工精度影响较大的 1 处扣 1 分				
2	$2\times10^{+0.022}_{0}$	8	每处 4 分，每超 0.01 扣 2 分				
3	$2\times\phi10^{+0.022}_{0}$	8	每处 4 分，每超 0.01 扣 2 分				
4	4×（3±0.020）	8	每处 2 分，每超 0.01 扣 2 分				
5	55±0.023	3	超差 0.01 扣 1 分				
6	$\phi20^{0}_{-0.022}$	4	超差 0.01 扣 1 分				
7	$\phi10^{0}_{-0.022}$	4	超差 0.01 扣 1 分				
8	95±0.027	3	超差 0.01 扣 1 分				
9	$R10^{0}_{-0.022}$	3	超差 0.01 扣 1 分				
10	$R15^{0}_{-0.027}$（2 处）	6	每处 3 分，每超 0.01 扣 1 分				
11	$R20^{0}_{-0.033}$	3	超差 0.01 扣 1 分				
13	*R*8（2 处）	4	每处 2 分，不合格不得分				
13	自由尺寸 25、30、80、105、115、*R*100、*R*105、 45°（2 处） 90°（2 处）	11	每处 1 分，不合格不得分				
14	表面粗糙度	10	一处不合格扣 1 分，扣分最多不超过 10 分				
15	数控机床规范操作的有关规定	5	违反规定扣总分 1~5 分				
安全文明生产	安全文明生产的有关规定		违反规定扣总分 1~50 分				
备注	每处尺寸超差≥1，酌情扣考件总分 5~10						

参考文献

[1] 李东君．数控加工技术[M]．北京：机械工业出版社，2018.

[2] 赵文婕．数控车床编程与加工[M]．北京：机械工业出版社，2020.

[3] 李东君．数控编程与操作项目教程[M]．北京：海洋出版社，2013.

[4] 周保牛．数控编程与加工[M]．北京：机械工业出版社，2019.

[5] 张丽华．数控编程与加工[M]．北京：北京理工大学出版社，2014.

[6] 董建国．数控编程与加工技术[M]．北京：北京理工大学出版社，2019.

[7] 燕峰．数控车床编程与加工[M]．北京：机械工业出版社，2018.

[8] 高晓萍．数控车床编程与操作[M]．北京：清华大学出版社，2017.

[9] 崔陵，娄海滨．数控车床编程与加工技术[M]．北京：高等教育出版社，2017.

[10] 周晓宏．数控编程与加工一体化教程[M]．北京：中国电力出版社，2016.

[11] 朱明松．数控车床编程与操作项目教程[M]．北京：机械工业出版社，2017.

[12] 李武．数控车床编程与加工实训[M]．天津：天津大学出版社，2016.